"十四五"职业教育规划教材

微课版

大数据时代 SQL Server 项目实战

刘 丹 ◎ 编著
雷正光 ◎ 主审

中国铁道出版社有限公司
CHINA RAILWAY PUBLISHING HOUSE CO., LTD.

内 容 简 介

大数据时代SQL Server项目实战是对中高职贯通计算机网络技术专业五年学习期间数据库中所有基本知识及技能的全面回顾及总结。本书的编写得到了上海神州数码企业实践基地和上海物联网行业协会及其下属企业工程师的大力支持，本书的编写模式体现了"做中学，学中做，做中教，教中做"的做学教一体的职业教育教学特色，内容上采用了"项目—任务—项目综合实训"的结构体系，从数据库编程的实际开发需求与实践应用引入教学项目，从而培养学生能完成总体的项目设计、具体的工作任务实施及举一反三的解决实际问题的技能。

本书包含了10个项目，47个数据库实训任务和10个项目综合实训。本书主要内容包括实现数据库基础架构、实现T-SQL程序设计、实现事务和锁、实现用户安全性管理、实现高级查询、实现索引、实现视图、实现游标、实现存储过程、实现触发器。每个项目最后都会设置一个项目综合实训，以便读者能综合运用项目中的各种知识和技能。书中全部项目及具体的每个任务都紧密贴近标准SQL，并以SQL Server作为数据库管理系统，这些项目与真实的工作过程相一致，完全符合企业的需求，贴近企业数据库管理及开发的实际。

本书内容翔实精练，重点突出，结构新颖，实用性强，可用作中专、高职、中高职贯通的计算机网络技术专业和非计算机专业的数据库管理及编程的项目实践教材，也可作为参加全国1+X证书数据库方面的试点考试的培训教材。同时本书还可作为各类全国及市级技能大赛计算机相关项目中数据库管理及编程模块的训练教材。

图书在版编目（CIP）数据

大数据时代SQL Server项目实战/刘丹编著.—北京：中国铁道出版社有限公司, 2021.1（2022.7重印）
"十四五"职业教育规划教材
ISBN 978-7-113-27546-4

Ⅰ.①大… Ⅱ.①刘… Ⅲ.①关系数据库系统-职业教育-教材 Ⅳ.①TP311.132.3

中国版本图书馆CIP数据核字(2020)第262871号

书　　名	大数据时代 SQL Server 项目实战
作　　者	刘　丹

策　　划	王春霞	编辑部电话：(010) 63551006	
责任编辑	王春霞　包　宁		
封面设计	刘　颖		
责任校对	张玉华		
责任印制	樊启鹏		

出版发行：中国铁道出版社有限公司（100054，北京市西城区右安门西街8号）
网　　址：http://www.tdpress.com/51eds/
印　　刷：三河市国英印务有限公司
版　　次：2021年1月第1版　2022年7月第2次印刷
开　　本：880 mm×1 230 mm　1/16　印张：23.5　字数：706千
书　　号：ISBN 978-7-113-27546-4
定　　价：65.00元

版权所有　侵权必究

凡购买铁道版图书，如有印制质量问题，请与本社教材图书营销部联系调换。电话：(010) 63550836
打击盗版举报电话：(010) 63549461

序

在大数据时代下，面对海量的数据，如何做好数据分析是非常重要的，而 SQL 在数据分析工作中扮演了至关重要的角色。使用数据分析方法解决问题的第一步是确定好要分析的问题，然后去准备数据。准备数据的第一步就是获取数据，那数据从哪里获取呢？第一，可以通过爬虫技术从网络上获取；第二，可以通过软件系统根据规定好的逻辑将数据存储于数据库中，再通过 ERP 系统由数据库管理员导出分析；第三，通过数据库管理系统，如 MySQL、Oracle、SQL Server 等，这些关系型数据库能够很方便地获取关系型数据。在大数据时代中，除了关系型数据，又多了半结构化（如日志数据），甚至是非结构化的数据（如视频、音频数据）。为了解决海量半结构化和非结构化数据的存储，又衍生了 Hadoop HDFS 等分布式文件系统，支持上面提到的所有数据类型的存储，存满了还可以通过增加机器横向扩展。目前大部分公司都是将数据存储在这些数据库中，尤其是互联网公司，每天产生大量数据，数据分析师就从数据库中直接获取自己想要的任何数据（经过授权）来进行分析工作。

有了数据库系统，如何从这些数据库中获取数据呢？可以通过 SQL（Structured Query Language，结构化查询语言），它是一种数据库查询和程序设计语言，用于存取数据以及查询、更新和管理关系型数据库系统。所有数据库，包括 MySQL、Oracle、SQL Server、Hadoop 等，都可以通过标准 SQL 或者类 SQL 语法灵活地进行数据查询工作。在工作中，可以通过 SQL 获取任何想要的数据，来支持自己的分析工作。SQL Server 是由微软公司制作并发布的一种性能优越的关系型数据库管理系统（RDBMS），因其具有良好的数据库设计、管理与网络功能，又与 Windows 系统紧密集成，因此成为数据库产品的首选。

本书由浅入深，循序渐进，以初、中级数据库管理员为对象，先从 SQL Server 基础介绍，再介绍 SQL Server 的核心技术，然后介绍 SQL Server 的高级应用，最后介绍使用 SQL Server 开发完整的项目。讲解过程中步骤详尽，让读者在阅读中一目了然，从而快速把握书中内容。每个项目还配有微课视频，可以通过扫描二维码进行线上学习，从而能引导初学者快速入门，感受数据库编程的快乐和成就感，增强进一步学习的信心。此外，每个项目中的任务的开始部分均通过软件公司的实际培训需求入手来引出本单元的学习目标。每个项目开始由核心概念、项目描述、技能目标、工作任务构成。项目下每一个任务由任务描述、任务分析、任务实施、任务小结、相关知识与技能、任务拓展组成。每个项目结束由项目综合实训（项目描述、项目分析、项目实施、项目小结）、项目实训评价表构成。书中所有任务及项目综合实训的源代码都为其设计了下载链接，方便教师及学生在网站上下载相关教学资源。

当然，任何事物的发展都有一个过程，职业教育的改革与发展也是如此。如本书有不足之处，敬请各位专家、老师和学生不吝赐教。相信本书的出版，能为我国中高职贯通计算机网络技术专业及其相关专业的人才培养，探索职业教育教学改革做出贡献。

上海市教育科学研究院职成教所研究员
中国职业技术教育学会课程开发研究会副主任
高等职业技术教育发展研究中心副主任
同济大学职教学院兼职教授
中国当代职业技术教育名人

2020 年 7 月

前言

在21世纪的今天，大数据技术快速向前发展，而且正慢慢融入人们的学习、工作和生活中，并以前所未有的发展速度渗透社会的各个领域。通过大数据技术来获取大量的信息，是人们每天工作和学习必不可少的活动。这对现有的中专、高职、中高职贯通计算机网络技术专业的教学模式提出了新的挑战，同时也带来了前所未有的机遇。深化教学改革，寻求行之有效的育人途径，培养高素质数据库管理及编程人员，已是当务之急。

本书针对中专、高职、中高职贯通教育的特点，在总结多年教学和科研实践经验的基础上，针对精品课程资源共享课程建设和国家十四五规划教材建设而设计。以知识点分解并分类来降低学生学习抽象理论的难度。以项目分解，由浅入深，逐步分解的案例及注释来提高学生对SQL实践的掌握。

本书针对中高职贯通计算机网络技术专业的主干数据库课程，根据教学大纲要求，通过研习各类项目的分析与设计，使读者能通过各种项目及任务的实践，全面、系统地掌握SQL的基本知识与技能，提高独立分析与解决问题的能力。另外，采用了"项目导向、任务驱动、案例教学"的方式编写，具有较强的实用性和先进性。

全书共分为10个项目，47个数据库实训任务和10个项目综合实训。主要内容包括实现数据库基础架构、实现T-SQL程序设计、实现事务和锁、实现用户安全性管理、实现高级查询、实现索引、实现视图、实现游标、实现存储过程、实现触发器。每个项目最后都会设置一个项目综合实训，以便读者能综合运用项目中的各种知识和技能。

本书编写的目标是：从国家大数据发展的战略角度出发，研究如何通过教材及相关课程资源建设助力大数据方向下数据库工程师人才的培养；针对大数据人才的分层，将研究重点放在数据库编程人员的培养，通过研究SQL的特性，来培养学生解决实际问题的能力，让学生能快速掌握标准SQL，提高其在人才市场上的竞争力；并研究如何在线下开发融合线上的项目源代码等课程资源来助力学生提高其学习效果。希望通过本书的尝试，能更新教师的传统教学观念，牢固建立以学生为主体、以能力为本位的终身教育理念。

本书从转变课程观念、创新课程体系，引入SQL教学设计，在大数据时代下SQL编程教学过程中探索和设计富有实际意义的项目库，开发出符合实际教学需求的教材。在课题研究过程中，及时总结优秀的教学项目，建立具有教学实践价值的项目库以及优秀的项目解决方案，不断加强和完善项目源代码等课程资源建设，让学生随时随地都能学习课程，形成师生互动，更大程度地提高学生学习的参与度和积极性；注重实践，深入教学实践一线和项目学习的全过程，在对SQL编程理论体系进行研究的同时，更注重建立具有实际应用价值的项目库，使其对教材开发提供实际的帮助和

指导；通过教材开发，让学生学会自主学习、跨语言学习，使学生面对认知复杂的真实世界的情境，主动去搜集和分析有关的信息资料，在问题解决中进行学习，提倡学中做与做中学，并在复杂的真实调试环境中完成任务；教材设计内容，以团队协作为重，基于 SQL 的学习和 SQL Server 数据库管理，必然涉及分工合作。本书无论是在学生项目学习的过程，还是教师研究、备课和教学的过程中，都充分利用分组学习的功能，体现团队协作的优势。教材开发依托校企合作的相关企业，特别邀请了长期从事数据库项目开发的人员参与，一方面为本课题研究提供相关项目的内容，完成教学项目库的建设；另一方面加强项目实践的规范性指导，使教材设计与开发更贴近实际市场要求。同时，在教材研究过程中，我们充分运用现有的信息化手段，及时总结优秀的教学项目，建立具有教学实践价值的项目库以及优秀的项目解决方案，不断加强和完善教材建设，并让学生随时随地都能学习 SQL 编程，形成师生互动，更大限度地提高学生学习的参与度和积极性。

本书在开发时有目的、有计划，严格按照"调查筛选—案例论证—制订任务—实践研究—交流总结—代码调试"的步骤进行。先对现状作全面了解，明确研究的内容、方法和步骤，再组织本书开发组教师学习相关的内容、任务和具体的操作研究步骤。通过一系列的应用研究活动，了解 SQL 语法上的特性，建立教学路径体系，依托校企合作实验研究平台，完成教材编写，以此推动教材教法的改革。

本书每个项目中的任务的开始部分均通过公司的实际培训需求入手引出本单元的学习内容。

每个项目开始由核心概念、项目描述、技能目标、工作任务构成。

项目下每一个任务由任务描述、任务分析、任务实施、任务小结、相关知识与技能、任务拓展组成。

每个项目结束由项目综合比较表、项目综合实训（项目描述、项目分析、项目实施、项目小结）、项目实训评价表构成。

书中所有任务及项目综合实训的源代码都为其设计了下载的网站超链接和二维码，方便教师及学生扫描下载相关资源和观看微课使用。

本书的特色如下：

（1）采用情境式分类教学，再辅以项目导向、任务驱动、案例教学，这比较符合"以就业为导向"的职业教育原则。

（2）充分体现了"做中学，学中做，做中教，教中做"的职业教育理念，强调以直接经验的形式来掌握融于各项实践行动中的知识和技能，方便学生自主训练，并获得实际工作中的情境式真实体验。

（3）书中所有实战任务均在 SQL Server 最新版集成开发环境上调试通过，能较好地对实际工作中的项目和具体任务进行实战。并在内容上由基本到扩展，由简单到复杂，由单一任务到综合项目设计，符合学生由浅入深的学习习惯，并能掌握系统规范的计算机软件编程知识。

本书全面而系统地介绍了 SQL Server 的关键技能，使用本书建议安排 72 学时，其中建议教师讲授占 24 学时，实训占 48 学时，每个项目的具体学时建议安排如下：

学时分配表

项目内容	学时分配	
	讲授/学时	实训/学时
项目一 实现数据库基础架构	2	8
项目二 实现 T-SQL 程序设计	2	4
项目三 实现事务和锁	2	4
项目四 实现用户安全性管理	2	2
项目五 实现高级查询	2	5
项目六 实现索引	2	2
项目七 实现视图	2	2
项目八 实现游标	2	3
项目九 实现存储过程	2	4
项目十 实现触发器	2	4
复习及考试	2	6
机动	2	4
总计	24	48

  本书由上海神州数码、上海安致信息科技有限公司提供了大量的实践素材，并派相关的工程师配合编著者进行相应案例的调试与修改，在此向他们表示深深的感谢。此外，上海商业会计学校的陈珂老师为本书的编写提供了大量的素材，顾洪老师为本书制作了所有 PPT 课件，在此也向他们表示诚挚的谢意。

  由于作者水平有限，书中难免存在疏漏和不足之处，欢迎广大读者批评指正，作者邮箱是：peliuz@126.com。

编著者

2020 年 7 月

目 录

项目一　实现数据库基础架构.......1
- 任务一　实现Access数据库的基本架构...............1
- 任务二　安装与启动SQL Server.........................8
- 任务三　操作SQL Server数据库.........................17
- 任务四　操作SQL Server表................................23
- 任务五　实现DDL...29
- 任务六　实现DML中的insert into操作...............36
- 任务七　实现数据库备份.....................................41
- 任务八　实现DML中的delete、update
  与select..51
- ◎ 项目综合实训
  实现订单管理系统的基础架构............................67

项目二　实现T-SQL程序设计...79
- 任务一　实现SQL批处理、注释及变量声明.....79
- 任务二　实现分支与循环结构.............................91
- 任务三　实现转换与聚合函数.............................99
- 任务四　实现T-SQL的高级应用.......................114
- 任务五　实现T-SQL的综合应用.......................119
- ◎ 项目综合实训
  实现家庭管理系统中的T-SQL程序设计........125

项目三　实现事务和锁...........130
- 任务一　实现基本的事务管理...........................130
- 任务二　实现T-SQL中的事务...........................134
- 任务三　实现死锁的控制...................................140
- 任务四　实现事务进阶管理...............................145

- 任务五　实现事务高级管理...............................149
- ◎ 项目综合实训
  实现家庭管理系统中的事务管理.....................155

项目四　实现用户安全性管理...159
- 任务一　实现用户的登录管理...........................160
- 任务二　添加数据库角色...................................164
- 任务三　实现用户安全性综合管理...................172
- ◎ 项目综合实训
  实现家庭管理系统中的用户安全性管理.....179

项目五　实现高级查询...........183
- 任务一　实现DDL与DML.................................183
- 任务二　实现简单的子查询...............................200
- 任务三　实现复杂的子查询...............................203
- 任务四　实现Select多种查询.............................215
- 任务五　实现Select联合与连接查询.................223
- 任务六　实现Select高级查询.............................230
- ◎ 项目综合实训
  实现家庭管理系统中的高级查询.....................235

项目六　实现索引.................241
- 任务一　实现索引的基本操作...........................242
- 任务二　实现索引进阶操作...............................247
- 任务三　实现索引的高级操作...........................252
- ◎ 项目综合实训
  实现家庭管理系统中的索引.............................258

项目七 实现视图 262

任务一　实现视图的基本操作 262
任务二　实现视图的进阶操作 267
任务三　实现视图的高级操作 270
◎ 项目综合实训
　　实现家庭管理系统中的视图操作 277

项目八 实现游标 282

任务一　实现游标的基本操作 282
任务二　实现游标的进阶操作 288
任务三　实现游标的高级操作 291
任务四　实现游标的综合操作 297
◎ 项目综合实训
　　实现家庭管理系统中的游标 306

项目九 实现存储过程 310

任务一　实现存储过程的基本操作 310

任务二　实现存储过程的进阶操作 315
任务三　实现存储过程的高级操作 323
任务四　实现存储过程的综合操作1 326
任务五　实现存储过程的综合操作2 331
◎ 项目综合实训
　　实现家庭管理系统的存储过程 337

项目十 实现触发器 342

任务一　实现触发器的基本操作 342
任务二　操作inserted表与deleted表 350
任务三　实现触发器的进阶式操作 354
任务四　实现触发器的高级操作 357
任务五　实现触发器的综合操作 360
◎ 项目综合实训
　　实现家庭管理系统中的触发器操作 363

项目一

实现数据库基础架构

核心概念

数据库的架构、数据库的具体实现、DDL、DML、数据库备份。

项目描述

视频

实现数据库基础架构

本项目从Access数据库的架构与实现引入,然后过渡到SQL Server数据库的安装、启动与操作,从而让学生能够熟练掌握数据库的基础架构。

此外,数据定义语言的CREATE、ALTER、DROP三大操作和数据操作语言的INSERT、DELETE、UPDATE、SELECT也是需要重点掌握的操作。最后再熟练掌握数据库备份与还原基本操作,这样对数据库一个基本的完整操作就能融会贯通,举一反三。

技能目标

用提出、分析、解决问题的方法来培养学生如何将Access的数据库架构知识迁移到SQL Server数据库中,通过两个数据库系统的比较,在解决问题的同时熟练掌握不同的操作方法。为后续的深入学习做好铺垫。

工作任务

Access数据库的架构与实现、安装、启动、操作SQL Server数据库、DDL操作、DML操作、数据库备份。

任务一　实现 Access 数据库的基本架构

任务描述

上海御恒信息科技公司接到客户的一份订单,要求用Access存储学生管理的相关信息。公司刚招聘了一名程序员小张，软件开发部经理要求他尽快熟悉如何实现 Access 数据库的基本架构，并将学生表、教师表、课程表用 Access 架构出来，小张按照经理的要求开始做以下的任务分析。

任务分析

1．设计 student 表的架构，列名分别为 s_id、s_name、s_birth、s_score、s_info、s_zzf（是否在职）、s_salary。
2．设计 teacher 表的架构，列名分别为 t_id、t_name、t_age、t_address、t_tele。
3．设计 course 表的架构，列名分别为 c_id、c_name、c_score、s_id、t_id。
4．设计三张表的关系。
5．为三张表输入相应的内容。

任务实施

STEP 1　启动 Access，如图 1-1 所示。

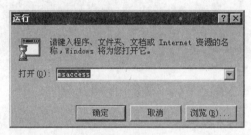

图 1-1　用命令启动 Access

STEP 2　单击：文件→新建→空数据库，如图 1-2 所示。

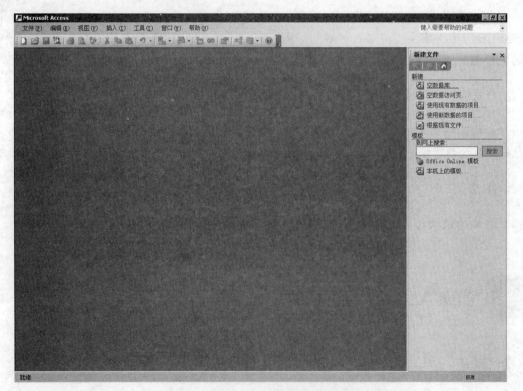

图 1-2　在 Access 中新建空数据库

STEP 3 创建数据库：StuMgr.mdb，如图 1-3 所示。

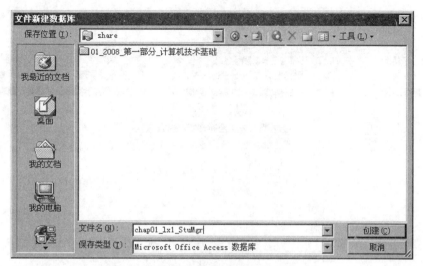

图 1-3　选择 Access 数据库保存的位置

STEP 4 库里包括多个对象（表、查询、窗体、报表、页、宏、模块），如图 1-4 所示。

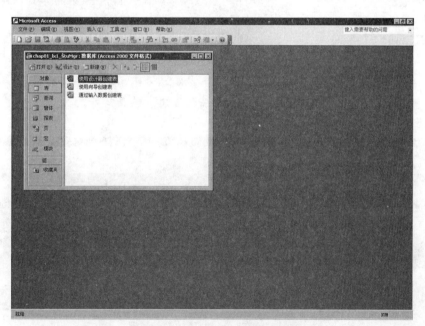

图 1-4　Access 中的多种对象

STEP 5 可以分别用设计视图、表向导、导入表来设计表结构，如图 1-5 所示。

图 1-5　新建表

STEP 6 新建student表，如图1-6和图1-7所示。

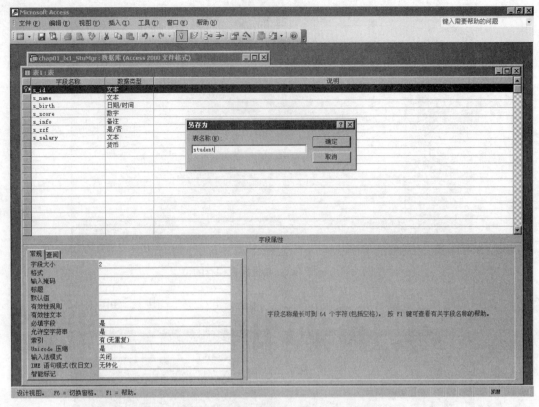

图1-6　在Access中新建student表

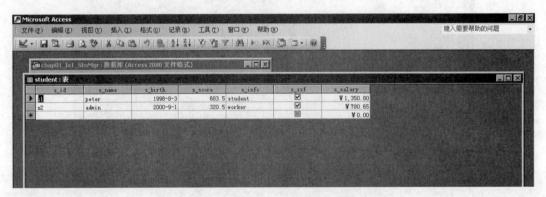

图1-7　在student表中输入数据

STEP 7 新建teacher表，如图1-8所示。

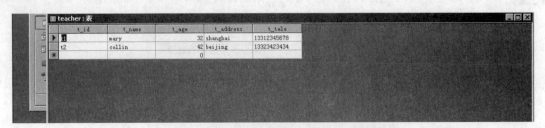

图1-8　新建teacher表并在其中输入数据

STEP 8 新建course表，如图1-9所示。

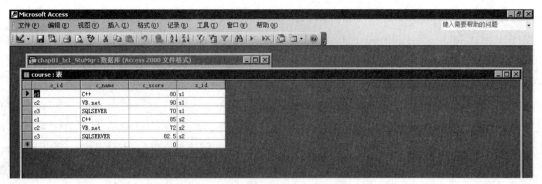

图 1-9　新建 course 表并在其中输入数据

STEP 9　设置关系，如图 1-10 和图 1-11 所示。

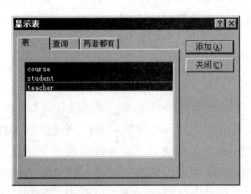

图 1-10　设置关系

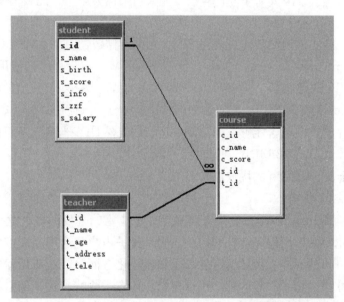

图 1-11　student、teacher、course 表的关系图

任务小结

1. 手动绘制 ERD（实体关系图）。
2. 新建主表（设置 PK）。
3. 新建从表（建立 FK）。
4. 新建关系（将主表的 PK 拖动到从表的外键）。
5. 输入记录（行）

注意：表格建好后要进行 DML 操作（Insert、Delete、Update、Select），Insert（先输入主表，最后输入从表）；Delete（先删除关系，再删除从表，最后删除主表或先删除主表，再删除从表）；Update[先更新主表（PK），再更新从表（FK）]；Select（简单单表查询，多表查询，设置查询条件）

相关知识与技能

1. MS Access 概述

2018 年 9 月 25 日，微软发布了 Office 2019。MS Access 以它自己的格式将数据存储在基于 Access Jet 的数据库引擎中。它还可以直接导入或者链接数据（这些数据存储在其他应用程序和数据库）。软件开发人员和数据架构师可以使用Microsoft Access开发应用软件，"高级用户"可以使用它来构建软件应用程序。和其他办公应用程序一样，Access支持Visual Basic语言，它是一个面向对象的编程语言，可以引用各种对象，包括DAO（数据访问对象）、ActiveX数据对象，以及许多其他ActiveX组件。

2. Access的用途

Access用来进行数据分析：Access有强大的数据处理、统计分析能力，利用Access的查询功能，可以方便地进行各类汇总、平均等统计，并可灵活设置统计的条件。比如在统计分析上万条记录、十几万条记录及以上的数据时速度快且操作方便，这一点是Excel无法与之相比的。这一点体现在：会用Access，提高了工作效率和工作能力。此外，还用来开发软件：Access用来开发软件，比如生产管理、销售管理、库存管理等各类企业管理软件，其最大的优点是：易学！非计算机专业的人员，也能学会。低成本地满足了那些从事企业管理工作的人员的管理需要，通过软件来规范下属的行为，推行其管理思想。（VB、.NET、C语言等开发工具对于非计算机专业人员来说太难了，而Access则很容易）。这一点体现在：实现了管理人员（非计算机专业毕业）开发出软件的"梦想"，从而转型为"懂管理+会编程"的复合型人才。另外，在开发一些小型网站Web应用程序时，用来存储数据，如ASP+Access。这些应用程序都利用ASP技术在Internet Information Services上运行。比较复杂的Web应用程序则使用PHP/MySQL或者ASP/SQL Server。Access还可用于表格模板。只需输入需要跟踪的内容，Access便会使用表格模板提供能够完成相关任务的应用程序。Access可处理字段、关系和规则的复杂计算，以便用户能够集中精力处理项目。用户将拥有一个全新的应用程序，其中包含能够立即启动并运行的自然UI。当然它还可以创建和运行旧数据库。尽情享用现有桌面数据库（ACCDB/MDB）的支持。

3. Access的优缺点

1）优势

Microsoft Access Basic提供了一个丰富的开发环境。这个开发环境给用户足够的灵活性和对Microsoft Windows应用程序接口的控制，同时保护用户免遭用高级或低级语言开发环境开发程序时所遇到的各种麻烦。不过，许多优化、有效数据和模块化方面只能是应用程序设计者才能使用。开发者应致力于谨慎地使用算法。除了一般的程序设计概念，还有一些特别的存储空间的管理技术，正确使用这些技术可以提高应用程序的执行速度，减少应用程序所消耗的存储资源。提高速度和减少代码量，用户可以用几种技巧来提高自己的编码速度，但是却找不到有效算法的替代者。接下来的这几点建议可以提高用户的编码速度同时又减少应用程序消耗的存储空间。用整型数进行数学运算，即使Microsoft Access会使用一个联合处理器来处理浮点型算术，整型数算术也总是要快一些。当计算不含有小数时，尽量使用整型或长整型而不是变量或双整型。整型除法同样也要比浮点除法快。在使用其他一些有效的数据类型时会警告：没有任何东西可以替换有效的运算法则。避免使用过程调用，避免在循环体中使用子程序或函数调用。每一次调用都因额外的工作和时间而给编码增加了负担。每一次调用都要求把函数的局部变量和参数压栈，而栈的大小是固定的，不能随便加大，并且同时还要与Microsoft Access共享。谨慎使用不定长数据类型，不定长数据类型提供了更大的灵活性，比如说允许正确处理空值和自动处理溢出。另外，这种数据类型比传统的数据类型要大并消耗更多的存储空间。前面还曾经提到过，不定长数据类型的变量在数学计算中比较慢。用变量存放属性，对变量进行查找和设置都比对属性进行这些操作要快。如果要多次得到或查阅一个属性值，那么把这个属性分配给一个变量，并用这个变量来代替属性，那么代码运行将会快得多。例如，在一个循环中，查阅某表格中的一个属性，那么在循环外把属性分配给一个变量，然后在循环中用查询一个变量来代替查阅一个属性的方法要快得多。预载表格，当你的应用程序启动并且把它们的可见属性设置为'false'时，如果你导入了所有表格，那么应用程序的速度会很快。当你需要显示一个表格时，你只需要把该表格的可见属性设置为'true'，这要比导入一个表格快得多。需要注意的是，导入的每个表格，都要从应用程序的全局堆中消耗存储空间。ASP中连接字符串应用：

```
"Driver={microsoft access driver(*.mdb)};dbq=*.mdb;uid=admin;pwd=pass;"
dim conn
set conn=server.createobject("adodb.connection")
conn.open"provider=Microsoft.ACE.OLEDB.12.0;"&"data source="& server.mappath("bbs.mdb")
```

2）缺陷

数据库过大时，一般 Access 数据库达到 100 MB 时性能就会开始下降。（例如：访问人数过多时容易造成 IIS 假死，过多消耗服务器资源等），容易出现各种因数据库刷写频率过快而引起的数据库问题。Access 数据库安全性比不上其他类型的数据库。Access 论坛大了以后就很容易出现数据库方面的问题，当论坛数据库在 50 MB 以上，帖子 5 万左右，在线 100 人左右时，论坛基本上都在处理数据库上花时间，这个时候很可能就会出现数据库慢的情况。一般症状是所有涉及数据库的页面，突然运行都慢得出奇（执行时间达到 5 s 以上，甚至几十秒），涉及 HTML 和纯 ASP 运算的页面都正常，等过一段时间（约 10 min）以后又突然恢复（论坛经常出现这样的问题）。这时可以用一般 ASP 探针测试一下，如果服务器的运算时间正常，一般就是数据库方面的问题了。解决方法：由于这是 Access 本身的局限性，所以解决的方法是减少数据量、更换大型的数据库论坛。临时解决办法：定期删除多余的数据、压缩数据库、限制论坛灌水，甚至限制论坛注册。比较长远的办法：更换论坛和数据库，使用 SQL 数据库，等等。

1．关于数据和信息，它们有什么区别？
2．网状模型的特点有哪些？
3．常见的数据库模型有哪三个？
4．关系数据库管理系统的特点有哪些？
5．Access 的数据类型有哪些？
6．数据库中的常见约束有哪些？
7．参照以下 ERD，设计订单数据库系统，如图 1-12 所示。

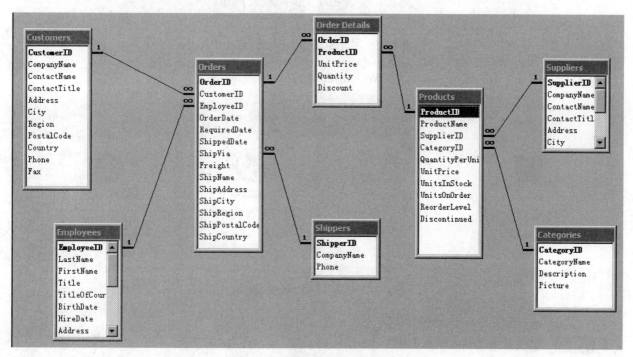

图 1-12　订单数据库系统的关系图

任务二　安装与启动 SQL Server

任务描述

上海御恒信息科技公司接到客户的一份订单，要求用 SQL Server 管理公司的数据。公司刚招聘了一名程序员小张，软件开发部经理要求他尽快熟悉 SQL Server 的安装与启动，并熟悉不同 SQL Server 版本的异同，小张按照经理的要求开始做以下任务分析。

任务分析

1．网上下载 SQL Server 的安装文件。
2．安装 SQL Server。
3．设置安装目录。
4．设置登录方式。
5．启动 SQL Server。

任务实施

STEP 1　进入微软的官方网站下载 SQL Server 的试用版，如图 1-13 所示。

图 1-13　下载 SQL Server 的试用版

STEP 2　选择下载的环境，这里选择 Windows，如图 1-14 所示。

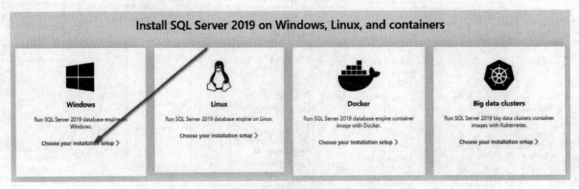

图 1-14　选择 Windows 安装环境

STEP 3　选择 SQL Server 2019 评估版进行下载，如图 1-15 所示。
STEP 4　输入基本资料并将 exe 安装文件保存到本地，如图 1-16 所示。
STEP 5　选择安装类型：自定义，如图 1-17 所示。

项目一　实现数据库基础架构

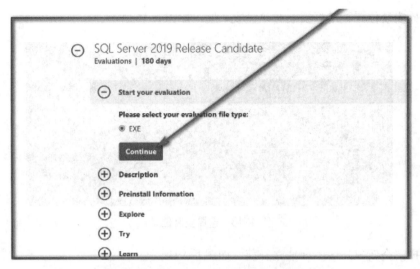

图 1-15　选择 SQL Server 2019 评估版进行下载

图 1-16　将 exe 安装文件保存到本地

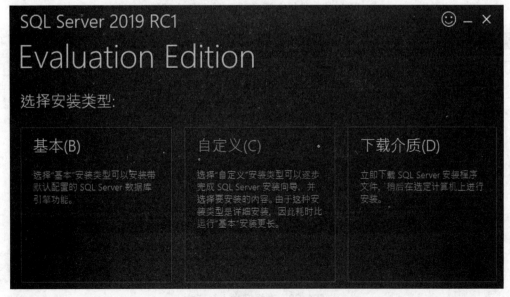

图 1-17　选择安装类型为自定义

STEP 6 选择安装位置，最好安装在 D 盘或 E 盘，如图 1-18 所示。

图 1-18 选择安装位置

STEP 7 选择：全新 SQL Server 独立安装，如图 1-19 所示。

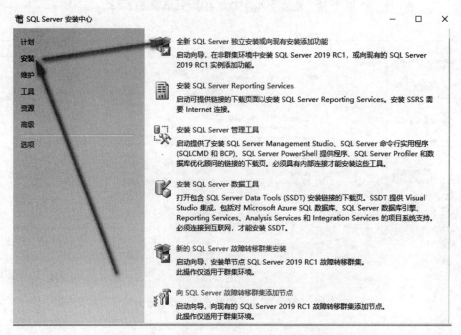

图 1-19 选择全新 SQL Server 独立安装

STEP 8 选择开发人员版本，不用输入密钥，然后依次单击"下一步"按钮，直到出现功能选择界面，如图 1-20 所示。

SQL Server 版本	定义
Enterprise	作为高级产品/服务，SQL Server Enterprise Edition 提供了全面的高端数据中心功能，性能极为快捷、无限虚拟化[1]，还具有端到端的商业智能，可为关键任务工作负荷提供较高服务级别并且支持最终用户访问数据见解。
Standard	SQL Server Standard 版提供了基本数据管理和商业智能数据库，使部门和小型组织能够顺利运行其应用程序并支持将常用开发工具用于内部部署和云部署，有助于以最少的 IT 资源获得高效的数据库管理。
Web	对于为从小规模至大规模 Web 资产提供可伸缩性、经济性和可管理性功能的 Web 宿主和 Web VAP 来说，SQL Server Web 版本是一项拥有成本较低的选择。
开发人员	SQL Server Developer 版支持开发人员基于 SQL Server构建任意类型的应用程序。它包括 Enterprise 版的所有功能，但有许可限制，只能用作开发和测试系统，而不能用作生产服务器。SQL Server Developer 是构建和测试应用程序的人员的理想之选。
Express 版本	Express 版本是入门级的免费数据库，是学习和构建桌面及小型服务器数据驱动应用程序的理想选择。它是独立软件供应商、开发人员和热衷于构建客户端应用程序的人员的最佳选择。如果您需要使用更高级的数据库功能，则可以将 SQL Server Express 无缝升级到其他更高端的 SQL Server版本。SQL Server Express LocalDB 是 Express 的一种轻型版本，该版本具备所有可编程性功能，在用户模式下运行，并且具有快速的零配置安装和必备组件要求较少的特点。

图 1-20 选择开发人员版本

项目一　实现数据库基础架构

STEP 9 选择：数据库引擎服务和 SQL 复制，单击"下一步"按钮，再选择：默认实例，单击"下一步"按钮，如图 1-21 所示。

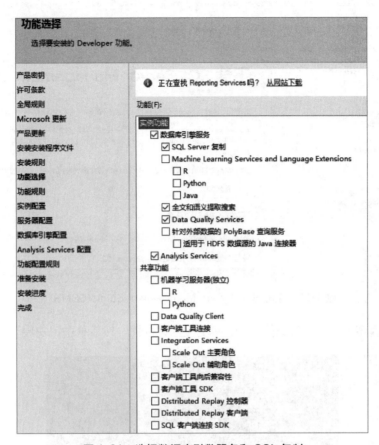

图 1-21　选择数据库引擎服务和 SQL 复制

STEP 10 选择混合模式，并设置密码。此时用户名为 sa，单击"添加当前用户"按钮，继续单击"添加当前用户"按钮，再单击"安装"按钮，直到安装完成，如图 1-22 所示。

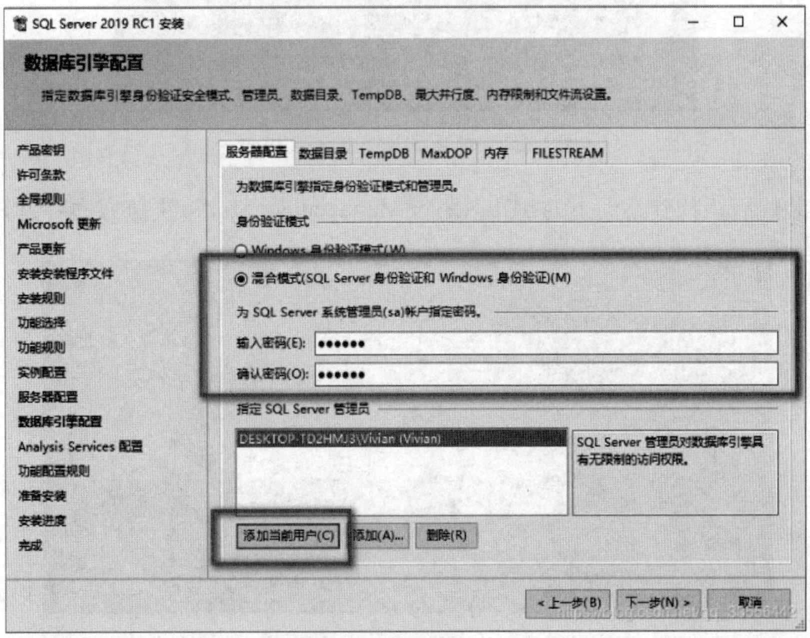

图 1-22　选择混合模式并设置密码

STEP 11 打开以下链接，下载 SQL Server Management Studio（SSMS），如图 1-23 所示。

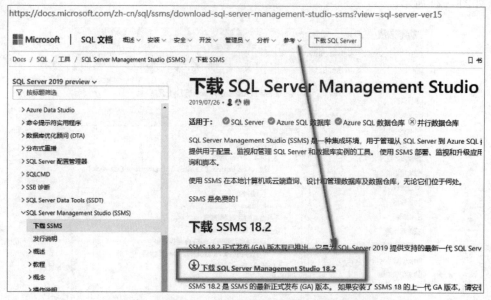

图 1-23 下载 SQL Server Management Studio(SSMS)

STEP 12 右击程序，以管理员身份运行，可更改默认位置，然后单击"安装"按钮，如图 1-24 所示。

图 1-24 选择 SSMS 的安装位置

STEP 13 安装好后，找到桌面上的 SQL Server Management Studio 快捷方式并打开，如图 1-25 所示。

图 1-25 双击 SQL Server Management Studio 快捷方式并打开

STEP 14 输入用户名和密码，如图1-26所示。

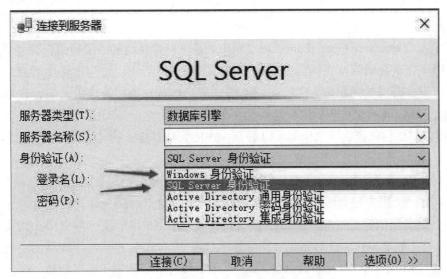

图1-26　输入用户名和密码登录数据库

STEP 15 显示SQL Server Management Studio的主界面，如图1-27所示。

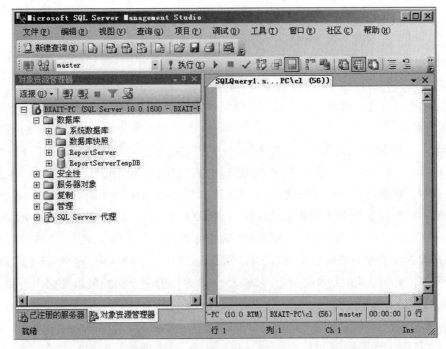

图1-27　显示SQL Server Management Studio的主界面

任务小结

1．在网上选择所要下载SQL Server的版本并下载。
2．安装SQL Server的开发人员版本。
3．设置安装目录并安装数据库引擎服务和数据复制功能。
4．设置登录方式为混合模式并设置sa的密码。
5．下载SQL Server Management Studio（SSMS），安装后启动，并输入登录名和密码登录。

 相关知识与技能

1. SQL 的概念

结构化查询语言（Structured Query Language，SQL）是一种特殊目的的编程语言，是一种数据库查询和程序设计语言，用于存取数据以及查询、更新和管理关系数据库系统。结构化查询语言是高级的非过程化编程语言，允许用户在高层数据结构上工作。它不要求用户指定对数据的存放方法，也不需要用户了解具体的数据存放方式，所以具有完全不同底层结构的不同数据库系统，可以使用相同的结构化查询语言作为数据输入与管理的接口。结构化查询语言语句可以嵌套，这使它具有极大的灵活性和强大的功能。

2. SQL 简介

1974年，SQL由Boyce和Chamberlin提出，并首先在IBM公司研制的关系数据库系统System R上实现。由于它具有功能丰富、使用方便灵活、语言简洁易学等突出的优点，深受计算机工业界和计算机用户的欢迎。1980年10月，经美国国家标准局（ANSI）的数据库委员会X3H2批准，将SQL作为关系数据库语言的美国标准，同年公布了标准SQL，此后不久，国际标准化组织（ISO）也作出了同样的决定。SQL从功能上可以分为3部分：数据定义、数据操纵和数据控制。SQL的核心部分相当于关系代数，但又具有关系代数所没有的许多特点，如聚集、数据库更新等。它是一个综合的、通用的、功能极强的关系数据库语言。其特点是：数据描述、操纵、控制等功能一体化。两种使用方式，统一的语法结构。SQL有两种使用方式：一是联机交互使用，这种方式下的SQL实际上是作为自含型语言使用的；另一种方式是嵌入到某种高级程序设计语言（如C语言等）中去使用。前一种方式适合于非计算机专业人员使用，后一种方式适合于专业计算机人员使用。尽管使用方式不同，但所用语言的语法结构基本上是一致的。高度非过程化：SQL是一种第四代语言（4GL），用户只需要提出"干什么"，无须具体指明"怎么干"，像存取路径选择和具体处理操作等均由系统自动完成。语言简洁，易学易用；尽管SQL的功能很强，但语言十分简洁，核心功能只用了9个动词。SQL的语法接近英语口语，所以，用户很容易学习和使用。

3. SQL 的历史起源

20世纪70年代初，IBM公司的San Jose California实验室的埃德加·科德发表了将数据组成表格的应用原则（Codd's Relational Algebra）。1974年，同一实验室的D.D.Chamberlin和R.F. Boyce在研制关系数据库管理系统System R中，研制出一套规范语言——SEQUEL（Structured English QUEry Language），并在1976年11月的IBM Journal of R&D上公布新版本的SQL（称SEQUEL/2）。1980年改名为SQL。1979年Oracle公司首先提供商用的SQL，IBM公司在DB2和SQL/DS数据库系统中也实现了SQL。1986年10月，美国ANSI采用SQL作为关系数据库管理系统的标准语言（ANSI X3.135—1986），后为国际标准化组织（ISO）采纳为国际标准。1989年，美国ANSI采纳在ANSI X3.135—1989报告中定义的关系数据库管理系统的SQL标准语言，称为ANSI SQL 89，该标准替代ANSI X3.135—1986版本。

4. SQL 的功能

SQL具有数据定义、数据操纵和数据控制功能。SQL的数据定义功能：能够定义数据库的三级模式结构，即外模式、全局模式和内模式结构。在SQL中，外模式又称视图（View），全局模式简称模式（Schema），内模式由系统根据数据库模式自动实现，一般无须用户过问。SQL的数据操纵功能：包括对基本表和视图的数据插入、删除和修改，特别是具有很强的数据查询功能。SQL的数据控制功能：主要是对用户的访问权限加以控制，以保证系统的安全性。

5. 语句结构

结构化查询语言包含6部分。数据查询语言（Data Query Language，DQL）：其语句又称"数据检索语句"，用以从表中获得数据，确定数据怎样在应用程序中给出。保留字SELECT是DQL（也是所有SQL）用得最多的动词，其他DQL常用的保留字有WHERE、ORDER BY、GROUP BY和HAVING。这些DQL保留

字常与其他类型SQL语句一起使用。数据操作语言（Data Manipulation Language，DML）：其语句包括动词INSERT、UPDATE和DELETE。它们分别用于添加、修改和删除。事务控制语言（TCL）：它的语句能确保被DML语句影响的表的所有行及时得以更新。包括COMMIT（提交）命令、SAVEPOINT（保存点）命令、ROLLBACK（回滚）命令。数据控制语言（DCL）：它的语句通过GRANT或REVOKE实现权限控制，确定单个用户和用户组对数据库对象的访问。某些RDBMS可用GRANT或REVOKE控制对表单各列的访问。数据定义语言（DDL）：其语句包括动词CREATE、ALTER和DROP。在数据库中创建新表或修改、删除表（CREATE TABLE或DROP TABLE）；为表加入索引等。指针控制语言（CCL）：其语句如DECLARE CURSOR、FETCH INTO和UPDATE WHERE CURRENT用于对一个或多个表单独行进行操作。

6. SQL的特点

SQL风格统一，SQL可以独立完成数据库生命周期中的全部活动，包括定义关系模式、录入数据、建立数据库、查询、更新、维护、数据库重构、数据库安全性控制等一系列操作，这就为数据库应用系统开发提供了良好的环境，在数据库投入运行后，还可根据需要随时逐步修改模式，且不影响数据库的运行，从而使系统具有良好的可扩充性。高度非过程化，非关系数据模型的数据操纵语言是面向过程的语言，用其完成用户请求时，必须指定存取路径。而用SQL进行数据操作，用户无须了解存取路径，存取路径的选择以及SQL语句的操作过程由系统自动完成。SQL语句能够嵌入到高级语言（如C、C#、Java）程序中，供程序员设计程序时使用。而在两种不同的使用方式下，SQL的语法结构基本上是一致的。这种以统一的语法结构提供两种不同的操作方式，为用户提供了极大的灵活性与方便性。SQL功能极强，只用了9个动词即可实现核心功能：CREATE、ALTER、DROP、SELECT、INSERT、UPDATE、DELETE、GRANT、REVOKE。且SQL语法简单，接近英语口语，因此易学易用。

7. 常用SQL语句

数据定义，在关系数据库实现过程中，第一步是建立关系模式，定义基本表的结构，即该关系模式是由哪些属性组成的，每一属性的数据类型及数据可能的长度、是否允许为空值以及其他完整性约束条件。

定义基本表：

```
CREATE TABLE<表名>(<列名1><数据类型>[列级完整性约束条件]
[,<列名2><数据类型>[列级完整性约束条件]]…
[,<列名n><数据类型>[列级完整性约束条件]]
[,表列级完整性约束条件]);
```

说明：

①<>中是SQL语句必须定义的部分，[]中是SQL语句可选择的部分，可以省略。

②CREATE TABLE是SQL保留字，指示本SQL语句的功能。

③<表名>是所要定义的基本表的名称，一个表可以由一个或若干个属性（列）组成，但至少有一个属性，不允许一个属性都没有的表，这样不是空表的含义。多个属性定义由圆括号指示其边界，通过逗号把各个属性定义分隔开，各个属性名称互不相同，可以采用任意顺序排列，一般按照实体或联系定义属性的顺序排列，关键字属性组在最前面，这样容易区分，也防止遗漏定义的属性。

④每个属性由列名、数据类型、该列的多个完整性约束条件组成。其中列名一般为属性的英文名缩写，在Microsoft Access 2010中也可以采用中文，建议不要这样做，编程开发时不方便。

⑤完整性约束条件，分为列级完整性约束和表级完整性约束，如果完整性约束条件涉及该表的多个属性列，则必须定义在表级上，否则既可以定义在列级也可以定义在表级。这些完整性约束条件被存入系统的数据字典中，当用户操作表中数据时由RDBMS自动检查该操作是否违背这些完整性约束，如果违背则RDBMS拒绝本次操作，这样就保持了数据库状态的正确性和完整性，不需要用户提供检查，提高了编程的效率，降低了编程难度。列级完整性约束通常为主关键字的定义、是否允许为空。表级完整性约束条件一

般为外码定义。

数据操纵，数据操纵语言是完成数据操作的命令，一般分为两种类型的数据操纵。
①数据检索（常称为查询）：寻找所需的具体数据。
②数据修改：插入、删除和更新数据。

数据操纵语言一般由INSERT（插入）、DELETE（删除）、UPDATE（更新）、SELECT（检索，又称查询）等组成。由于SELECT经常使用，所以一般将它称为查询（检索）语言并单独出现。

数据管理（又称数据控制）语言是用来管理（或控制）用户访问权限的。由GRANT（授权）、REVOKE（回收）命令组成。而Visual FoxPro 6.0不支持这种权限管理。

SQL中的数据查询语句，数据库中的数据很多时候是为了查询，因此，数据查询是数据库的核心操作。而在SQL中，查询语言只有一条，即SELECT语句。

8. SQL Server 简介

SQL Server是由Microsoft开发和推广的关系数据库管理系统（DBMS），它最初是由Microsoft、Sybase和Ashton-Tate三家公司共同开发的，并于1988年推出了第一个OS/2版本。Microsoft SQL Server近年来不断更新版本，1996年，Microsoft推出了SQL Server 6.5版本；1998年，SQL Server 7.0版本和用户见面；SQL Server 2000是Microsoft公司于2000年推出的，目前较新版本是SQL Server 2019。SQL Server的特点：真正的客户机/服务器体系结构。图形化用户界面，使系统管理和数据库管理更加直观、简单。丰富的编程接口工具，为用户进行程序设计提供了更大的选择余地。SQL Server与Windows NT完全集成，利用了NT的许多功能，如发送和接收消息、管理登录安全性等。SQL Server也可以很好地与Microsoft BackOffice产品集成。具有很好的伸缩性，可跨越从小型计算机到大型多处理器等多种平台。对Web技术的支持，使用户能够很容易地将数据库中的数据发布到Web页面上。SQL Server提供数据仓库功能，这个功能只在Oracle和其他更昂贵的DBMS中才有。

9. SQL Server、MySQL、Oracle 之间的区别

SQL Server具有使用方便、可伸缩性好、与相关软件集成程度高等优点，逐渐成为Windows平台下进行数据库应用开发较为理想的选择之一。SQL Server是目前流行的数据库之一，它已广泛应用于金融、保险、电力、行政管理等与数据库有关的行业。而且，由于其易操作性及友好的界面，赢得了广大用户的青睐，尤其是SQL Server与其他数据库，如Access、FoxPro、Excel等有良好的ODBC接口，可以把上述数据库转成SQL Server的数据库，因此目前越来越多的用户正在使用SQL Server。SQL Server有强大的功能，影响力在几种数据库系统中比较大，用户也比较多。它一般和微软的.NET平台搭配使用。其他开发平台，都提供与它相关的数据库连接方式。

MySQL不支持事务处理，没有视图，没有存储过程和触发器，没有数据库端的用户自定义函数，不能完全使用标准的SQL语法。MySQL缺乏transactions、rollbacks和subselects等功能。如果计划使用MySQL编写一个关于银行、会计的应用程序，或者计划维护一些随时需要线性递增的不同类的计数器，将缺乏transactions功能。MySQL的测试版3.23.x系列现在已经支持transactions了。在非常必要的情况下，MySQL的局限性可以通过一部分开发者的努力得到克服。在MySQL中用户失去的主要功能是subselect语句，而这正是其他所有数据库都具有的。MySQL没法处理复杂的关联性数据库功能，例如，子查询（subqueries），虽然大多数子查询都可以改写成join，另一个MySQL没有提供支持的功能是事务处理（transaction）以及事务的提交（commit）/撤销（rollback）。一个事务指的是被当作一个单位来共同执行的一群或一套命令。如果一个事务没法完成，那么整个事务里面没有一个指令是真正执行下去的。对于必须处理线上订单的商业网站来说，MySQL没有支持这项功能。但是可以用MaxSQL，一个分开的服务器，它能通过外挂的表格来支持事务功能。外键（foreign key）以及参考完整性限制（referential integrity）可以让用户制定表格中资料间的约束，然后将约束（constraint）加到用户所规定的资料里面。这些MySQL没有的功能表示一个有赖复

杂的资料关系的应用程序并不适合使用MySQL。数据库的参考完整性限制——MySQL并没有支持外键的规则，当然更没有支持连锁删除（cascading delete）功能。简单来说，如果你的工作需要使用复杂的资料关联，那你还是首选Access。你在MySQL中也不会找到存储进程（stored procedure）以及触发器（trigger）。针对这些功能，在Access中提供了相对的事件进程（event procedure）。MySQL+PHP+Apache三者被软件开发者称为"php黄金组合"。

Oracle能在所有主流平台上运行（包括Windows）。完全支持所有工业标准。采用完全开放的策略。可以使客户选择最适合的解决方案。对开发商全力支持，Oracle并行服务器通过使一组结点共享同一簇中的工作来扩展Windows NT的能力，提供高可用性和高伸缩性的簇的解决方案。如果Windows NT不能满足需要，用户可以把数据库移到UNIX中。Oracle的并行服务器对各种UNIX平台的集群机制都有着相当高的集成度。Oracle获得最高认证级别的ISO标准认证。Oracle性能最高，保持开放平台下的TPC-D和TPC-C的世界纪录。Oracle多层次网络计算，支持多种工业标准，可以用ODBC、JDBC、OCI等网络与客户连接。Oracle在兼容性、可移植性、可连接性、高生产率、开放性等方面也存在优点。Oracle产品采用标准SQL，并经过美国国家标准与技术研究所（NIST）测试，与IBM SQL/DS、DB2、INGRES、IDMS/R等兼容。Oracle的产品可运行于很宽范围的硬件与操作系统平台上；可以安装在70种以上不同的大、中、小型机上；可在VMS、DOS、UNIX、Windows等多种操作系统下工作；能与多种通信网络相连，支持各种协议（如TCP/IP、DECnet、LU6.2等）。提供了多种开发工具，能极大地方便用户进行进一步的开发。Oracle良好的兼容性、可移植性、可连接性和高生产率使Oracle RDBMS具有良好的开放性。当然其价格也是比较昂贵的。

任务拓展

1. SQL Server都有哪些常用版本？
2. SQL Server、MySQL、Oracle有哪些异同点？

任务三　操作 SQL Server 数据库

任务描述

上海御恒信息科技公司接到客户的一份订单，要求用SQL Server创建、修改、删除数据库。公司刚招聘了一名程序员小张，软件开发部经理要求他尽快熟悉在SQL Server中如何操作数据库，小张按照经理的要求开始做以下任务分析。

任务分析

1. 创建SQL Server数据库。
2. 修改SQL Server数据库。
3. 删除SQL Server数据库。

任务实施

STEP 1　create database mydb（默认大小2.73 MB，其中.mdf文件为2.18 MB，而.ldf文件为0.56 MB）。

```
use master
go
```

```
create database mydb
go
```

注意：用菜单创建的数据库默认大小为4 MB，其中.mdf文件为3 MB，而.ldf文件为1 MB。

STEP 2 创建文件夹D:\studentdb，并创建具有一个.mdf、一个.ndf、一个.ldf的数据库StudMgr。

```
use master
go

create database StudMgr
on primary                                      --数据文件
(
  name='stud_data1',                            --逻辑名
  filename='d:\studentdb\stud_dat1.mdf',        --物理名
  size=3MB,                                     --最小值
  maxsize=5MB,                                  --最大值
  filegrowth=1MB                                --文件增长量
),
(
  name='stud_data2',                            --逻辑名
  filename='d:\studentdb\stud_dat2.ndf',        --物理名
  size=3MB,                                     --最小值
  maxsize=5MB,                                  --最大值
  filegrowth=1MB                                --文件增长量
)
log on                                          --日志文件
(
  name='stud_log1',                             --逻辑名
  filename='d:\studentdb\stud_log1.ldf',        --物理名
  size=3MB,                                     --最小值
  maxsize=5MB,                                  --最大值
  filegrowth=1MB                                --文件增长量
)
go
```

注意：将SQL代码保存后，按【Ctrl+Shift+Del】组合键清空文档，创建好后，如图1-28所示。

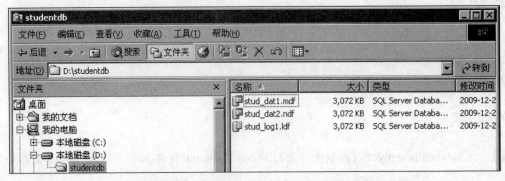

图1-28　创建具有一个.mdf、一个.ndf、一个.ldf的数据库StudMgr

STEP 3 查看数据库详细信息。

```
sp_helpdb StudMgr          --查看数据库信息
go
```

显示结果如图1-29所示。

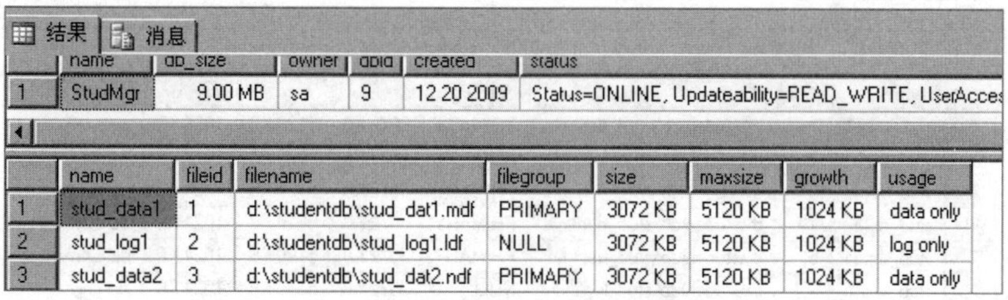

name	db_size	owner	dbid	created	status
1	StudMgr	9.00 MB	sa	9	12 20 2009	Status=ONLINE, Updateability=READ_WRITE, UserAcces

	name	fileid	filename	filegroup	size	maxsize	growth	usage
1	stud_data1	1	d:\studentdb\stud_dat1.mdf	PRIMARY	3072 KB	5120 KB	1024 KB	data only
2	stud_log1	2	d:\studentdb\stud_log1.ldf	NULL	3072 KB	5120 KB	1024 KB	log only
3	stud_data2	3	d:\studentdb\stud_dat2.ndf	PRIMARY	3072 KB	5120 KB	1024 KB	data only

图1-29 查看数据库详细信息

STEP 4 alter database 库名 add file( )（修改数据库并添加次要文件）。

```
alter database StudMgr                       --修改数据库时,一次只能使用一个关键字
add file                                     --添加次要数据文件(一次可以添加多个文件)
(
  name='stud_data3',                         --逻辑名
  filename='d:\studentdb\stud_dat3.ndf',     --物理名
  size=3MB,                                  --最小值
  maxsize=5MB,                               --最大值
  filegrowth=1MB                             --文件增长量
)
,
(
  name='stud_data4',                         --逻辑名
  filename='d:\studentdb\stud_dat4.ndf',     --物理名
  size=3MB,                                  --最小值
  maxsize=5MB,                               --最大值
  filegrowth=1MB                             --文件增长量
)
go

sp_helpdb StudMgr
go
```

STEP 5 alter database 库名 add log file( )（修改数据库并添加日志文件）。

```
alter database StudMgr                       --修改数据库时,一次只能使用一个关键字
add log file                                 --添加日志文件(一次可以添加多个文件)
(
  name='stud_log2',                          --逻辑名
  filename='d:\studentdb\stud_log2.ldf',     --物理名
  size=3MB,                                  --最小值
  maxsize=5MB,                               --最大值
  filegrowth=1MB                             --文件增长量
)
go
```

```
sp_helpdb StudMgr
```

显示结果如图1-30所示。

name	db_size	owner	dbid	created	status
StudMgr	18.00 MB	sa	9	12 20 2009	Status=ONLINE, Updateability=READ_WRITE, UserAcc...

	name	fileid	filename	filegroup	size	maxsize	growth	usage
1	stud_data1	1	d:\studentdb\stud_dat1.mdf	PRIMARY	3072 KB	5120 KB	1024 KB	data only
2	stud_log1	2	d:\studentdb\stud_log1.ldf	NULL	3072 KB	5120 KB	1024 KB	log only
3	stud_data2	3	d:\studentdb\stud_dat2.ndf	PRIMARY	3072 KB	5120 KB	1024 KB	data only
4	stud_data3	4	d:\studentdb\stud_dat3.ndf	PRIMARY	3072 KB	5120 KB	1024 KB	data only
5	stud_data4	5	d:\studentdb\stud_dat4.ndf	PRIMARY	3072 KB	5120 KB	1024 KB	data only
6	stud_log2	6	d:\studentdb\stud_log2.ldf	NULL	3072 KB	5120 KB	1024 KB	log only

图1-30　alter database 添加数据文件及日志文件

STEP 6 alter database库名modify file( )（修改数据库文件）。

```
alter database StudMgr
modify file              --修改文件容量，只能大于当前大小，一次只能修改一个文件的相关属性
(
name='stud_log2',
size=4MB
)

go

sp_helpdb StudMgr
go
```

显示结果如图1-31所示。

name	db_size	owner	dbid	created	status
StudMgr	19.00 MB	sa	9	12 20 2009	Status=ONLINE, Updateability=READ_WRITE, UserAcc

	name	fileid	filename	filegroup	size	maxsize	growth	usage
1	stud_data1	1	d:\studentdb\stud_dat1.mdf	PRIMARY	3072 KB	5120 KB	1024 KB	data only
2	stud_log1	2	d:\studentdb\stud_log1.ldf	NULL	3072 KB	5120 KB	1024 KB	log only
3	stud_data2	3	d:\studentdb\stud_dat2.ndf	PRIMARY	3072 KB	5120 KB	1024 KB	data only
4	stud_data3	4	d:\studentdb\stud_dat3.ndf	PRIMARY	3072 KB	5120 KB	1024 KB	data only
5	stud_data4	5	d:\studentdb\stud_dat4.ndf	PRIMARY	3072 KB	5120 KB	1024 KB	data only
6	stud_log2	6	d:\studentdb\stud_log2.ldf	NULL	4096 KB	5120 KB	1024 KB	log only

图1-31　alter database 修改日志文件的容量

STEP 7 alter database库名remove file( )（删除数据库文件，一次只能删除一个）。

```
alter database StudMgr
remove file stud_data3                    --删除文件，一次只能删除一个
go

sp_helpdb StudMgr
go
```

显示结果如图1-32所示。

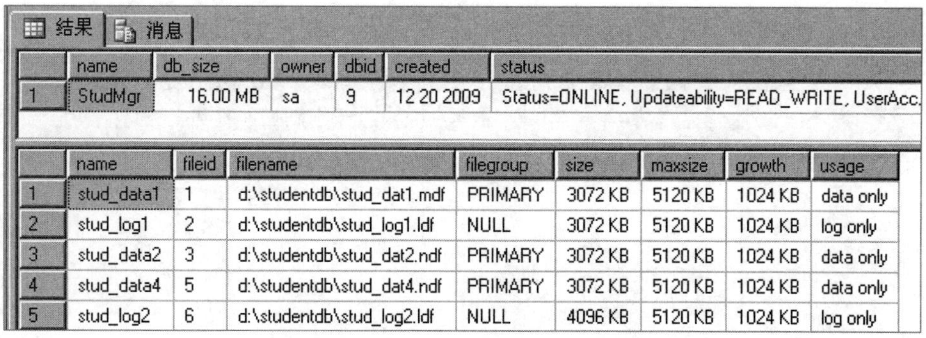

	name	db_size	owner	dbid	created	status
1	StudMgr	16.00 MB	sa	9	12 20 2009	Status=ONLINE, Updateability=READ_WRITE, UserAcc.

	name	fileid	filename	filegroup	size	maxsize	growth	usage
1	stud_data1	1	d:\studentdb\stud_dat1.mdf	PRIMARY	3072 KB	5120 KB	1024 KB	data only
2	stud_log1	2	d:\studentdb\stud_log1.ldf	NULL	3072 KB	5120 KB	1024 KB	log only
3	stud_data2	3	d:\studentdb\stud_dat2.ndf	PRIMARY	3072 KB	5120 KB	1024 KB	data only
4	stud_data4	5	d:\studentdb\stud_dat4.ndf	PRIMARY	3072 KB	5120 KB	1024 KB	data only
5	stud_log2	6	d:\studentdb\stud_log2.ldf	NULL	4096 KB	5120 KB	1024 KB	log only

图 1-32　alter database 删除数据库文件

STEP 8 drop database（删除数据库）。

```
use master
go


drop database StudMgr                              --删除库
go
```

任务小结

1．创建数据库的命令是：create database 库名。
2．修改数据库的命令是：alter database 库名。
3．删除数据库的命令是：drop database 库名。

相关知识与技能

1．关系图及 E-R 图编辑器

在好的数据库设计中，ERD（Entity Relationship Diagrams，实体关系图）是一个非常重要的工具。在这个工具中，通常可以用少量脚本轻松地创建小型数据库，而且基于没有描绘任何内容，直接实现。但是要想让大型数据库运行速度更快，仅凭想象的事情是不能解决问题的，ERD 解决了许多这样的问题，它允许快速、形象化地理解实体和关系。

在企业管理器下，可以展开数据库的关系图节点打开 E-R 图编辑器（首先展开服务器，然后展开数据库）。E-R 图编辑器没有提供太多选项，所以很快就会熟悉。实际上，如果你熟悉 Access 中的关系编辑器，就会发现对 E-R 图编辑器有一种似曾相识的感觉。

首先从创建关系图开始。在企业管理器下，沿着 SQL Server 组的目录树，找到 Store_Io，DamaVC 或 Northwind 数据库并右击，在出现的关系图节点上选择"新建"→"数据库关系图"命令，创建新的关系图，如图 1-33 所示。

系统会出现创建数据库关系图向导。单击"下一步"按钮，进入"选择要添加的表"对话框，如图 1-34 所示。

该对话框允许选择在关系图中包含哪些表。如果拖动左边的滚动条，就会看到一些不熟悉的表。如果以 dt 开头，则表示是 E-R 图编辑器使用的；如果以 sys 开头，则表示是系统表。

2．设置关系图中的表

在创建关系图时，已经看到每张表拥有自己的窗口，而且可以被移动。主键作为一个非常小的键符号显示在名字左边，如图 1-35 所示。

图 1-33 新建数据库关系图

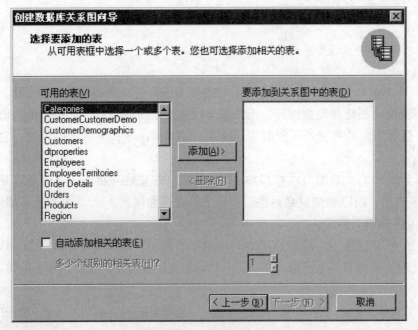

图 1-34 在创建数据库关系图向导中选择要增加的表

图 1-35 关系图中表的主键

这是表的默认视图，可以选择多个这样的视图，从而允许准确地编辑表。要检查表视图的选项，只要在感兴趣的表上右击即可。

默认情况下，该菜单只有名字，但应该对选择 Standard 感兴趣——这是在关系图右边编辑列属性时要用到的内容。

1. 创建数据库之前是否需要判断该数据库是否存在？
2. 在修改数据库的命令中有哪些子选项参数需要设置？
3. 删除数据库之前是否要判断该数据库的存在性？

任务四　操作 SQL Server 表

上海御恒信息科技公司接到客户的一份订单，要求能熟练操作 SQL Server 表。公司刚招聘了一名程序员小张，软件开发部经理要求他尽快熟悉操作 SQL Server 表，小张按照经理的要求开始做以下任务分析。

任务分析

1. 使用 create table 命令分别创建主表和从表。
2. 使用 alter table 命令修改表。
3. 使用 drop table 命令删除表。
4. 用菜单创建关系图并保存。

任务实施

STEP 1　create table（创建主表），如图 1-36 所示。

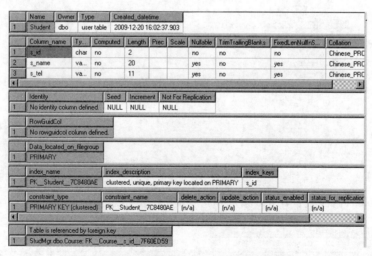

图 1-36　查看表 Student 的详细信息

```
use StudMgr
go

create table Student                        --创建主表
(
  s_id char(2)not null primary key,
```

```
  s_name varchar(20)null,
  s_tel varchar(11)null
)
go

sp_help Student
go
```

STEP 2 create table（创建从表），如图1-37所示。

结果 | 消息

	Name	Owner	Type	Created_datetime
1	Course	dbo	user table	2009-12-20 16:04:08.950

	Column_name	Type	Computed	Length	Prec	Scale	Nullable	TrimTrailingBlanks	FixedLenNullInSource	Collation
1	c_bh	char	no	2			no	no	no	Chinese_F
2	c_name	varchar	no	20			yes	no	yes	Chinese_F
3	c_score	numeric	no	5	6	2	yes	(n/a)	(n/a)	NULL
4	s_id	char	no	2			no	no	no	Chinese_F

	Identity	Seed	Increment	Not For Replication
1	No identity column defined.	NULL	NULL	NULL

	RowGuidCol
1	No rowguidcol column defined.

	Data_located_on_filegroup
1	PRIMARY

	index_name	index_description	index_keys
1	PK__Course__7E6CC920	clustered, unique, primary key located on PRIMARY	c_bh

	constraint_type	constraint_name	delete_action	update_action	status_enabled	status_for_replication	const
1	FOREIGN KEY	FK__Course__s_id__7F60ED59	No Action	No Action	Enabled	Is_For_Replication	s_id
2							REFE
3	PRIMARY K...	PK__Course__7E6CC920	(n/a)	(n/a)	(n/a)	(n/a)	c_bh

图 1-37　查看表 Course 的详细信息

```
create table Course                  --创建从表
(
  c_bh char(2)     not null primary key,
  c_name varchar(20)null,
  c_score numeric(6,2)null,
  s_id char(2)     not null references Student(s_id)       --从表的FK引用主表的PK
)
go

sp_help Course
go
```

STEP 3 alter table（修改表，用add添加列），如图1-38所示。

	Name	Owner	Type	Created_datetime
1	Student	dbo	user table	2009-12-20 16:02:37.903

	Column_name	Type	Computed	Length	Prec	Scale	Nullable	TrimTrailingBlanks	FixedLenNullInSource	Collation
1	s_id	char	no	2			no	no	no	Chinese_PRC_CI_AS
2	s_name	varchar	no	20			yes	no	yes	Chinese_PRC_CI_AS
3	s_tel	varchar	no	11			yes	no	yes	Chinese_PRC_CI_AS
4	s_address	varchar	no	30			yes	no	yes	Chinese_PRC_CI_AS

图 1-38　修改表 Student，用 add 添加列

```
use StudMgr
go
alter table Student
```

```
add s_address varchar(30)null
go

sp_help Student
go
```

STEP 4 alter table（修改表，用alter column修改列），如图1-39所示。

结果 | 消息

	Name	Owner	Type	Created_datetime
1	Student	dbo	user table	2009-12-20 16:02:37.903

	Column_name	Type	Computed	Length	Prec	Scale	Nullable	TrimTrailingBlanks	FixedLenNullInSource	Collation
1	s_id	char	no	2			no	no	no	Chinese_PRC_CI_AS
2	s_name	varchar	no	20			yes	no	yes	Chinese_PRC_CI_AS
3	s_tel	varchar	no	11			yes	no	yes	Chinese_PRC_CI_AS
4	s_address	varchar	no	50			yes	no	yes	Chinese_PRC_CI_AS

	Identity	Seed	Increment	Not For Replication
1	No identity column defined.	NULL	NULL	NULL

	RowGuidCol
1	No rowguidcol column defined.

	Data_located_on_filegroup
1	PRIMARY

图 1-39　修改表 Student，用 alter column 修改列

```
use StudMgr
go
alter table Student
alter column s_address varchar(50)
go

sp_help Student
go
```

STEP 5 alter table（修改表，用drop column删除列，如该列上有约束，应先删除约束，再删列），如图1-40所示。

结果 | 消息

	Name	Owner	Type	Created_datetime
1	Student	dbo	user table	2009-12-20 16:02:37.903

	Column_name	Type	Computed	Length	Prec	Scale	Nullable	TrimTrailingBlanks	FixedLenNullInSource	Collation
1	s_id	char	no	2			no	no	no	Chinese_PRC_CI_AS
2	s_name	varchar	no	20			yes	no	yes	Chinese_PRC_CI_AS
3	s_tel	varchar	no	11			yes	no	yes	Chinese_PRC_CI_AS

图 1-40　修改表 Student，用 drop column 删除列

```
use StudMgr
go
alter table Student
drop column s_address
go

sp_help Student
go
```

STEP 6 alter table（修改表，用add constraint添加约束），如图1-41所示。

	constraint_type	constraint_name	delete_action	update_action	status_enabled	status_for_replication	constraint_keys
1	PRIMARY KEY (clustered)	PK__Student__7C8480AE	(n/a)	(n/a)	(n/a)	(n/a)	s_id
2	CHECK on column s_tel	tel_check	(n/a)	(n/a)	Enabled	Is_For_Replication	([s_tel] like '[1...

图 1-41　修改表 Student，用 add constraint 添加约束

```
use StudMgr
go
alter table Student
add constraint tel_check check(s_tel like'[1][3,5,8][0-9][0-9][0-9][0-9][0-9][0-9][0-9][0-9][0-9]')
go

sp_help Student
go
```

STEP 7 alter table（修改表，用 drop constraint 删除约束），如图 1-42 所示。

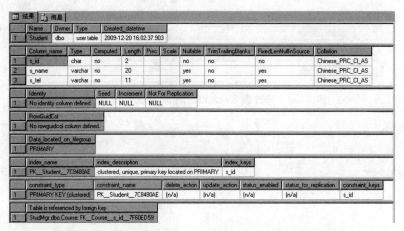

图 1-42 修改表 Student，用 drop Constraint 删除约束

```
use StudMgr
go
alter table Student
drop  constraint tel_check
go

sp_help Student
go
```

STEP 8 drop table（删除表，先删除从表的 FK 约束，再删除从表，最后删除主表）。

```
use StudMgr
go

sp_help Course
go

alter table Course
drop constraint FK__Course__s_id__108B795B
go

sp_help Course
go

drop table Course
```

```
go
drop table Student
go
```

STEP 9 创建关系图并保存为studmgr_diagram,如图1-43~图1-45所示。

图 1-43 创建关系图

图 1-44 选择 Course 和 Student 表

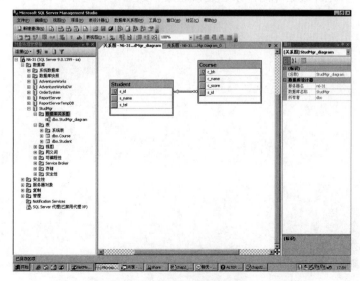

图 1-45 将 Student 的 PK 连接到 Course 的 FK

任务小结

1. 使用create table命令时要先创建主表，再创建从表。
2. 在alter table中用add添加列。
3. 在alter table中用alter column修改列。
4. 在alter table中用drop column删除列，如该列上有约束，应先删除约束，再删除列。
5. 在alter table中用add constraint添加约束。
6. 在alter table中用drop constraint删除约束。
7. 使用drop table要先删除从表的fk约束，再删除从表，最后删除主表。
8. 创建关系图后一定要保存。

相关知识与技能

1. SQL 初步

SQL是使用关系模型的数据库应用语言，由IBM公司在20世纪70年代开发出来，作为IBM关系数据库原型System R的原型关系语言，实现了关系数据库中的信息检索。

20世纪80年代初，美国国家标准局（ANSI）开始着手制定SQL标准，最早的ANSI标准于1986年完成，它也被称为SQL-86。标准的出台使SQL作为标准的关系数据库语言的地位得到了加强。SQL标准几经修改和完善，目前新的SQL标准是1992年制定的SQL-92，它的全名是"International Standard ISO/IEC 9075：1992．Database Language SQL"。

SQL对数据库的操作包括以下几类：创建数据库对象、操纵对象、往数据库表中填充数据、在数据表中更新已存在的数据、删除数据、执行数据库查询、控制数据库访问权限和数据库总体管理。

SQL命令主要分为以下几类：

```
数据定义语言：DDL
数据操纵语言：DML
数据查询语言：DQL
数据控制语言：DCL
```

2. 数据定义语言

数据定义语言（DDL）允许数据库用户来创建或重新构建数据库对象。例如：创建或删除一个数据表。其命令包括：

```
CREATE TABLE
ALTER TABLE
DROP TABLE
CREATE INDEX
DROP INDEX
CREATE VIEW
DROP VIEW
```

1. 创建多张表时有先后顺序吗？
2. 用户可修改表的哪些部分？

任务五 实现DDL

任务描述

上海御恒信息科技公司接到客户的一份订单,要求用DDL来实现表格的管理。公司刚招聘了一名程序员小张,软件开发部经理要求他尽快熟悉DDL,小张按照经理的要求开始做以下任务分析。

任务分析

1. 用create database 创建库。
2. 用alter database 修改库。
3. 用drop database 删除库。
4. 用create table 创建表。
5. 用alter table 修改表。
6. 用drop table 删除表。
7. 制作关系图。

任务实施

STEP 1 create database。

```
--1.create database
use master
Go

create database OrderSystem
on primary
(
  name='Os_data1',
  filename='d:\osdat1.mdf',
  size=3MB,
  maxsize=5MB,
  filegrowth=1MB
)
,
(
  name='Os_data2',
  filename='d:\osdat2.ndf',
  size=3MB,
  maxsize=5MB,
  filegrowth=1MB
)
log on
(
  name='Os_log1',
  filename='d:\oslog1.ldf',
```

```
    size=3MB,
    maxsize=5MB,
    filegrowth=1MB
)
go


sp_helpdb OrderSystem
go
```

STEP 2 alter database。

```
--2.alter database
alter database OrderSystem
add file
(
    name='Os_data3',
    filename='d:\osdat3.ndf',
    size=3MB,
    maxsize=5MB,
    filegrowth=1MB
)
go


sp_helpdb OrderSystem
go


alter database OrderSystem
add log file
(
    name='Os_log2',
    filename='d:\oslog2.ldf',
    size=3MB,
    maxsize=5MB,
    filegrowth=1MB
)
go


sp_helpdb OrderSystem
go


alter database OrderSystem
modify file
(
    name='Os_log2',
    size=5MB,
    maxsize=10MB
)
go


sp_helpdb OrderSystem
```

```
go

alter database OrderSystem
remove file Os_data3
go

sp_helpdb OrderSystem
go

alter database OrderSystem
remove file Os_log2
go

sp_helpdb OrderSystem
go
```

STEP 3 drop database。

```
--3.drop database

drop database OrderSystem
go

sp_helpdb OrderSystem
go
```

STEP 4 create table，如图1-46所示。

```
--1.1创建主表customer
use OrderSystem
go

create table customer
(
  c_id char(3)not null primary key,
  c_name varchar(20)null,
  c_tel varchar(11)null,
  c_address varchar(50)null
)
go

sp_help customer
go

--1.2创建主表product
use OrderSystem
go

create table product
(
  p_id char(3)not null primary key,
```

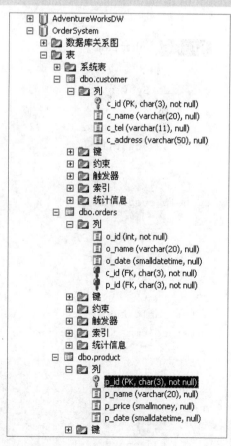

图1-46 创建 customer,orders,product 三张表

```sql
    p_name varchar(20)null,
    p_price smallmoney null,
    p_date smalldatetime null
)
go

sp_help product
go

--1.3创建从表orders
use OrderSystem
go

create table orders
(
    o_id int identity(1,1),
    o_name varchar(20)null,
    o_date smalldatetime null,
    c_id char(3)not null references customer(c_id),
    p_id char(3)not null references product(p_id)
)
go

sp_help orders
go
```

STEP 5 alter table。

```sql
--2.1 add
use OrderSystem
go
alter table customer
add c_sex char(1)null
go

sp_help customer
go

--2.2 alter column
use OrderSystem
go
alter table customer
alter column c_sex varchar(1)
go

sp_help customer
go

--2.3 add constraint
```

```
use OrderSystem
go
alter table customer
add constraint c_sex_check check(c_sex in('M','F'))

go
sp_help customer
go


--2.4 drop constraint
use OrderSystem
go
alter table customer
drop constraint c_sex_check
go

sp_help customer
go

--2.5 drop column
use OrderSystem
go
alter table customer
drop column c_sex
go

sp_help customer
go
```

STEP 6 drop table。

```
--3.drop table
use OrderSystem
go

drop table orders
go

sp_help orders
go

drop table customer
go

sp_help customer
go

drop table product
go
```

```
sp_help product
go
```

STEP 7 制作关系图，如图1-47所示。

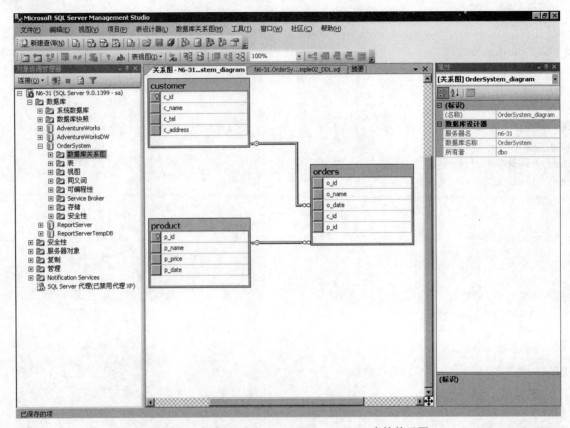

图1-47 创建 customer、orders、product 表的关系图

任务小结

1．使用DDL的三条命令 create、alter、drop 对 database 进行操作。
2．使用DDL的三条命令 create、alter、drop 对 table 进行操作。
3．使用DML的四条命令 insert、delete、update、select 对 table 进行操作。

相关知识与技能

1．数据操纵语言

数据操纵语言（DML）用于在关系数据库对象中操纵数据。
有三条主要的DML命令：

```
INSERT
UPDATE
DELETE
```

2．INSERT

INSERT语句用于向表中添加数据。
格式：

```
INSERT[INTO]
    {table_name l view_name}{(column_list)}
    {
    DEFAULT VALUES I values_list|selecLstatement
    }
```

column_list列出要添加数据的列名。在给表或视图中部分列添加数据时，必须使用该选项说明这部分列名。

DEFAULT VALUES说明向表中所有列插入其默认值。对于具有INDENTITY属性或timestamp数据类型的列，系统将自动插入下一个适当值。对于没有设置默认值的列，根据它们是否允许空值，将插入null或返回一个错误消息。

values_list的格式为：

```
VALUES(DEFAULT l|constantexpression
[,DEFAULT|constant_expression]…)
```

[例1]

```
INSERT publishers
VALUES('9900','DELPHI','Beijing','null','china')
```

[例2]

```
INSERT publishers(pub_id,pub_name,contry,city)
VALUES('9900','DELPHI','china','Beijing')
```

[例3] 假定有两个表tabl和tab2，它们列的排列顺序分别为：col1, col2, col3和col1, col3, col2。这时，可使用下面两种方法实现数据复制：

```
INSERT tabl(col1,col3,col2)
SELECT*FROM tab2
```

或

```
INSERTtabl
SELECT col1,col2,col3 FROM tab2
```

3. UPDATE

UPDATE语句用于修改表或视图中的数据。

格式：

```
UPDATE{table_name i view_name}
SET
  [column_name={column_listl l variable_listl I variable_and_column_listl l}]
…
[WHERE clause]
```

SET子句指定被修改的列名及其新值，WHERE子句说明修改条件，指出表或视图中的哪些行需要修改。

[例1] 使用SET子句将discounts表中所有行的discounts值增加0.1：

```
UPDATE discounts
SET discount=discount+0.1
```

[例2] 同时修改discounts表中折扣类型为volume discount的lowqty和discount列值：

```
UPDATE discounts
```

```
SET discount=discount+0.5,lowqty=lowqty+200
WHERE discounttype='volume discount'
```

4. DELETE

DELETE 和 TRUNCATE TABLE 语句都可以用来删除表中的数据,DELETE 语句的格式如下:

```
DELETE[FROM]{table_name|view_name}
    [WHERE clause]
```

TRUNCATE TABLE 语句的格式如下:

```
TRUNCATE TABLE[[database.]owner.]table_name
```

TRUNCATE TABLE 语句删除指定表中的所有数据行,但表结构及其所有索引继续保留,为该表所定义的约束、规则、默认值和触发器仍然有效。如果所删除的表中包含 IDENTITY 列,则该列将复位到它的原始基值。使用不带 WHERE 子句的 DELETE 语句也可以删除表中所有行,但它不复位 IDENTITY 列。

TRUNCATE TABLE 不能删除一个被其他表通过 FOREIGN KEY 约束所参照的表。

[例1]

```
DELETE discounts
TRUNCATE TABLE discounts
```

[例2]

```
DELETE discounts
TRUNCATE TABLE discounts
```

[例3]

```
DELETE titles
WHERE title_id IN
(
    SELECT titleauthor.title_id FROM authors,titles,titleauthor
    WHERE authors.au_id=titleauthor.au_id
    AND titleauthor.title_id=titles.title_id
    AND city='gary'
)
```

任务拓展

1. DDL 是什么?它有什么特点?
2. DML 是什么?它有什么特点?
3. DCL 是什么?它有什么特点?

任务六　实现 DML 中的 insert into 操作

任务描述

上海御恒信息科技公司接到客户的一份订单,要求为主表和从表分别写入记录。公司刚招聘了一名程序员小张,软件开发部经理要求他尽快熟悉 insert into 命令,小张按照经理的要求开始做以下任务分析。

任务分析

1. 使用具体的列名对应相应的值来实现insert into语句。
2. 使用按列名顺序书写列所对应的值来实现insert into。
3. 使用省略列名并书写列所对应的值来实现insert into。
4. 设计先输入主表内容,再输入从表内容。

任务实施

STEP 1 insert into的第一种写法(用具体的列名对应相应的值)。

```
use OrderSystem
go

insert into customer(c_id,c_name,c_tel,c_address)
         values('c01','张三','13112345678','shanghai')
go

select*from customer
go
```

STEP 2 insert into的第二种写法(省略列名,必须按列名顺序书写列所对应的值)。

```
use OrderSystem
go

insert into customer
         values('c02','李四','13212345678','beijing')
go

select*from customer
go
```

STEP 3 insert into的第三种写法(省略列名并书写列所对应的值,如值未知,用"null"代替)。

```
use OrderSystem
go

insert into customer
         values('c03',null,null,null)        --null不是'null','',0,空格
go

select*from customer
go
```

STEP 4 insert into主表customer,如图1-72所示。

```
--1.2 在主表customer中添加记录
use OrderSystem
go

insert into customer(c_id,c_name,c_tel,c_address)
```

```
                values('c01','张三','13112345678','shanghai')
go

insert into customer(c_id,c_name,c_tel,c_address)
        values('c02','李四','13212345678','beijing')
go

insert into customer(c_id,c_name,c_tel,c_address)
        values('c03','王五','13312345678','chongqin')
go

insert into customer(c_id,c_name,c_tel,c_address)
        values('c04','赵六','13412345678','tianjin')
go

insert into customer(c_id,c_name,c_tel,c_address)
        values('c05','孙七','13512345678','wuhan')
go

insert into customer(c_id,c_name,c_tel,c_address)
        values('c06','周八','13612345678','nanjin')
go

select*from customer
go
```

STEP 5 insert into 主表 product，如图 1-48 所示。

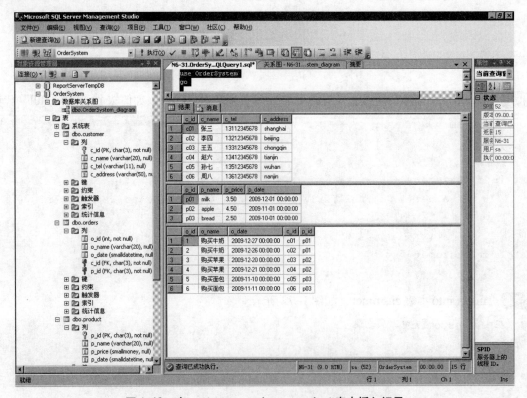

图 1-48 在 customer、orders、product 表中插入记录

```sql
--1.3  在主表product中添加记录
use OrderSystem
go

insert into product(p_id,p_name,p_price,p_date)
            values('p01','milk',3.5,'2009-12-01')
go

insert into product(p_id,p_name,p_price,p_date)
            values('p02','apple',4.5,'2009-11-01')
go

insert into product(p_id,p_name,p_price,p_date)
            values('p03','bread',2.5,'2009-10-01')
go

select*from product
go
```

STEP 6 insert into 从表orders，如图1-48所示。

```sql
--1.4  在从表orders中添加记录
use OrderSystem
go

select*from customer
select*from product
go

insert into orders(o_name,o_date,c_id,p_id)
            values('购买牛奶','2009-12-27','c01','p01')
go

insert into orders(o_name,o_date,c_id,p_id)
            values('购买牛奶','2009-12-26','c02','p01')
go

insert into orders(o_name,o_date,c_id,p_id)
            values('购买苹果','2009-12-20','c03','p02')
go

insert into orders(o_name,o_date,c_id,p_id)
            values('购买苹果','2009-12-21','c04','p02')
go

insert into orders(o_name,o_date,c_id,p_id)
            values('购买面包','2009-11-10','c05','p03')
go

insert into orders(o_name,o_date,c_id,p_id)
```

```
                values('购买面包','2009-11-11','c06','p03')
go

select*from orders
go
```

任务小结

1. 插入记录的命令格式为：insert into 表名（列名,…）values（值,…）。
2. 列表要与值对应。
3. 未知的值用null表示。

相关知识与技能

1. 数据控制语言

数据控制语言（DCL）允许用户在数据库中进行数据的访问控制。DCL命令通常用于创建与用户访问相关的对象，也控制着用户的权限分配。这些命令如下：

```
GRANT
REVOKE
DENY
```

2. GRANT

GRANT命令用来为已存在的数据库用户账户授予包括系统与对象两个级别的特权。

语法格式如下：

```
GRANT privilegel[;privilege 2][ON object]
To username
```

为一个用户授予某个特权的语法如下：

```
GRANT SELECT ON employee_tab TO userl
```

为一个用户授予多个特权的语法如下：

```
GRANT SELECT,INSERT ON employee_tab TO userl
```

3. REVOKE

REVOKE命令用于收回已授予数据库用户的特权。

语法格式如下：

```
REVOKE PRIVILEGE 1[;privilege 2][GRANT OPTION FOR]ON object
to username {RESTRICT|CASCADE}
```

REVOKE命令有两个选择项：RESTRICT和CASCADE。使用RESTRICT选项时，只有在其他任何用户都不再拥有REVOKE命令中要收回的特权衍生特权时，REVOKE命令才能成功执行。而CASCADE选项则会收回任何用户所拥有的这项特权。

4. DENY

DENY命令用于禁止数据库用户的相关权限。

语法格式如下：

```
DENY PRIVILEGE 1[;privilege 2]ON object
to username
```

项目一 实现数据库基础架构

DENY命令用于禁止username在object对象上的权限。

任务拓展

1．请问insert into可以省略列名吗？
2．请问insert into在写入记录时遇到未知的值如何处理？
3．请问insert into中的列的顺序一定要固定吗？

任务七　实现数据库备份

任务描述

上海御恒信息科技公司接到客户的一份订单，要求对数据库进行备份，以便出错或丢失时进行还原。公司刚招聘了一名程序员小张，软件开发部经理要求他尽快熟悉数据库的备份与还原，小张按照经理的要求开始做以下任务分析。

任务分析

1．设计保存SQL文件的备份方法。
2．设计编写数据库脚本的备份方法。
3．设计分离与附加的备份方法。
4．设计备份还原的备份方法。
5．设计先导出再导入的备份方法。

任务实施

STEP 1 直接将源代码保存为.sql文件，使用时打开文件（占用空间最小，最方便），如图1-49所示。

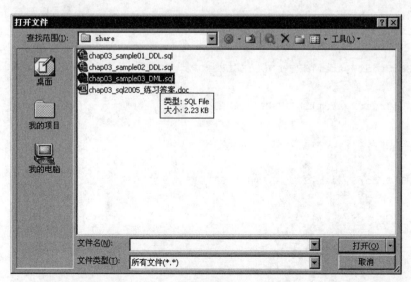

图1-49　将源代码保存为.sql文件

STEP 2 先选中库名或表名，为其编写数据库脚本（代码不熟练），如图1-50所示。

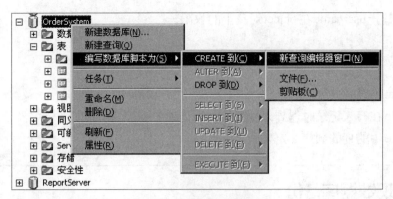

图 1-50　编写数据库脚本

```
USE[master]
GO
/******对象： Database[OrderSystem]    脚本日期：12/27/2009 15:29:56******/
CREATE DATABASE[OrderSystem]ON  PRIMARY
 (NAME=N'Os_data1', FILENAME=N'd:\osdat1.mdf', SIZE=3072KB , MAXSIZE=5120KB ,
FILEGROWTH=1024KB ),
 (NAME=N'Os_data2', FILENAME=N'd:\osdat2.ndf', SIZE=3072KB , MAXSIZE=5120KB ,
FILEGROWTH=1024KB )
 LOG ON
 (NAME=N'Os_log1', FILENAME=N'd:\oslog1.ldf', SIZE=3072KB , MAXSIZE=5120KB ,
FILEGROWTH=1024KB )
 COLLATE Chinese_PRC_CI_AS
GO
EXEC dbo.sp_dbcmptlevel @dbname=N'OrderSystem', @new_cmptlevel=90
GO
IF(1=FULLTEXTSERVICEPROPERTY('IsFullTextInstalled'))
begin
EXEC[OrderSystem].[dbo].[sp_fulltext_database]@action='enable'
end
GO
ALTER DATABASE[OrderSystem]SET ANSI_NULL_DEFAULT OFF
GO
ALTER DATABASE[OrderSystem]SET ANSI_NULLS OFF
GO
ALTER DATABASE[OrderSystem]SET ANSI_PADDING OFF
GO
ALTER DATABASE[OrderSystem]SET ANSI_WARNINGS OFF
GO
ALTER DATABASE[OrderSystem]SET ARITHABORT OFF
GO
ALTER DATABASE[OrderSystem]SET AUTO_CLOSE OFF
GO
ALTER DATABASE[OrderSystem]SET AUTO_CREATE_STATISTICS ON
GO
ALTER DATABASE[OrderSystem]SET AUTO_SHRINK OFF
GO
ALTER DATABASE[OrderSystem]SET AUTO_UPDATE_STATISTICS ON
```

```
GO
ALTER DATABASE[OrderSystem]SET CURSOR_CLOSE_ON_COMMIT OFF
GO
ALTER DATABASE[OrderSystem]SET CURSOR_DEFAULT GLOBAL
GO
ALTER DATABASE[OrderSystem]SET CONCAT_NULL_YIELDS_NULL OFF
GO
ALTER DATABASE[OrderSystem]SET NUMERIC_ROUNDABORT OFF
GO
ALTER DATABASE[OrderSystem]SET QUOTED_IDENTIFIER OFF
GO
ALTER DATABASE[OrderSystem]SET RECURSIVE_TRIGGERS OFF
GO
ALTER DATABASE[OrderSystem]SET  ENABLE_BROKER
GO
ALTER DATABASE[OrderSystem]SET AUTO_UPDATE_STATISTICS_ASYNC OFF
GO
ALTER DATABASE[OrderSystem]SET DATE_CORRELATION_OPTIMIZATION OFF
GO
ALTER DATABASE[OrderSystem]SET TRUSTWORTHY OFF
GO
ALTER DATABASE[OrderSystem]SET ALLOW_SNAPSHOT_ISOLATION OFF
GO
ALTER DATABASE[OrderSystem]SET PARAMETERIZATION SIMPLE
GO
ALTER DATABASE[OrderSystem]SET READ_WRITE
GO
ALTER DATABASE[OrderSystem]SET RECOVERY FULL
GO
ALTER DATABASE[OrderSystem]SET MULTI_USER
GO
ALTER DATABASE[OrderSystem]SET PAGE_VERIFY CHECKSUM
GO
ALTER DATABASE[OrderSystem]SET DB_CHAINING OFF
```

```
USE[OrderSystem]
GO
/******对象:Table[dbo].[customer]          脚本日期:12/27/2019 15:33:09******/
SET ANSI_NULLS ON
GO
SET QUOTED_IDENTIFIER ON
GO
SET ANSI_PADDING ON
GO
CREATE TABLE[dbo].[customer](
[c_id][char](3)COLLATE Chinese_PRC_CI_AS NOT NULL,
[c_name][varchar](20)COLLATE Chinese_PRC_CI_AS NULL,
[c_tel][varchar](11)COLLATE Chinese_PRC_CI_AS NULL,
```

```
[c_address][varchar](50)COLLATE Chinese_PRC_CI_AS NULL,
PRIMARY KEY CLUSTERED
(
[c_id]ASC
)WITH(IGNORE_DUP_KEY=OFF)ON[PRIMARY]
)ON[PRIMARY]

GO
SET ANSI_PADDING OFF
```

STEP 3 先分离数据库，再复制.mdf、.ndf、.ldf文件，最后需要时再附加.mdf（数据库完整，占用空间较多），如图1-51~图1-53所示。

STEP 4 先备份数据库，需要用时再还原数据库（可差异备份，占用空间较小，有压缩，数据库完整），如图1-54~图1-58所示。

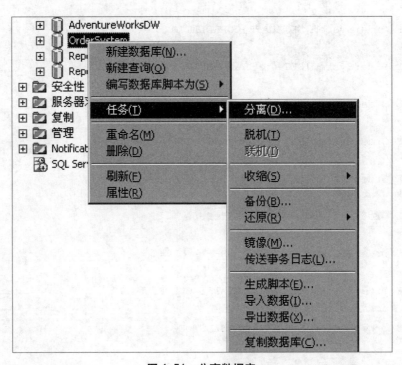

图 1-51 分离数据库

  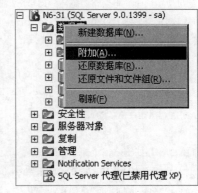

图 1-52 附加数据库

项目一　实现数据库基础架构

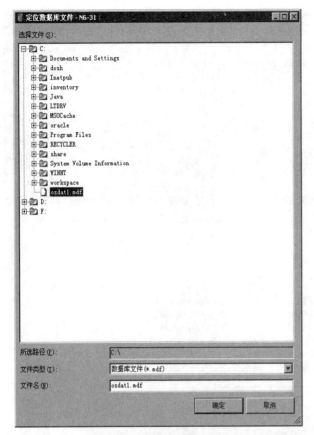

图 1-53　定位数据库文件

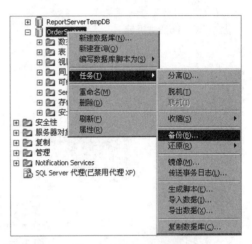

图 1-54　备份数据库

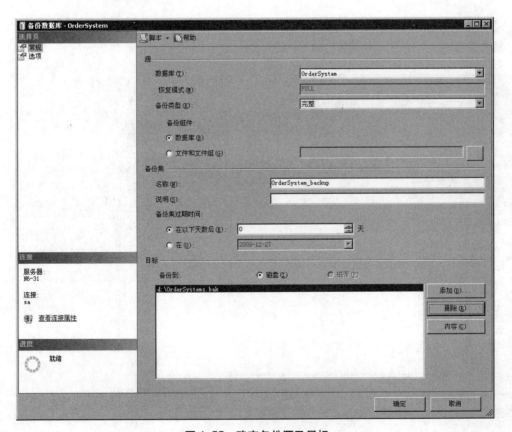

图 1-55　确定备份源及目标

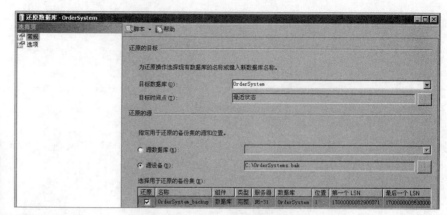

图 1-56 还原数据库　　　　　图 1-57 还原的目标及数据源

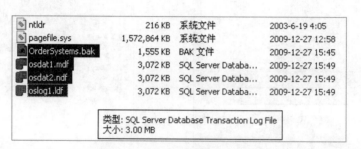

图 1-58 还原的数据源文件名

STEP 5 先将数据库导出成某种格式的文件，需要用时再将该文件导入（数据库格式可以转换，去除所有约束，操作步骤多），如图 1-59~图 1-71 所示。

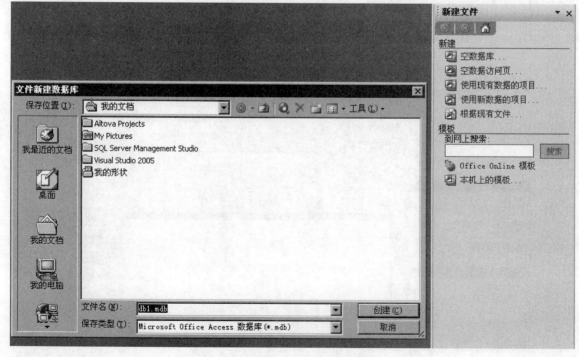

图 1-59 新建一个 Access 数据库

项目一 实现数据库基础架构

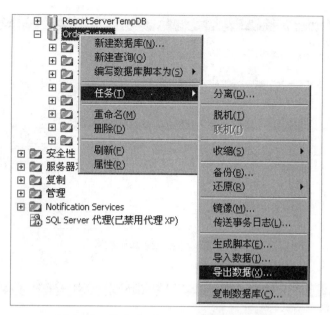

图 1-60 将 OrderSystem 数据库进行导出

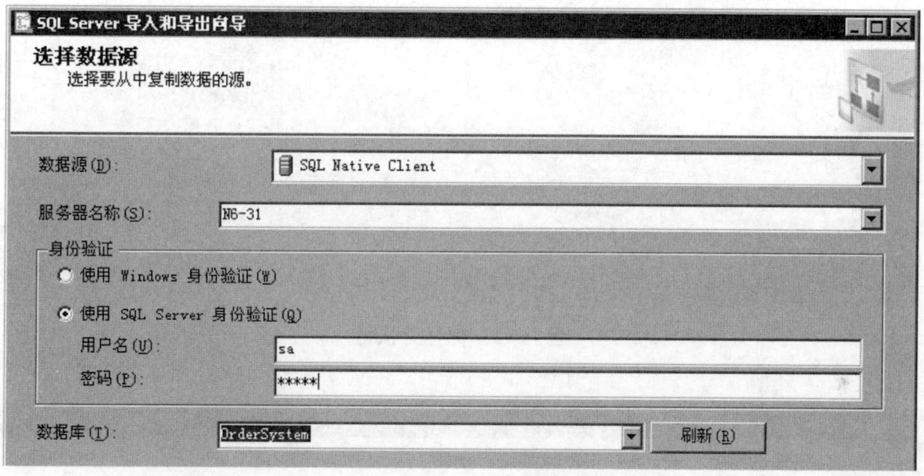

图 1-61 选择数据源

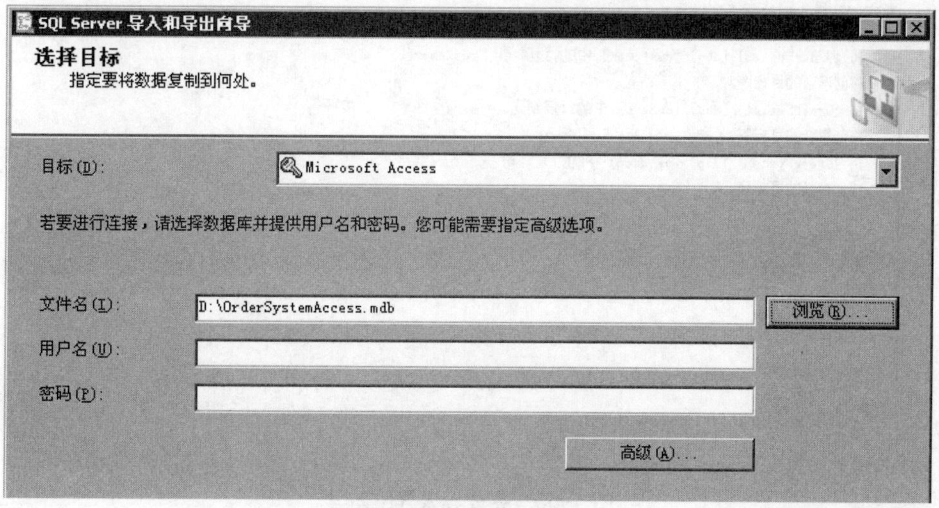

图 1-62 选择目标

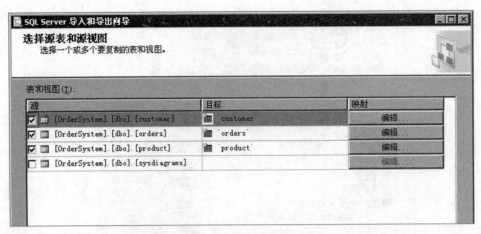

图 1-63　选择源表和源视图

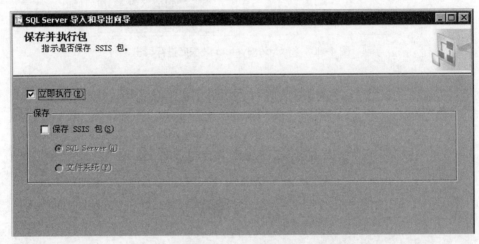

图 1-64　保存并执行

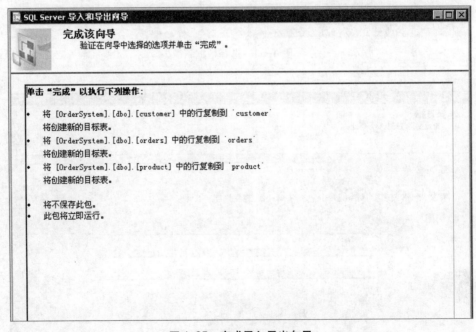

图 1-65　完成导入导出向导

项目一　实现数据库基础架构

图 1-66　SQL Server 导入和导出成功

图 1-67　在 Access 中新建数据库 OrderSystem

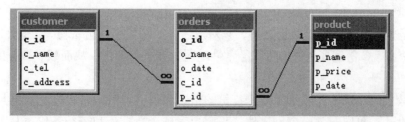

图 1-68　在 OrderSystem 数据库中新建 customer、orders、product 表

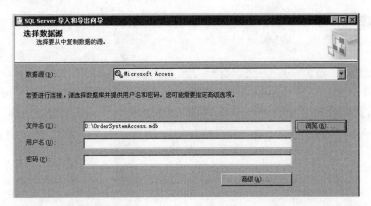

图 1-69 选择数据源为以上 Access 数据库 OrderSystemAccess.mdb

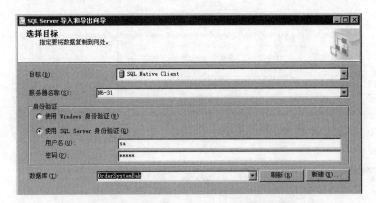

图 1-70 选择 SQL Server 数据库作为目标

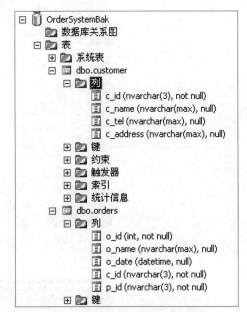

图 1-71 导出 Access 数据库到 SQL Server 数据库中成功

任务小结

1．数据库备份最省空间的方法是直接将源代码保存为 .sql 文件。

2．选中库名或表名，为其编写数据库脚本。

3．数据库备份较完整的方法是：先分离数据库，再复制 .mdf、.ndf、.ldf 文件，最后需要时再附加 .mdf。

4．可实现数据库差异备份，占用空间较小，有压缩的方法是先备份数据库，需要用时再还原数据库。

5．可进行数据库格式转换，并去除所有约束的数据库备份方法是：先将数据库导出成某种格式的文件，需要用时再将该文件导入。

相关知识与技能

1．全备份

全备份只需要一步就能完成所有数据的备份，如果全部备份的话，可能要花费很长时间，备份完成之后，会在数据库中存在一个副本。

2．差异备份

差异备份主要是记录从上次备份数据之后，只对发生更改的数据进行备份，之前的数据不用再去备份，并且是比数据库备份小，备份速度也快，可以经常性地对数据进行备份，从而减少数据的丢失。

3．文件组备份

当出现数据比较大的时候，一般情况下，备份的话，会很浪费时间，可以把数据放在文件组中，并且将一个文件设置成默认，可以只备份个别文件，不需要对整个数据库都进行备份，从而加快了用户的备份速度。

4. 日志备份

日志备份是备份日志对所有事务的记录，用户可以使用事务日志将数据恢复到某一点。

5. 经常使用的备份组合

一般很多人都选择使用全备份和日志备份或者日志备份相结合，以周为周期，周一至周六进行日志备份，周日进行全备份。

6. 函数

SQL的函数分为日期函数、字符串函数、算术函数、聚合函数、转换函数。

任务拓展

1. 请问如何编写数据库脚本？
2. 请问如何导出与导入？
3. 请问如何分离与附加？
4. 请问如何使用SQL文件来保存数据库？
5. 请问如何用备份与还原来保存数据库？

任务八　实现 DML 中的 delete、update 与 select

任务描述

上海御恒信息科技公司接到客户的一份订单，要求用delete、update、select来操作订单系统里的表格。公司刚招聘了一名程序员小张，软件开发部经理要求他尽快熟悉这些DML命令，小张按照经理的要求开始做以下任务分析。

任务分析

1. 设计实现DML中的delete操作。
2. 设计实现DML中的update操作。
3. 设计实现DML中的select操作。

任务实施

STEP 1 实现 DML 中的 delete 操作。

● delete…from（先删除所有从表中的所有FK约束，再删除表中所有内容，效率低）。

```
--1.1 delete from
use OrderSystem
go

select*from customer
go

delete from customer
go
```

```
sp_help orders
go

alter table orders
drop constraint FK_orders_c_id_07F6335A
go

alter table orders
drop constraint FK_orders_p_id_08EA5793
go

sp_help orders
go

delete from customer
go

select*from customer
go
```

○ delete from … where…（删除所有满足条件的记录）。

```
--1.2 delete from ... where...
use OrderSystem
go

select*from product
go

delete
from product
where p_price<3
go

select*from product
go
```

○ truncate table …（删除表中所有记录，效率较高）。

```
--1.3 truncate table
use OrderSystem
go

select*from orders
go

truncate table orders
go
```

```
select*from orders
go
```

STEP 2 实现DML中的update。

○ 更新所有行某一列的值。

```
--1.1 update 表名 set 列名=值
use OrderSystem
go

select*from customer
go

update customer
set c_address='shanghai'
go

select*from customer
go
```

○ 更新满足条件的所有行某一列的值。

```
--1.2 update 表名 set 列名=值 where 条件
use OrderSystem
go

select*from customer
go

update customer
set c_name='张三丰'
where c_name='张三'
go

select*from customer
go
```

○ 用一个算术表达式替换表中所有满足条件的列的值。

```
--1.3 update 表名 set 运算公式 where 条件
use OrderSystem
go

select*from product
go

update product
set p_price=p_price+(p_price*0.1)
where p_name like'%milk%'
go
```

```
select*from product
go
```

STEP 3 实现DML中的select。

◐ select ... from ...

```
--1.1 select ... from ...
use OrderSystem
go

select*
from customer
go

select c_name,c_tel
from customer
go

select c_id+c_name As'编号及名称'
from customer
go

select top 3*
from customer
go

select top 30 percent*
from customer
go
```

◐ select ... into...from

```
--1.2 select ... into...from
use OrderSystem
go

sp_help customer
go

select*
into customer_bak
from customer
go

sp_help customer_bak
go

select*from customer
select*from customer_bak
go
```

◯ select ... from...where

```
--1.3 select ... from...where
use OrderSystem
go

select*
from customer
where c_tel like'131%'
go
```

◯ select … from …group by

```
--1.4 select ... from...group by
use OrderSystem
go

select c_id,count(*)As'分组总行数'
from customer
group by c_id
go
```

◯ select ... from...group by...having

```
--1.5 select ... from...group by...having
use OrderSystem
go

select c_id,count(*)As'分组总行数'
from customer
group by c_id
having c_id='c01'
go
```

◯ select ... from ...order by(asc/desc)

```
--1.6 select ... from ...order by(asc/desc)
use OrderSystem
go

select top 3*
from customer
order by c_id desc
go
```

任务小结

1. delete 操作要注意表中的约束是否已删除。
2. update 操作注意更新的条件及新的值。
3. select 操作要注意各种子句的不同用法。

 相关知识与技能

1. 数据查询语言

数据查询语言（DQL）尽管只包含了一条命令，但它是关系数据库用户使用的所有SQL查询方法。其语句的语法格式如下：

```
SELECT[ALL|DISTINCT]select_list
 [INTO[new_table_name]]
 [FROM {table_name|view_name)[(optimizer_hints)]
 [[,table_name2|view_name2)[(optimizer_hints)]]
   [WHERE clause]
   [GROUP BY clause]
   [HAVING clause]
   [ORDER BY clause]
   [COMPUTE clause]
```

SELECT语句不仅可以实现对数据库的查询操作。同时，它还可以使用各种子句对查询结果进行分组统计、合计、排序等操作。SELECT语句还可将查询结果生成另一个表（临时表或永久表）。

2. 简单查询

简单的SQL查询只包括SELECT列表、FROM子句和WHERE子句，它们分别说明所查询列、查询操作的表或视图，以及搜索条件等。

 任务拓展

1. 完成订单系统中create/alter/drop database操作，参考代码如下：

```
--1.create database
use master
Go

create database OrderSystem
on primary
(
  name='Os_data1',
  filename='d:\osdat1.mdf',
  size=3MB,
  maxsize=5MB,
  filegrowth=1MB
)
,
(
  name='Os_data2',
  filename='d:\osdat2.ndf',
  size=3MB,
  maxsize=5MB,
  filegrowth=1MB
)
log on
(
```

```
    name='Os_log1',
    filename='d:\oslog1.ldf',
    size=3MB,
    maxsize=5MB,
    filegrowth=1MB
)
go

sp_helpdb OrderSystem
go

--2.alter database

alter database OrderSystem
add file
(
    name='Os_data3',
    filename='d:\osdat3.ndf',
    size=3MB,
    maxsize=5MB,
    filegrowth=1MB
)
go
sp_helpdb OrderSystem
go

alter database OrderSystem
add log file
(
    name='Os_log2',
    filename='d:\oslog2.ldf',
    size=3MB,
    maxsize=5MB,
    filegrowth=1MB
)
go
sp_helpdb OrderSystem
go

alter database OrderSystem
modify file
(
    name='Os_log2',
    size=5MB,
    maxsize=10MB
)
go
sp_helpdb OrderSystem
```

```
go

alter database OrderSystem
remove file Os_data3
go
sp_helpdb OrderSystem
go

alter database OrderSystem
remove file Os_log2
go
sp_helpdb OrderSystem
go

--3.drop database

drop database OrderSystem
go
sp_helpdb OrderSystem
go
```

2. 完成订单系统中create/alter/drop table操作，参考代码如下：

```
--1.create table

--1.1 创建主表customer
use OrderSystem
go

create table customer
(
  c_id char(3)not null primary key,
  c_name varchar(20)null,
  c_tel varchar(11)null,
  c_address varchar(50)null
)
go

sp_help customer
go

--1.2 创建主表product
use OrderSystem
go

create table product
(
  p_id char(3)not null primary key,
  p_name varchar(20)null,
  p_price smallmoney null,
```

```sql
    p_date smalldatetime null
)
go

sp_help product
go

--1.3 创建从表orders
use OrderSystem
go

create table orders
(
    o_id int identity(1,1),
    o_name varchar(20) null,
    o_date smalldatetime null,
    c_id char(3) not null references customer(c_id),
    p_id char(3) not null references product(p_id)
)
go

sp_help orders
go

--2.alter table

--2.1 add
use OrderSystem
go
alter table customer
add c_sex char(1) null
go
sp_help customer
go

--2.2 alter column
use OrderSystem
go
alter table customer
alter column c_sex varchar(1)
go
sp_help customer
go

--2.3 add constraint
use OrderSystem
go
alter table customer
```

```
add constraint c_sex_check check(c_sex in('M','F'))
go
sp_help customer
go


--2.4 drop constraint
use OrderSystem
go
alter table customer
drop constraint c_sex_check
go
sp_help customer
go


--2.5 drop column
use OrderSystem
go
alter table customer
drop column c_sex
go
sp_help customer
go


--3、drop table
use OrderSystem
go

drop table orders
go
sp_help orders
go

drop table customer
go
sp_help customer
go

drop table product
go
sp_help product
go
```

3．完成订单系统中 insert into 操作，参考代码如下：

```
--1.insert into

--1.1 示范
use OrderSystem
go
```

```
insert into customer(c_id,c_name,c_tel,c_address)
            values('c01','张三','13112345678','shanghai')
go

select*from customer
go

insert into customer
            values('c02','李四','13212345678','beijing')
go

select*from customer
go

insert into customer
            values('c03',null,null,null)
go

select*from customer
go

delete from customer
go

--1.2  在主表customer中添加记录
use OrderSystem
go

insert into customer(c_id,c_name,c_tel,c_address)
            values('c01','张三','13112345678','shanghai')
go

insert into customer(c_id,c_name,c_tel,c_address)
            values('c02','李四','13212345678','beijing')
go

insert into customer(c_id,c_name,c_tel,c_address)
            values('c03','王五','13312345678','chongqin')
go

insert into customer(c_id,c_name,c_tel,c_address)
            values('c04','赵六','13412345678','tianjin')
go

insert into customer(c_id,c_name,c_tel,c_address)
            values('c05','孙七','13512345678','wuhan')
go
```

```sql
insert into customer(c_id,c_name,c_tel,c_address)
        values('c06','周八','13612345678','nanjin')
go

select*from customer
go
```

--1.3 在主表product中添加记录
```sql
use OrderSystem
go

insert into product(p_id,p_name,p_price,p_date)
        values('p01','milk',3.5,'2009-12-01')
go

insert into product(p_id,p_name,p_price,p_date)
        values('p02','apple',4.5,'2009-11-01')
go

insert into product(p_id,p_name,p_price,p_date)
        values('p03','bread',2.5,'2009-10-01')
go

select*from product
go
```

--1.4 在从表orders中添加记录
```sql
use OrderSystem
go

select*from customer
select*from product
go

insert into orders(o_name,o_date,c_id,p_id)
        values('购买牛奶','2009-12-27','c01','p01')
go

insert into orders(o_name,o_date,c_id,p_id)
        values('购买牛奶','2009-12-26','c02','p01')
go

insert into orders(o_name,o_date,c_id,p_id)
        values('购买苹果','2009-12-20','c03','p02')
go

insert into orders(o_name,o_date,c_id,p_id)
        values('购买苹果','2009-12-21','c04','p02')
```

```
go

insert into orders(o_name,o_date,c_id,p_id)
        values('购买面包','2009-11-10','c05','p03')
go

insert into orders(o_name,o_date,c_id,p_id)
        values('购买面包','2009-11-11','c06','p03')
go

select*from orders
go
```

4．完成订单系统中delete…from/truncate…table操作，参考代码如下：

```
--1.1 delete from
use OrderSystem
go

select*from customer
go

delete from customer
go

sp_help orders
go

alter table orders
drop constraint FK_orders_c_id_07F6335A
go

alter table orders
drop constraint FK_orders_p_id_08EA5793
go

sp_help orders
go

delete from customer
go

select*from customer
go

--1.2 delete from ... where...

use OrderSystem
go
```

```
select*from product
go

delete
from product
where p_price<3
go

select*from product
go

--1.3 truncate table

use OrderSystem
go

select*from orders
go

truncate table orders
go

select*from orders
go
```

5. 完成订单系统中update操作，参考代码如下：

```
--1.1 update 表名 set 列名=值
use OrderSystem
go

select*from customer
go

update customer
set c_address='shanghai'
go

select*from customer
go

--1.2 update 表名 set 列名=值 where 条件
use OrderSystem
go

select*from customer
go

update customer
set c_name='张三丰'
```

```
where c_name='张三'
go

select*from customer
go


--1.3 update 表名 set 运算公式 where 条件
use OrderSystem
go

select*from product
go

update product
set p_price=p_price+(p_price*0.1)
where p_name like'%milk%'
go

select*from product
go
```

6. 完成订单系统中 select 操作，参考代码如下：

```
--1.1 select ... from ...
use OrderSystem
go

select*
from customer
go

select c_name,c_tel
from customer
go

select c_id+c_name As'编号及名称'
from customer
go

select top 3*
from customer
go

select top 30 percent*
from customer
go

--1.2 select ... into...from
use OrderSystem
go
```

```sql
sp_help customer
go

select*
into customer_bak
from customer
go

sp_help customer_bak
go

select*from customer
select*from customer_bak
go

--1.3 select ... from...where
use OrderSystem
go

select*
from customer
where c_tel like'131%'
go

--1.4 select ... from...group by
use OrderSystem
go

select c_id,count(*)As'分组总行数'
from customer
group by c_id
go

--1.5 select ... from...group by...having
use OrderSystem
go

select c_id,count(*)As'分组总行数'
from customer
group by c_id
having c_id='c01'
go

--1.6 select ... from ...order by(asc/desc)
use OrderSystem
go
```

```
select top 3*
from customer
order by c_id desc
go
```

◎ 项目综合实训　实现订单管理系统的基础架构

一、项目描述

上海御恒信息科技公司接到一个订单，需要用DDL与DML来完善一个家庭管理系统中的各种表格。程序员小张根据以上要求进行相关的DDL及DML设计后，按照项目经理的要求开始做以下项目分析。

二、项目分析

1．创建一个数据库FamilyMgr，包括一个.mdf、两个.ndf、两个.ldf（文件最小值为3 MB，最大值为5 MB，文件增长量为1 MB）。

2．创建用户登录表familyuser，家庭成员收入表familyin，家庭成员支出表familyout，家庭成员收支中间表familymoney。

3．在以上表格中写入至少4条记录，进行测试。

4．删除满足指定条件的记录。

5．修改满足指定条件的记录。

6．查询满足指定条件的记录。

三、项目实施

STEP 1　根据要求，先书写创建库的架构，并完成家庭管理系统的设计。

⊃ create/alter/drop database

```
--1.创建FamilyMgr数据库,包括一个.mdf、两个.ndf、两个.ldf（文件最小值为3 MB，最大值为5 MB,
文件增长量为1 MB）
use master
go

create database FamilyMgr              --创建数据库"家庭管理系统"，名称为FamilyMgr
on primary                             --此关键字后为主要数据文件（一个库只能有一个.mdf文件）
(
  name='famdata1',                     --逻辑名
  filename='d:\familydata1.mdf',       --物理名
  size=3MB,                            --最小值（默认单位为MB）
  maxsize=5MB,                         --最大值
  filegrowth=1MB                       --文件增长量（初始值到最大值之间的间隔）
),                                     --一个文件到另一个文件用逗号分隔
(
  name='famdata2',                     --主要数据文件（.mdf）之后为次要数据文件（可有多个.ndf文件）
  filename='d:\familydata2.ndf',
  size=3MB,
  maxsize=5MB,
  filegrowth=1MB
),
(
  name='famdata3',
```

```
    filename='d:\familydata3.ndf',
    size=3MB,
    maxsize=5MB,
    filegrowth=1MB
)
Log on                                    --此关键字后为日志文件(一个库可有多个.ldf文件)
(
    name='famlog1',
    filename='d:\familylog1.ldf',
    size=3MB,
    maxsize=5MB,
    filegrowth=1MB
),                                        --一个文件到另一个文件用逗号分隔
(
    name='famlog2',
    filename='d:\familylog2.ldf',
    size=3MB,
    maxsize=5MB,
    filegrowth=1MB
)
go

--2.显示数据库FamilyMgr的详细设置信息
sp_helpdb FamilyMgr                       --显示数据库FamilyMgr的详细设置信息
go

--3.修改数据库FamilyMgr,添加一个数据文件(文件最小值为3 MB,最大值为5 MB,文件增长量为1 MB)
alter database FamilyMgr
add file
(
    name='famdata4',
    filename='d:\familydata4.ndf',
    size=3MB,
    maxsize=5MB,
    filegrowth=1MB
)
go

--4.修改数据库FamilyMgr,添加一个日志文件(文件最小值为3 MB,最大值为5 MB,文件增长量为1 MB)
alter database FamilyMgr
add log file
(
    name='famlog3',
    filename='d:\familylog3.ldf',
    size=3MB,
    maxsize=5MB,
    filegrowth=1MB
)
```

```sql
--5.修改数据库FamilyMgr,删除第四个数据文件
alter database FamilyMgr
remove file famdata4
go

--6.修改数据库FamilyMgr,删除第三个日志文件
alter database FamilyMgr
remove file famlog3
go

--7.修改数据库FamilyMgr,修改第一个日志文件,将其最大值修改为10 MB(size、maxsize、filegrowth一起
改,容量只能比原来大)
alter database FamilyMgr
modify file
(
    name='famlog1',
    size=5MB,
    maxsize=10MB,
    filegrowth=1MB
)
go

--8.删除数据库FamilyMgr
drop database FamilyMgr
go
```

STEP 2 创建用户登录表familyuser,家庭成员收入表familyin,家庭成员支出表familyout,家庭成员收支中间表familymoney。

⊃ create/alter/drop table

```sql
--1.打开已创建好的数据库FamilyMgr
use FamilyMgr                              --打开已创建好的数据库FamilyMgr
go
```

--2.创建家庭成员表familymember(注意一定要先创建主表)包括以下属性:

--家庭成员编号(如'f0001'),数据类型为定长字符串char,宽度为5字节,设为非空约束,设为主键约束
--家庭成员姓名(如'李宁'),数据类型为变长字符串varchar,宽度为10字节,设为允许为空约束
--家庭成员类别(如亲属、亲戚、朋友、同学、老师、同事),数据类型为定长字符串char,宽度为4字节,设为空约束
--家庭成员性别(如男、女),数据类型为定长字符串char,宽度为2字节,设为空约束
--家庭成员生日(如'1988-8-8'),数据类型为默认宽度4字节的samlldatetime,设为空约束
--家庭住宅电话(如'021-48365573'),数据类型为变长字符串varchar,宽度为13字节,设为允许为空约束
--家庭详细住址(如'上海市黄浦区九江路18弄2号808室'),数据类型为变长字符串varchar,宽度为40字节,设为允许为空约束
--家庭住址所在邮编(如'200200'),数据类型为定长字符串char,宽度为6字节,设为允许为空约束
--成员手机号码(如'13818180888'),数据类型为变长字符串varchar,宽度为11字节,设为允许为空约束
--成员公司名称(如'上海华浦教育'),数据类型为变长字符串varchar,宽度为40字节,设为允许为空约束
--成员公司电话(如'021-53581192'),数据类型为变长字符串varchar,宽度为13字节,设为实现为空约束

    --成员公司住址（如'上海市黄浦区云南南路569号808室'），数据类型为变长字符串varchar，宽度为40字节，设为允许为空约束
    --成员公司所在邮编（如'200000'），数据类型为定长字符串char，宽度为6字节，设为允许为空约束，并在内容中包括@与.符号
    --成员MSN信箱（如'liudehua@hotmail.com'），数据类型为变长字符串varchar，宽度为30字节，设为允许为空约束
    --成员的备注信息（如'曾经作为奥运火炬手'），数据类型为变长字符串varchar，宽度为40字节，设为允许为空约束

```sql
    create table familymember                              --创建家庭成员表familymember（先创建主表）
    (
      f_id char(5)not null primary key  check(f_id like'f[0-9][0-9][0-9][1-9]'),
      f_name varchar(20)null,
      f_kind char(4)null check(f_kind IN('亲属','亲戚','老师','同学','好友','同事','客户','未知')),
      f_sex char(2)null check(f_sex IN('男','女')),
      f_birth smalldatetime  null check(f_birth<getdate()),
      f_homephone varchar(13)null check(f_homephone like'[0][1-9][0-9][0-9]-[0-9][0-9][0-9][0-9][0-9][0-9][0-9]'or
      f_homephone like'[0][1-9][0-9]-[0-9][0-9][0-9][0-9][0-9][0-9][0-9]'),
      f_homeaddress varchar(40)null,
      f_postcode char(6)null check(f_postcode like'[1-9][0-9][0-9][0-9][0-9][0-9]')default('200000'),
      f_mobile varchar(11)null check(f_mobile like'[1][0-9][0-9][0-9][0-9][0-9][0-9][0-9][0-9][0-9][0-9]'),
      f_workname  varchar(40)null,
      f_workphone varchar(13)null check(f_workphone like'[0][1-9][0-9][0-9]-[0-9][0-9][0-9][0-9][0-9][0-9][0-9]'or
      f_workphone like'[0][1-9][0-9]-[0-9][0-9][0-9][0-9][0-9][0-9][0-9]'),
      f_workaddress varchar(40)null,
      f_workzipcode char(6)null check(f_workzipcode like'[1-9][0-9][0-9][0-9][0-9][0-9]'),
      f_msn varchar(30)null check(f_msn like'%@%.%'),
      f_memo varchar(40)null
    )
    go

    --3.查看familymember的详细设置信息
    sp_help familymember                            --查看familymember表的详细设置信息
    go

    --4.创建用户登录表familyuser，包括以下属性：
    --用户编号，使用自动编号
    --用户登录名，用可变长字符串
    --用户登录密码，用可变长字符串

    use FamilyMgr
    go
```

```sql
create table familyuser
(
  u_id int identity(1,1),
  u_name varchar(10)null,
  u_password varchar(16)null
)
go

--5.创建家庭成员收入表familyin,包括以下属性:
--收入编号,整型,非空,主键
--收入当前日期
--收入名称,可变长字符串,宽度为30,允许为空
--收入的金额
--收入的类别(basic/extend/advance)

create table familyin
(
  i_id char(6)not null primary key,
  i_date smalldatetime null,
  i_name varchar(30)null,
  i_money smallmoney null,
  i_kind  varchar(20)null check(i_kind in('basic','extend','advance'))
)
go

sp_help familyin                         --查看familyin表的详细设置信息
go

select*from familyin
go

--6.创建家庭成员支出表familyout,包括以下属性:
--支出编号,整型,非空,主键
--支出的当前日期
--支出名称,可变长字符串,宽度为30,允许为空
--支出的金额
--支出的类别(basic/extend/advance)

create table familyout
(
  o_id char(6)not null  primary key,
  o_date smalldatetime null,
  o_name varchar(30)null,
  o_money smallmoney null,
  o_kind  varchar(20)null  check(o_kind in('basic','extend','advance'))
)
go
```

```sql
sp_help familyout                                    --查看familyout表的详细设置信息
go

select*from familyout
go

--7.创建家庭成员收支中间表familymoney，包括以下属性：
--收入支出编号，整型，非空，自动编号（从1开始，每次加1），主键
--FK i_id引用PK i_id
--FK o_id引用PK o_id
--FK f_id引用PK f_id

use FamilyMgr                                        --打开已创建好的数据库FamilyMgr
go

create table familymoney
(
  m_id int not null identity(1,1)primary key,
  i_id char(6)not null references familyin(i_id),
  o_id char(6)not null references familyout(o_id),
  f_id char(5)not null references familymember(f_id)
)
go

sp_help familymoney                                  --查看familymoney表的详细设置信息
go

select*from familymoney
go

--8.修改familyUser表，添加登录日期列，为较小的日期类型
alter table familyUser
add u_date smalldatetime
go

--9.修改familyUser表，修改登录日期列，为较大的日期类型
alter table familyUser
alter column u_date datetime
go

--10.修改familyUser表，添加约束名为cs_date的检查约束，要求登录日期不超过当前日期
alter table familyUser
add constraint cs_date check(u_date<=getDate())
go

--11.修改familyUser表，删除约束cs_date
alter table familyUser
```

```
    drop constraint cs_date
go

--12.修改familyUser表,删除登录日期列(注意要先删除约束,才能删除列)
alter table familyUser
drop column u_date
go

--13.删除表familyUser
drop table familyUser
go

--14.用菜单创建名为FamilyDiagram的关系图,并保存
```

STEP 3 在以上表格中用insert into写入至少4条记录,进行测试。

```
--1.在familyuser表中插入4行记录,进行测试
use FamilyMgr
go

insert into familyuser(u_name,u_password)
            values('admin','123456')
go

insert into familyuser(u_name,u_password)
            values('tom','tom')
go

insert into familyuser(u_name,u_password)
            values('mary','mary')
go

insert into familyuser(u_name,u_password)
            values('peter','peter')
go

select*from familyuser
go


--2.在familymember表中插入8行记录,进行测试
insert into familymember(f_id,f_name,f_kind,f_sex,f_birth,f_homephone,f_homeaddress,
f_postcode,f_mobile,f_workname,f_workphone,f_workaddress,f_workzipcode,f_msn,f_memo)
--将一行信息写入familymember表中(一次只能插入一行)
            values('f0001','李宁','亲属','男','1959-6-1','0100-32486354',
'北京市中南海11号101','100100','13100438892','李宁集团','0100-32323232','深圳市和平路
23号','340000','lining@hotmail.com','李宁牌运动装创始人')
go

insert into familymember(f_id,f_name,f_kind,f_sex,f_birth,f_homephone,f_homeaddress,
f_postcode,f_mobile,f_workname,f_workphone,f_workaddress,f_workzipcode,f_msn,f_memo)
```

```sql
--将一行信息写入familymember表中（一次只能插入一行）
                    values('f0002','王宁','亲戚','女','1957-8-1','0100-32486354',
'北京市中南海12号102','100200','13300439992','李宁集团','0100-32323232','深圳市和平路23号','340000','wanging@hotmail.com','李宁的贤内助')
    go


    insert into familymember(f_id,f_name,f_kind,f_sex,f_birth,f_homephone,f_homeaddress,
f_postcode,f_mobile,f_workname,f_workphone,f_workaddress,f_workzipcode,f_msn,f_memo)
--将一行信息写入familymember表中（一次只能插入一行）
                    values('f0003','李宁','老师','男','1959-6-1','0100-32486354',
'北京市中南海13号103','100300','13100438892','李宁集团','0100-32323232','深圳市和平路23号','340000','lining@hotmail.com','李宁牌的老师')
    go


    insert into familymember(f_id,f_name,f_kind,f_sex,f_birth,f_homephone,f_homeaddress,
f_postcode,f_mobile,f_workname,f_workphone,f_workaddress,f_workzipcode,f_msn,f_memo)
--将一行信息写入familymember表中（一次只能插入一行）
                    values('f0004','赵宁','好友','女','1957-8-1','0100-32486354',
'北京市中南海14号104','100100','13300439992','李宁集团','0100-32323232','深圳市和平路23号','340000','wanging@hotmail.com','李宁的好友')
    go


    insert into familymember(f_id,f_name,f_kind,f_sex,f_birth,f_homephone,f_homeaddress,
f_postcode,f_mobile,f_workname,f_workphone,f_workaddress,f_workzipcode,f_msn,f_memo)
--将一行信息写入familymember表中（一次只能插入一行）
                    values('f0005','钱宁','同学','男','1959-6-1','0100-32486354',
'北京市中南海15号105','100400','13100438892','李宁集团','0100-32323232','深圳市和平路23号','340000','lining@hotmail.com','李宁的同学')
    go


    insert into familymember(f_id,f_name,f_kind,f_sex,f_birth,f_homephone,f_homeaddress,
f_postcode,f_mobile,f_workname,f_workphone,f_workaddress,f_workzipcode,f_msn,f_memo)
--将一行信息写入familymember表中（一次只能插入一行）
                    values('f0006','刘宁','同事','女','1957-8-1','0100-32486354',
'北京市中南海16号103','100100','13300439992','李宁集团','0100-32323232','深圳市和平路23号','340000','wanging@hotmail.com','李宁的同事')
    go


    insert into familymember(f_id,f_name,f_kind,f_sex,f_birth,f_homephone,f_homeaddress,
f_postcode,f_mobile,f_workname,f_workphone,f_workaddress,f_workzipcode,f_msn,f_memo)
--将一行信息写入familymember表中（一次只能插入一行）
                    values('f0007','诸宁','客户','女','1957-8-1','0100-32486354',
'北京市中南海17号106','100500','13300439992','李宁集团','0100-32323232','深圳市和平路23号','340000','wanging@hotmail.com','李宁的客户')
    go


    insert into familymember(f_id,f_name,f_kind,f_sex,f_birth,f_homephone,f_homeaddress,
f_postcode,f_mobile,f_workname,f_workphone,f_workaddress,f_workzipcode,f_msn,f_memo)
```

```sql
--将一行信息写入familymember表中（一次只能插入一行）
                values('f0008','张宁','客户','男','1957-8-1','0100-32486354',
'北京市中南海18号107','100100','13300439992','李宁集团','0100-32323232','深圳市和平路
23号','340000','wanging@hotmail.com','李宁的客户')
go
select*from familymember                       --查询familymember表的详细内容(所有行信息)
go

--3.在familyin表中插入6行记录，进行测试
insert into familyin(i_id,i_date, i_name, i_money, i_kind)
values('i00001','2008-8-8','卖奥运足球门票',200.00,'advance')
go

insert into familyin(i_id,i_date, i_name, i_money, i_kind)
values('i00002','2008-8-9','领取基本工资',1200.00,'basic')
go

insert into familyin(i_id,i_date, i_name, i_money, i_kind)
values('i00003','2008-8-10','卖废报纸',50.00,'extend')
go

insert into familyin(i_id,i_date, i_name, i_money, i_kind)
values('i00004','2008-8-11','领取奖金',200.00,'extend')
go

insert into familyin(i_id,i_date, i_name, i_money, i_kind)
values('i00005','2008-8-12','家教英语',100.00,'extend')
go

insert into familyin(i_id,i_date, i_name, i_money, i_kind)
values('i00006','2008-8-13','福利彩票中奖',4000.00,'advance')
go

select*from familyin
go

--4.在familyout表中插入6行记录，进行测试
insert into familyout(o_id,o_date, o_name, o_money, o_kind)
values('o00001','2008-8-8','买奥运足球门票',400.00,'advance')
go

insert into familyout(o_id,o_date, o_name, o_money, o_kind)
values('o00002','2008-8-8','买大米',50.00,'basic')
go

insert into familyout(o_id,o_date, o_name, o_money, o_kind)
values('o00003','2008-8-9','买衣服',100.00,'basic')
go
```

```sql
insert into familyout(o_id,o_date, o_name, o_money, o_kind)
values('o00004','2008-8-10','买演唱会门票',400.00,'advance')
go

insert into familyout(o_id,o_date, o_name, o_money, o_kind)
values('o00005','2008-8-11','买杂志',23.00,'extend')
go

insert into familyout(o_id,o_date, o_name, o_money, o_kind)
values('o00006','2008-8-12','买水果',15.00,'extend')
go

select*from familyout
go

--5.在familymoney表中插入6行记录，进行测试
insert into familymoney(i_id,o_id,f_id)
            values('i00001','o00001','f0001')
go

insert into familymoney(i_id,o_id,f_id)
            values('i00002','o00002','f0001')
go

insert into familymoney(i_id,o_id,f_id)
            values('i00003','o00003','f0001')
go

insert into familymoney(i_id,o_id,f_id)
            values('i00004','o00004','f0001')
go

insert into familymoney(i_id,o_id,f_id)
            values('i00005','o00005','f0001')
go

insert into familymoney(i_id,o_id,f_id)
            values('i00006','o00006','f0001')
go

select*from familymoney
go
```

STEP 4 删除满足指定条件的记录。

```sql
--1.删除familyuser表中登录名为tom的记录
use FamilyMgr
go
```

```
select*from familyuser
go

delete
from familyuser
where u_name='tom'
go

--2.较低效率删除familyuser表中所有记录
use FamilyMgr
go

delete from familyuser

--3.较高效率删除familyuser表中所有记录

use FamilyMgr
go

truncate table familyuser
go
```

STEP 5 修改满足指定条件的记录。

```
--1.修改名为admin的登录,将其密码改为admin
use FamilyMgr
go

select*from familyuser
go

update familyuser
set u_password='admin'
where u_name='admin'
go

--2.将所有登录的密码都改为123456
use FamilyMgr
go

update familyuser
set u_password='123456'

--3.将所有基本收入增加500元
use FamilyMgr
go

update familyin
set i_money=i_money+500
go
```

四、项目小结

1. 构建整个数据库用 create/alter/drop database。
2. 构建表格用 create/alter/drop table。
3. 写入记录用 insert into。
4. 删除记录用 delete from。
5. 修改记录用 update。

◎ 项目评价表

能力	内容		评价		
	学习目标	评价项目	3	2	1
		项目一 实现数据库基础架构			
职业能力	实现数据库基础架构	任务一 实现 Access 数据库的基本架构			
		任务二 安装与启动 SQL Server			
		任务三 操作 SQL Server 数据库			
		任务四 操作 SQL Server 表			
		任务五 实现 DDL			
		任务六 实现 DML 中的 insert into 操作			
		任务七 实现数据库备份			
		任务八 实现 DML 中的 delete、update 与 select			
通用能力		动手能力			
		解决问题能力			
		综合评价			

评价等级说明表	
等级	说明
3	能高质、高效地完成此学习目标的全部内容,并能解决遇到的特殊问题
2	能高质、高效地完成此学习目标的全部内容
1	能圆满完成此学习目标的全部内容,不需任何帮助和指导

以上表格根据国家职业技能标准相关内容设定。

项目二

实现 T-SQL 程序设计

 核心概念

SQL 批处理、注释及变量声明；分支与循环结构；转换与聚合函数。

 项目描述

批处理是包含一个或多个 T-SQL 语句的组，从应用程序一次性地发送到 SQL Server 执行。SQL Server 将批处理语句编译成一个可执行单元，此单元称为执行计划。执行计划中的语句每次执行一条。

此外在批处理中可以用注释来实现语句的注解，通过变量来灵活处理 SQL 程序，通过分支与循环结构来架构 SQL 程序，通过转换与聚合函数来提高程序的精度与多样化操作。另外，注意编译错误（如语法错误）使执行计划无法编译，从而导致批处理中的任何语句均无法执行。

视频

实现 T-SQL 程序设计

技能目标

用提出、分析、解决问题的方法来培养学生如何用分支与循环来架构整个 SQL 程序，通过各种函数及变量、批处理的运用，在解决问题的同时熟练掌握不同 T-SQL 的编写。

工作任务

实现 SQL 批处理、注释及变量声明；分支与循环结构；转换与聚合函数。

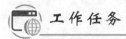 实现 SQL 批处理、注释及变量声明

任务描述

上海御恒信息科技公司接到客户的一份订单，要求实现 SQL 批处理、注释及变量声明。公司刚招聘了

一名程序员小张，软件开发部经理要求他尽快熟悉SQL批处理、注释及变量声明，小张按照经理的要求开始做以下任务分析。

任务分析

1. 设计使用一个GO来实现一组批处理。
2. 设计多个GO来实现多组批处理。
3. 设计GO出现在多行注释中所造成的错误。
4. 实现单行注释。
5. 实现多行注释。
6. 在SQL语句中使用多行注释。
7. 在代码行后使用注释。
8. 声明与使用局部变量。
9. 使用全局变量。
10. 实现C++中的局部变量的声明及使用。
11. 实现C#中的局部变量的声明及使用。
12. 实现Java中的局部变量的声明及使用。
13. 实现SQL中的局部变量的声明及使用。

任务实施

STEP 1 实现一组批处理。

```
Use Pubs
Select*from authors
Update authors set phone='890 451-7366'where au_lname='White'
GO
```

STEP 2 实现五组批处理。

```
--GO关键字标志着批处理的结束
Use Master
GO
Select*from sysobjects
GO
Select*from syscomments
GO
Select*from systypes
GO

--四条语句组成一个执行计划，再执行
Use Pubs
Select*from authors Where au_lname='White'
Update authors set phone='890 451-7366'Where au_lname='White'
Select*from authors Where au_lname='White'
GO
```

STEP 3 GO不能出现在多行注释中。

```
--以下脚本包含语法错误
```

```
Use Northwind
GO
Select*FROM Employees
/*该注释中的
GO将注释分为两部分*/
Select*FROM Products
GO
```

STEP 4 实现单行注释。

```
--下面是有效的注释
Use Northwind
GO
--单行注释
SELECT*FROM Employees
GO
```

STEP 5 实现多行注释。

```
/*多行注释的第一行
  多行注释的第二行*/
Use northwind
GO
Select*FROM Products
GO
```

STEP 6 在SQL语句中使用多行注释。

```
--在诊断期间，在T-SQL语句中
--使用注释
Select EmployeeID,/*FirstName,*/LastName
From Employees
```

STEP 7 在代码行后使用注释。

```
--在代码行后使用注释
Use Northwind
GO
Select UnitPrice From Products
GO
Update Products
Set UnitPrice=UnitPrice*.9              --生成市场份额
GO
Select UnitPrice From Products
GO
```

STEP 8 声明与使用局部变量。

```
USE NORTHWIND
DECLARE @CUST VARCHAR(5)
SET @CUST='FRANK'
SELECT CUSTOMERID,COMPANYNAME
FROM CUSTOMERS WHERE CUSTOMERID LIKE @CUST
```

STEP 9 使用全局变量。

```
SELECT @@VERSION as SQL_SERVER_VERSION_DETAILS

select @@version
```

STEP 10 实现 C++ 中的局部变量的声明及使用。

```cpp
//chap02_lx01_Cplusplus.cpp : 定义控制台应用程序的入口点。

#include "stdafx.h"
#include "iostream"
#include "math.h"
using namespace std;

int _tmain(int argc, _TCHAR*argv[])
{
  double a,b,c,s,area;
  a=3.1;
  b=4.2;
  c=5.3;

  s=(a+b+c)/2;
  area=sqrt(s*(s-a)*(s-b)*(s-c));

  cout<<"a="<<a<<"b="<<b<<"c="<<c<<endl;
  cout<<"area="<<area<<endl;

  return 0;
}
```

输出结果如图 2-1 所示。

图 2-1 实现 C++ 中的局部变量的声明及使用

STEP 11 实现 VB.NET 中的局部变量的声明及使用。

```vb
'Module1.vb

Imports System
Imports System.IO

Module Module1

    Sub Main()
        Dim a As Double, b As Double, c As Double
        Dim s As Double, area As Double
        a=3.1
```

```
            b=4.2
            c=5.3

            s=(a+b+c)/2
            area=Math.Sqrt(s*(s-a)*(s-b)*(s-c))

            Console.WriteLine("a="+CStr(a)+"b="+CStr(b)+"c="+CStr(c))
            Console.WriteLine("area="+CStr(area))
        End Sub

End Module
```

STEP 12 实现C#中的局部变量的声明及使用。

```
//Program.cs

using System;
using System.Collections.Generic;
using System.Text;
using System.IO;

namespace chap02_lx03_Csharp
{
    class Program
    {
        static void Main(string[]args)
        {
            double a, b, c, s, area;
            a=3.1;
            b=4.2;
            c=5.3;

            s=(a+b+c)/2;
            area=Math.Sqrt(s*(s-a)*(s-b)*(s-c));

            Console.WriteLine("a="+a+"b="+b+"c="+c);
            Console.WriteLine("area="+area);

        }
    }
}
```

STEP 13 实现Java中的局部变量的声明及使用。

```
//Program.jsl

package chap02_lx04_JSharp;

import java.io.*;

public class Program
```

```
{
  public static void main(String[]args)
  {
      double a, b, c, s, area;
      a=3.1;
      b=4.2;
      c=5.3;

      s=(a+b+c)/2;
      area=Math.Sqrt(s*(s-a)*(s-b)*(s-c));

      System.out.println("a="+a+"b="+b+"c="+c);
      System.out.println("area="+area);
  }
}
```

STEP 14 实现SQL中的局部变量的声明及使用。

```
declare @a float,@b float,@c float,@s float,@area float
set @a=3.1
set @b=4.2
set @c=5.3

set @s=(@a+@b+@c)/2
set @area=sqrt(@s*(@s-@a)*(@s-@b)*(@s-@c))

print'a='+cast(@a As varchar(20))
print'b='+cast(@b As varchar(20))
print'c='+cast(@c As varchar(20))
print'area='+cast(@area As varchar(20))

/*显示结果如下:
  a=3.1
  b=4.2
  c=5.3
  area=6.50661
*/
```

任务小结

1. 一个GO可以提交一组批处理。
2. 多个GO可以提交多组批处理。
3. GO会将注释分为两部分，从而造成错误。
4. 单行注释用--。
5. 多行注释用/* */。
6. 在代码行后使用注释可以解释该条语句。
7. 声明与使用局部变量用关键字DECLARE与SET。
8. 使用全局变量用关键字SELECT。

9. C++、C#、Java中的局部变量的声明及使用类似，都是先声明后使用。
10. VB.NET中的局部变量的声明及使用语法格式与其他语言不太相同。
11. SQL中的局部变量的声明及使用是通过关键字declare、set及cast()转换函数实现的。

相关知识与技能

1. 批处理

批处理是包含一个或多个T-SQL语句的组，从应用程序一次性地发送到SQL Server执行。SQL Server将批处理语句编译成一个可执行单元，此单元称为执行计划。执行计划中的语句每次执行一条。编译错误（如语法错误）使执行计划无法编译，从而导致批处理中的任何语句均无法执行。运行时错误（如算术溢出或违反约束）会产生以下两种影响之一：

（1）大多数运行时错误将停止执行批处理中当前语句和它之后的语句。

（2）少数运行时错误（如违反约束）仅停止执行当前语句。而继续执行批处理中其他所有语句。

在遇到运行时错误之前执行的语句不受影响。唯一的例外是如果批处理在事务中而且错误导致事务回滚。在这种情况下，回滚运行时错误之前所进行的未提交的数据修改。假定在批处理中有10条语句，如果第五条语句有一个语法错误，则不执行批处理中的任何语句。如果编译了批处理，而第二条语句在执行时失败，则第一条语句的结果不受影响，因为它已经执行。以下规则适用于批处理：CREATE DEFAULT、CREATE PROCEDURE、CREATE RULE、CREATE TRIGGER和CREATE VIEW语句不能在批处理中与其他语句组合使用。批处理必须以CREATE语句开始。所有跟在该批处理后的其他语句将被解释为第一个CREATE语句定义的一部分。不能在同一个批处理中更改表，然后引用新列。

如果EXECUTE语句是批处理中的第一条语句，则不需要EXECUTE关键字。如果EXECUTE语句不是批处理中的第一条语句，则需要EXECUTE关键字。以下示例是使用SQL查询分析器和osql实用工具的GO命令定义批处理边界的脚本。下例创建一个视图。因为CREATE VIEW必须是批处理中的唯一语句，所以需要GO命令将CREATE VIEW语句与其周围的USE和SELECT语句隔离。

```
USE pubs
GO /*Signals the end of the batch*/

CREATE VIEW auth_titles
AS
SELECT*
FROM authors
GO /*Signals the end of the batch*/

SELECT*
FROM auth_titles
GO /*Signals the end of the batch*/
```

下例说明将几个批处理组合成一个事务。BEGIN TRANSACTION和COMMIT语句分隔事务边界。BEGIN TRANSACTION、USE、CREATE TABLE、SELECT和COMMIT语句都包含在它们各自的单语句批处理中。所有的INSERT语句包含在一个批处理中。

```
BEGIN TRANSACTION
GO
USE pubs
GO
```

```
CREATE TABLE mycompanies
(
  id_num int IDENTITY(100, 5),
  company_name nvarchar(100)
)
GO
INSERT mycompanies(company_name)
   VALUES('New Moon Books')
INSERT mycompanies(company_name)
   VALUES('Binnet & Hardley')
INSERT mycompanies(company_name)
   VALUES('Algodata Infosystems')
INSERT mycompanies(company_name)
   VALUES('Five Lakes Publishing')
INSERT mycompanies(company_name)
   VALUES('Ramona Publishers')
INSERT mycompanies(company_name)
   VALUES('GGG&G')
INSERT mycompanies(company_name)
   VALUES('Scootney Books')
INSERT mycompanies(company_name)
   VALUES('Lucerne Publishing')
GO
SELECT*
FROM mycompanies
ORDER BY company_name ASC
GO
COMMIT
GO
```

下列脚本说明两个问题。首先，变量 @MyVar 在第二个批处理中定义而在第三个批处理中引用。而且第二个批处理中有注释的开始但没有结尾。第三个批处理有注释的结尾，但是当 osql 读取 GO 命令时，它将第一个批处理发送到 SQL Server，由于"/*"没有与之匹配的"*/"而产生语法错误。

```
USE Northwind
GO
DECLARE @MyVar INT
/*Start of the split comment.
GO
End of the split comment.*/
SELECT @MyVar=29
GO
```

2. 使用注释

注释是程序代码中不执行的文本字符串（又称注解）。注释可用于说明代码或暂时禁用正在进行诊断的部分 T-SQL 语句和批处理。使用注释对代码进行说明，可使程序代码更易于维护。注释通常用于记录程序名称、作者姓名和主要代码更改的日期。注释可用于描述复杂计算或解释编程方法。

SQL Server 支持两种类型的注释字符：

--（双连字符）。这些注释字符可与要执行的代码处在同一行，也可另起一行。从双连字符开始到行尾均为注释。对于多行注释，必须在每个注释行的开始使用双连字符。有关使用注释字符的更多信息，请参见 -- (注释)。

/* ... */（正斜杠-星号对）。这些注释字符可与要执行的代码处在同一行，也可另起一行，甚至在可执行代码内。从开始注释对（/*）到结束注释对（*/）之间的全部内容均视为注释部分。对于多行注释，必须使用开始注释字符对（/*）开始注释，使用结束注释字符对（*/）结束注释。注释行上不应出现其他注释字符。有关使用 /*...*/ 注释字符的更多信息，请参见 /*...*/（注释）。

多行 /*...*/ 注释不能跨越批处理。整个注释必须包含在一个批处理内。例如，在 SQL 查询分析器和 osql 实用工具中，GO 命令标志批处理的结束。当实用工具在一行的前两个字节中读到字符 GO 时，则把从上一 GO 命令开始的所有代码作为一个批处理发送到服务器。如果 GO 出现在 /* 和 */ 分隔符之间的一行行首，则在每个批处理中都发送不匹配的注释分隔符，从而导致语法错误。例如，以下脚本包含语法错误：

```
USE Northwind
GO
SELECT*FROM Employees
/*The
GO in this comment causes it to be broken in half*/
SELECT*FROM Products
GO
```

下面是一些有效注释：

```
USE Northwind
GO
--First line of a multiple-line comment
--Second line of a multiple-line comment
SELECT*FROM Employees
GO

/*First line of a multiple-line comment
    Second line of a multipl-line comment*/
SELECT*FROM Products
GO

--Using a comment in a Transact-SQL statement
--during diagnosis
SELECT EmployeeID, /*FirstName,*/LastName
FROM Employees

--Using a comment after the code on a line
USE Northwind
GO
UPDATE Products
SET UnitPrice=UnitPrice*.9           --Try to build market share
GO
```

下面是关于注释的一些基本信息：

所有字母数字字符或符号均可用于注释。SQL Server 忽略注释中的所有字符，而 SQL 查询分析器、osql 和 isql 将在多行注释中搜索前两个字符是 GO 的行。

批处理中的注释没有最大长度限制。一条注释可由一行或多行组成。

3. 指定批处理

批处理作为数据库 API 的一部分执行。

在 ADO 中，批处理是包括在 Command 对象 CommandText 属性中的 T-SQL 语句字符串：

```
Dim Cmd As New ADODB.Command
Set Cmd.ActiveConnection=Cn
Cmd.CommandText="SELECT*FROM Suppliers; SELECT*FROM Products"
Cmd.CommandType=adCmdText
Cmd.Execute
```

在 OLE DB 中，批处理是包含在用于设置命令文本的字符串中的 T-SQL 语句字符串：

```
WCHAR*wszSQLString =
L"SELECT*FROM Employees; SELECT*FROM Products";
hr=pICommandText->SetCommandText
    (DBGUID_DBSQL, wszSQLString)
```

在 ODBC 中，批处理是包含在 SQLPrepare 或 SQLExecDirect 调用中的 T-SQL 语句字符串：

```
SQLExecDirect(hstmt1,
    "SELECT*FROM Employees; SELECT*FROM Products",
    SQL_NTS);
```

在 DB-Library 中，批处理由下列 T-SQL 语句组成，这些语句是在调用 dbsqlsend 或 dbsqlexec 之前用 dbcmd 或 dbfcmd 存储在命令缓冲区中的：

```
dbcmd(dbproc,
    "SELECT*FROM Suppliers; SELECT*FROM Products");
dbsqlexec(dbproc);
```

一些数据访问工具（如 Access）没有显式批处理终止符。

4. GO 命令

SQL 查询分析器、osql 实用工具和 isql 实用工具使用 GO 命令作为批处理结尾的信号。GO 不是 T-SQL 语句；它只是向实用工具表明批处理中包含多少条 SQL 语句。在 SQL 查询分析器和 osql 中，在 GO 命令之间的所有 T-SQL 语句放在发送给 SQLExecDirect 的字符串中。在 isql 中，所有在两个 GO 命令之间的 T-SQL 语句在执行之前放入命令缓冲区。

例如，如果在 SQL 查询分析器中执行下列语句：

```
SELECT @@VERSION
SET NOCOUNT ON
GO
```

SQL 查询分析器将进行下列等效操作：

```
SQLExecDirect(hstmt,
"SELECT @@VERSION SET NOCOUNT ON",
SQL_NTS);
```

因为一个批处理是编译到一个执行计划中，所以在逻辑上必须完整。为一个批处理创建的执行计划不能引用任何在另一个批处理中声明的变量。注释必须在一个批处理中开始并结束。有关更多信息，请参见 SQL 查询分析器。

事务和批处理对应用程序性能的影响：

适当使用 T-SQL 的主要目的是减少服务器与客户端之间传输的数据量。减少传输的数据量通常可缩短完成逻辑任务或事务所需的时间。长时间运行的事务对单个用户可能很好，但若扩展到多个用户则表现很差。为支持事务的一致性，数据库必须自最开始在事务内获取对共享资源的锁后，一直将该锁控制到事务提交为止。如果其他用户需要访问同一资源，则必须等待。随着个别事务变长，等待锁的队列和其他用户也变长，系统吞吐量随之减少。长事务还增加死锁的可能性，当两个或更多的用户同时等待互相控制的锁时会发生死锁。有关更多信息，请参见死锁。

可用于缩短事务持续时间的技术包括：

在应用程序的要求内尽快提交事务更改。

应用程序常将大的批处理作业（如月底汇总计算）作为单个工作单元（因此是一个事务）执行。在多数这类应用程序中，可以提交作业的各步骤，而不危及数据库的一致性。尽快提交更改意味着尽快释放锁。

利用SQL Server语句批处理。

语句批处理是一种一次将多个T-SQL语句从客户端发送到SQL Server的方法，从而减少到服务器的网络往返次数。如果语句批处理包含多个SELECT语句，服务器将以单个数据流将多个结果集返回给客户端。

对重复操作使用参数数组。

例如，开放式数据库连接（ODBC）SQLParamOptions函数允许将单个T-SQL语句的多个参数集以一个批处理形式发送到服务器，从而也可减少往返次数。

可以使用SQL事件探查器监视、筛选和捕获所有从客户端应用程序发送到SQL Server的调用。它通常可以揭示因对服务器的不必要调用而导致的意外应用程序开销。SQL事件探查器还可以显示可将当前单独发送到服务器的语句放入批处理中的机会。有关更多信息，请参见使用SQL事件探查器进行监视。

5. 批处理退出

```
RETURN
```

从查询或过程中无条件退出。RETURN即时且完全，可在任何时候用于从过程、批处理或语句块中退出。不执行位于RETURN之后的语句。

语法：

```
RETURN[integer_expression]
```

参数：

integer_expression是返回的整型值。存储过程可以给调用过程或应用程序返回整型值。

返回类型：可以选择是否返回int。

说明：除非特别指明，所有系统存储过程返回0值表示成功，返回非零值则表示失败。

注释：当用于存储过程时，RETURN不能返回空值。如果过程试图返回空值（例如，使用RETURN @status且@status是NULL），将生成警告信息并返回0值。

在执行当前过程的批处理或过程内，可以在后续T-SQL语句中包含返回状态值，但必须以下列格式输入：

```
EXECUTE @return_status=procedure_name
```

示例：

1）从过程返回

下例显示如果在执行findjobs时没有给出用户名作为参数，RETURN则将一条消息发送到用户的屏幕上，然后从过程中退出。如果给出用户名，将从适当的系统表中检索由该用户在当前数据库内创建的所有对象名。

```
CREATE PROCEDURE findjobs @nm sysname=NULL
AS
IF @nm IS NULL
    BEGIN
        PRINT'You must give a username'
        RETURN
    END
ELSE
    BEGIN
        SELECT o.name, o.id, o.uid
        FROM sysobjects o INNER JOIN master..syslogins l
            ON o.uid=l.sid
        WHERE l.name=@nm
END
```

2）返回状态代码

下例检查指定作者所在州的ID。如果所在的州是加利福尼亚州（CA），将返回状态代码1。否则，对于任何其他情况（state的值是CA以外的值或者au_id没有匹配的行），将返回状态代码2。

```
CREATE PROCEDURE checkstate @param varchar(11)
AS
IF(SELECT state FROM authors WHERE au_id=@param)='CA'
    RETURN 1
ELSE
    RETURN 2
```

下例显示从checkstate执行中返回的状态。第一个显示的是在加利福尼亚州的作者；第二个显示的是不在加利福尼亚州的作者，第三个显示的是无效的作者。必须先声明@return_status局部变量后才能使用它。

```
DECLARE @return_status int
EXEC @return_status=checkstate'172-32-1176'
SELECT'Return Status'=@return_status
GO
```

下面是结果集：

```
Return Status
-------------
1
```

再执行一次查询，指定一个不同的作者编号。

```
DECLARE @return_status int
EXEC @return_status=checkstate'648-92-1872'
SELECT'Return Status'=@return_status
GO
```

下面是结果集：

```
Return Status
-------------
2
```

再执行一次查询，指定另一个作者编号。

```
DECLARE @return_status int
EXEC @return_status=checkstate'12345678901'
SELECT'Return Status'=@return_status
GO
```

下面是结果集：

```
Return Status
-------------
2
GO
```

用信号通知 SQL Server 实用工具——批 T-SQL 语句的结束。

任务拓展

1．如何使用 GO 来提交一组或多组批处理？
2．如何使用单行和多行注释来解释 SQL 语句或让部分代码暂时不执行？
3．如何使用局部变量和全局变量？
4．如何区分 C++、C#、Java、VB.NET、SQL 中的局部变量的声明与使用？

任务二　实现分支与循环结构

任务描述

上海御恒信息科技公司接到客户的一份订单，要求用分支与循环结构实现多元化查询。公司刚招聘了一名程序员小张，软件开发部经理要求他尽快熟悉分支与循环结构，小张按照经理的要求开始做以下任务分析。

任务分析

1．用 IF ELSE 与 GOTO 设计分支结构。
2．用 WHILE 设计循环结构。
3．设计 select 中的多条件分支结构。
4．设计 update 中的多条件分支结构。
5．设计比较 C++ 中的分支与循环结构。
6．设计比较 VB.NET 中的分支与循环结构。
7．设计比较 C# 中的分支与循环结构。
8．设计比较 Java 中的分支与循环结构。
9．设计比较 SQL 中的分支与循环结构。

任务实施

　实现 IF ELSE 与 GOTO。

`--IF ELSE 与 GOTO 语句`

```
USE NORTHWIND
GO
SELECT COUNT(ORDERID)FROM ORDERS
GO

IF(SELECT COUNT(ORDERID)FROM ORDERS)>1
   BEGIN
       GOTO X
   END
ELSE
   BEGIN
       SELECT*FROM CUSTOMERS
   END
SELECT*FROM ORDERS

X:
SELECT*FROM SHIPPERS
```

STEP 2 实现WHILE循环。

```
--WHILE循环：在嵌套IF ELSE和WHILE中使用BREAK和CONTINUE
USE pubs
GO

WHILE(SELECT AVG(price)FROM titles)<$30
BEGIN
  UPDATE titles SET price=price*2
  SELECT MAX(price)FROM titles
   IF(SELECT MAX(price)FROM titles)>$50
    BREAK
  ELSE
     CONTINUE
END
PRINT'价格太高，市场无法承受'
```

STEP 3 实现select中的多条件分支。

```
Use pubs
GO
SELECT Category=
Case type
    When'popular_comp'THEN'Popular Computing'
    When'mod_cook'THEN'Modern Cooking'
    When'business'THEN'Business'
    When'psychology'THEN'Psychology'
    When'trad_cook'THEN'Traditional Cooking'
    ELSE'Not yet categorized'
End,
    Cast(title As varchar(25))AS'Shortened Title',
    price As Price
```

```
From titles
WHERE price IS NOT NULL
ORDER BY type,price
COMPUTE AVG(price)BY type
GO
```

STEP 4 实现update中的多条件分支。

```
USE pubs
Go
UPDATE publishers
SET state=
CASE
  WHEN country<>'USA'
  THEN'--'
  ELSE state
END,
city=
CASE
  WHEN pub_id='9999'
  THEN'LYON'
  ELSE city
END
WHERE country<>'USA'OR pub_id='9999'
```

STEP 5 实现C++中的分支与循环结构。

```cpp
//chap02_lx01_Cplusplus.cpp：定义控制台应用程序的入口点

#include "stdafx.h"
#include "iostream"
#include "math.h"
using namespace std;

int _tmain(int argc, _TCHAR*argv[])
{
  double a,b,c,s,area;

  for(int i=1;i<=3;i++)
  {
      cout<<"\n请输入第"<<i<<"个三角形的边长:"<<endl;

      cout<<"请输入边长a:";
      cin>>a;

      cout<<"请输入边长b:";
      cin>>b;

      cout<<"请输入边长c:";
      cin>>c;
```

```
            if((a+b>c)&&(b+c>a)&&(c+a>b))
            {
                s=(a+b+c)/2;
                area=sqrt(s*(s-a)*(s-b)*(s-c));
                cout<<"a="<<a<<"b="<<b<<"c="<<c<<endl;
                cout<<"area="<<area<<endl;
            }
            else
            {
                cout<<"a="<<a<<"b="<<b<<"c="<<c<<endl;
                cout<<"三角形的任意两边之和必须大于第三边，请重新输入"<<endl;
            }
    }
    return 0;
}
```

输出结果如图2-2所示：

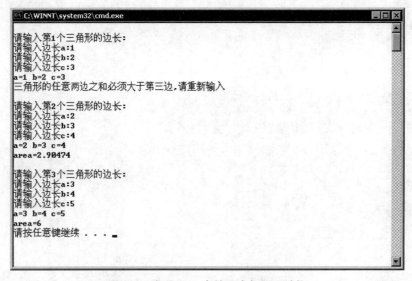

图2-2 实现C++中的分支与循环结构

STEP 6 实现VB.NET中的分支与循环结构。

```
'Module1.vb

Imports System
Imports System.IO

Module Module1

Sub Main()
    Dim a As Double, b As Double, c As Double
    Dim s As Double, area As Double
    Dim i As Integer

    For i=1 To 3 Step 1
```

```vb
            Console.WriteLine(Chr(13)+Chr(10)+"请输入第"+CStr(i)+"个三角形的边长:")

            Console.Write("请输入边长a:")
            a=CDbl(Console.ReadLine())

            Console.Write("请输入边长b:")
            b=CDbl(Console.ReadLine())

            Console.Write("请输入边长c:")
            c=CDbl(Console.ReadLine())

            If a+b>c And b+c>a And c+a>b Then

                s=(a+b+c)/2
                area=Math.Sqrt(s*(s-a)*(s-b)*(s-c))
                Console.WriteLine("a="+CStr(a)+"b="+CStr(b)+"c="+CStr(c))
                Console.WriteLine("area="+CStr(area))

            Else

                Console.WriteLine("a="+CStr(a)+"b="+CStr(b)+"c="+CStr(c))
                Console.WriteLine("三角形的任意两边之和必须大于第三边,请重新输入")

            End If

        Next i
    End Sub

End Module
```

STEP 7 实现C#中的分支与循环结构。

```csharp
//Program.cs

using System;
using System.Collections.Generic;
using System.Text;
using System.IO;

namespace chap02_lx03_Csharp
{
    class Program
    {
        static void Main(string[]args)
        {
            double a, b, c, s, area;
            for(int i=1; i<= 3; i++)
            {
                Console.WriteLine("\n"+"请输入第"+i+"个三角形的边长:");
```

```
                    Console.Write("请输入边长a:");
                    a=Double.Parse(Console.ReadLine());

                    Console.Write("请输入边长b:");
                    b=Double.Parse(Console.ReadLine());

                    Console.Write("请输入边长c:");
                    c=Double.Parse(Console.ReadLine());

                    if((a+b>c)&&(b+c>a)&&(c+a>b))
                    {
                        s=(a+b+c)/2;
                        area=Math.Sqrt(s*(s-a)*(s-b)*(s-c));
                        Console.WriteLine("a="+a+"b="+b+"c="+c);
                        Console.WriteLine("area="+area);
                    }
                    else
                    {
                        Console.WriteLine("a="+a+"b="+b+"c="+c);
                        Console.WriteLine("三角形的任意两边之和必须大于第三边，请重新输入");
                    }
                }
            }
        }
    }
}
```

STEP 8 实现Java中的分支与循环结构。

```
//Program.jsl

package chap02_lx04_JSharp;

import java.io.*;

public class Program
{
    public static void main(String[]args)throws IOException
    {
        double a, b, c, s, area;

        InputStreamReader isr=new InputStreamReader(System.in);
        BufferedReader br=new BufferedReader(isr);

        for(int i=1; i<= 3; i++)
        {
            System.out.println("\n"+"请输入第"+i+"个三角形的边长:");

            System.out.print("请输入边长a:");
```

```
            a=Double.parseDouble(br.readLine());

            System.out.print("请输入边长b:");
            b=Double.parseDouble(br.readLine());

            System.out.print("请输入边长c:");
            c=Double.parseDouble(br.readLine());

            if((a+b>c)&&(b+c>a)&&(c+a>b))
            {
                s=(a+b+c)/2;
                area=Math.sqrt(s*(s-a)*(s-b)*(s-c));
                System.out.println("a="+a+"b="+b+"c="+c);
                System.out.println("area="+area);
            }
            else
            {
                System.out.println("a="+a+"b="+b+"c="+c);
                System.out.println("三角形的任意两边之和必须大于第三边,请重新输入");
            }
        }
    }
}
```

STEP 9 实现SQL中的分支与循环结构。

```
declare @a float,@b float,@c float,@s float,@area float
declare @i int

set @i=1

set @a=1
set @b=2
set @c=3

while @i<=3
    begin
        if @a+@b>@c and @b+@c>@a and @c+@a>@b
            begin
                set @s=(@a+@b+@c)/2;
                set @area=sqrt(@s*(@s-@a)*(@s-@b)*(@s-@c));
                print'a='      +cast(@a As varchar(20))
                print'b='      +cast(@b As varchar(20))
                print'c='      +cast(@c As varchar(20))
                print'area='   +cast(@area As varchar(20))
                print''
            end
        else
```

```
            begin
                print'a='      +cast(@a As varchar(20))
                print'b='      +cast(@b As varchar(20))
                print'c='      +cast(@c As varchar(20))
                print'三角形的任意两边之和必须大于第三边,请重新输入'
                print''
            end
        set @a=@a+1
        set @b=@b+1
        set @c=@c+1

        set @i=@i+1
    end

/*显示结果如下:

a=1
b=2
c=3
三角形的任意两边之和必须大于第三边,请重新输入

a=2
b=3
c=4
area=2.90474

a=3
b=4
c=5
area=6
*/
```

任务小结

1．在IF结构中使用GOTO转移到指定语句。
2．在WHILE循环中使用break中断整个循环,使用continue中断一次循环。
3．在select中可以设计CASE..END实现不同的个性化输出。
4．在update中可以设计CASE..END实现指定数据的更新。
5．C++、C#、Java的分支与循环结构类似。
6．VB.NET的分支与循环结构在语法上有较大区别。

相关知识与技能

1. GO

GO不是T-SQL语句;而是可为osql和isql实用工具及SQL Server查询分析器识别的命令。

SQL Server实用工具将GO解释为应将当前的T-SQL批处理语句发送给SQL Server的信号。当前批处理

语句是自上一GO命令后输入的所有语句，若是第一条GO命令，则是从特殊会话或脚本的开始处到这条GO命令之间的所有语句。SQL查询分析器和osql及isql命令提示实用工具执行GO命令的方式不同。有关更多信息，请参见osql实用工具、isql实用工具和SQL查询分析器。

2. 使用GOTO

GOTO语句使T-SQL批处理的执行跳转到标签。不执行GOTO语句和标签之间的语句。使用下列语法定义标签名：

```
label_name:
```

尽量少使用GOTO语句。过多使用GOTO语句可能会使T-SQL批处理的逻辑难以理解。使用GOTO实现的逻辑几乎完全可以使用其他控制流语句实现。GOTO最好用于跳出深层嵌套的控制流语句。

3. 批处理

批处理是客户端作为一个单元发出的一个或多个SQL语句的集合。每个批处理编译为一个执行计划。如果批处理包含多个SQL语句，则执行所有语句所需的全部优化步骤将生成一个单一的执行计划。

有几种指定批处理的方法：

由EXECUTE语句执行的字符串是一个批处理，并编译为一个执行计划。

由sp_executesql系统存储过程执行的字符串是一个批处理，并编译为一个执行计划。

4. BEGIN...END

包括一系列T-SQL语句，使得可以执行一组T-SQL语句。BEGIN和END是控制流语言的关键字。

5. IF...ELSE

在执行T-SQL语句时强加条件。如果条件满足（布尔表达式返回TRUE时），则在IF关键字及其条件之后执行T-SQL语句。可选的ELSE关键字引入备用的T-SQL语句，当不满足IF条件时（布尔表达式返回FALSE），就执行这个语句。

6. WHILE

设置重复执行SQL语句或语句块的条件。只要指定的条件为真，就重复执行语句。可以使用BREAK和CONTINUE关键字在循环内部控制WHILE循环中语句的执行。

7. RETURN

从查询或过程中无条件退出。RETURN即时且完全，可在任何时候用于从过程、批处理或语句块中退出。不执行位于RETURN之后的语句。

任务拓展

1．请问如何使用IF与GOTO语句？
2．请问如何设计单分支、双分支和多分支结构？
3．请问C++、C#、Java、VB.NET与SQL在分支与循环结构上的异同是什么？

任务三　实现转换与聚合函数

任务描述

上海御恒信息科技公司接到客户的一份订单，要求实现转换与聚合函数。公司刚招聘了一名程序员小张，软件开发部经理要求他尽快熟悉转换与聚合函数，小张按照经理的要求开始做以下任务分析。

任务分析

1. 设计转换函数。
2. 设计求和函数。
3. 设计平均值函数。
4. 设计统计个数函数。
5. 设计最大值函数。
6. 设计最小值函数。
7. 设计如何区别实现C++中的函数。
8. 设计如何区别实现VB.NET中的函数。
9. 设计如何区别实现C#中的函数。
10. 设计如何区别实现Java中的函数。
11. 设计如何区别实现SQL中的函数。

任务实施

STEP 1 实现转换函数。

```
USE NORTHWIND
SELECT'EMP ID:'+CONVERT(CHAR(4),EMPLOYEEID)
FROM EMPLOYEES
```

STEP 2 实现求和函数。

```
use northwind
SELECT SUM(Quantity)AS Total FROM[order details]
```

STEP 3 实现平均值函数。

```
use northwind
SELECT AVG(UnitPrice*Quantity)AS AveragePrice FROM[order details]
```

STEP 4 实现统计个数函数。

```
use northwind
SELECT COUNT(*)AS NUMBERS FROM[order details]
```

STEP 5 实现最大值函数。

```
use northwind
SELECT MAX(Quantity*UnitPrice)AS MAXs FROM[order details]
```

STEP 6 实现最小值函数。

```
use northwind
SELECT MIN(Quantity*UnitPrice)AS MAXs FROM[order details]
```

STEP 7 对比实现C++中的函数。

```
//chap02_lx01_Cplusplus函数.cpp：定义控制台应用程序的入口点

#include "stdafx.h"
#include "iostream"
#include "string"
```

```cpp
#include "math.h"
using namespace std;

double a,b,c,m1,m2,p,q;
double x1,x2;

void input();
void calc();
void judge();
void outCorrect(char*str);
void outError();

int _tmain(int argc, _TCHAR*argv[])
{
    for(int i=0;i<3;i++)
    {
        cout<<"请输入第"<<i+1<<"个一元二次方程的a,b,c!"<<endl;
        input();
        calc();
        judge();
    }
    return 0;
}

void input()
{
    cout<<"请输入a:";
    cin>>a;

    cout<<"请输入b:";
    cin>>b;

    cout<<"请输入c:";
    cin>>c;
}

void calc()
{
    m1=b*b-4*a*c;
    m2=sqrt(abs(m1));
    p=(-b)/(2*a);
    q=m2/(2*a);
    x1=p+q;
    x2=p-q;
}

void judge()
{
```

```cpp
        if(a!=0)
        {
            if(m1>0)
            {
                outCorrect("不相等的实根");
                cout<<"x1="<<x1<<" x2="<<x2<<endl;
                cout<<endl;
            }
            else if(m1==0)
            {
                outCorrect("相等的实根");
                cout<<"x1="<<p<<" x2="<<p<<endl;
                cout<<endl;
            }
            else
            {
                outCorrect("虚根");
                cout<<"x1="<<p<<"+"<<q<<"i"<<" "<<"x2="<<p<<"-"<<q <<"i"<<endl;
                cout<<endl;
            }
        }
        else
        {
            outError();
        }
}

void outCorrect(char*str)
{
    cout<<"a="<<a<<" "<<"b="<<b<<" "<<"c="<<c<<" "<<endl;
    cout<<"这个一元二次方程有两个"<<str<<endl;
}

void outError()
{
    cout<<"这不是一元二次方程,请重新输入!"<<endl;
}
```

输出结果如图 2-3 所示。

STEP 8 对比实现 VB.NET 中的函数。

```
Imports System
Imports System.IO

Module Module1

    Dim a As Double, b As Double, c As Double, m1 As Double, m2 As Double
    Dim p As Double, q As Double, x1 As Double, x2 As Double
```

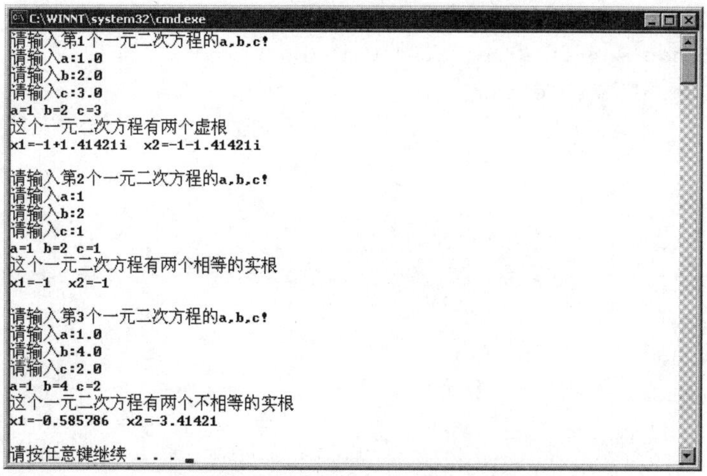

图 2-3　对比实现 C++ 中的函数

```
Public Sub Input()

    Console.Write("请输入a:")
    a=Console.ReadLine()

    Console.Write("请输入b:")
    b=Console.ReadLine()

    Console.Write("请输入c:")
    c=Console.ReadLine()
End Sub

Public Function Calc()

    m1=b*b-4*a*c
    m2=Math.Sqrt(Math.Abs(m1))
    p=(-b)/(2*a)
    q=m2 /(2*a)
    x1=p+q
    x2=p-q
End Function

Public Sub Judge()

    If a<>0 Then

        If m1>0 Then

            OutCorrect("不相等的实根")
            Console.WriteLine("x1="+CStr(x1)+" x2="+CStr(x2))
            Console.WriteLine()

        ElseIf m1=0 Then
```

```vb
                    OutCorrect("相等的实根")
                    Console.WriteLine("x1="+CStr(p)+" x2="+CStr(p))
                    Console.WriteLine()

                Else

                    OutCorrect("虚根")
                    Console.WriteLine("x1="+CStr(p)+"+"+CStr(q)+"i"+" "+"x2="+CStr(p)+"-"+CStr(q)+"i")
                    Console.WriteLine()
                End If

            Else

                OutError()

            End If

        End Sub

    Public Sub OutCorrect(ByVal str As String)

            Console.WriteLine("a="+CStr(a)+""+"b="+CStr(b)+""+"c="+CStr(c)+"")
            Console.WriteLine("这个一元二次方程有两个"+str)

        End Sub

    Public Sub OutError()

            Console.WriteLine("这不是一元二次方程，请重新输入!")

        End Sub
    Sub Main()
        Dim i As Integer
        For i=1 To 3 Step 1

            Console.WriteLine("请输入第"+CStr(i)+"个一元二次方程的a,b,c!")
            Input()
            Calc()
            Judge()
        Next i

        End Sub

    End Module
```

STEP 9 对比实现C#中的函数。

```csharp
using System;
using System.Collections.Generic;
```

```csharp
using System.Text;
using System.IO;

namespace chap02_lx03_CSharp函数
{
    class Program
    {
        static double a, b, c, m1, m2, p, q;
        static double x1, x2;

        static void input()
        {
            Console.Write("请输入a:");
            a=Double.Parse(Console.ReadLine());

            Console.Write("请输入b:");
            b=Double.Parse(Console.ReadLine());

            Console.Write("请输入c:");
            c=Double.Parse(Console.ReadLine());
        }

        static void calc()
        {
            m1=b*b-4*a*c;
            m2=Math.Sqrt(Math.Abs(m1));
            p=(-b)/(2*a);
            q=m2 /(2*a);
            x1=p+q;
            x2=p-q;
        }

        static void judge()
        {
            if(a != 0)
            {
                if(m1>0)
                {
                    outCorrect("不相等的实根");
                    Console.WriteLine("x1="+x1+" x2="+x2);
                    Console.WriteLine();
                }
                else if(m1 == 0)
                {
                    outCorrect("相等的实根");
                    Console.WriteLine("x1="+p+" x2="+p);
                    Console.WriteLine();
                }
```

```
                else
                {
                    outCorrect("虚根");
                    Console.WriteLine("x1="+p+"+"+q+"i"+""+"x2="+p+"-"+q+"i");
                    Console.WriteLine();
                }
            }
            else
            {
                outError();
            }
        }

        static void outCorrect(string str)
        {
            Console.WriteLine("a="+a+""+"b="+b+""+"c="+c+"");
            Console.WriteLine("这个一元二次方程有两个"+str);
        }

        static void outError()
        {
            Console.WriteLine("这不是一元二次方程,请重新输入!");
        }

        static void Main(string[]args)
        {
            for(int i=0; i<3; i++)
            {
                Console.WriteLine("请输入第"+(i+1)+"个一元二次方程的a,b,c!");
                input();
                calc();
                judge();
            }
        }
    }
}
```

STEP 10 对比实现Java中的函数。

```java
package chap02_lx04_JSharp函数;

import java.io.*;

public class Program
{
    static double a, b, c, m1, m2, p, q;
    static double x1, x2;
    static BufferedReader br=new BufferedReader(new InputStreamReader(System.in));
```

```java
static void input()throws IOException
{
    System.out.print("请输入a:");
    a=Double.parseDouble(br.readLine());

    System.out.print("请输入b:");
    b=Double.parseDouble(br.readLine());

    System.out.print("请输入c:");
    c=Double.parseDouble(br.readLine());
}

static void calc()
{
    m1=b*b-4*a*c;
    m2=Math.sqrt(Math.abs(m1));
    p=(-b)/(2*a);
    q=m2 /(2*a);
    x1=p+q;
    x2=p-q;
}

static void judge()throws IOException
{
    if(a != 0)
    {
        if(m1>0)
        {
            outCorrect("不相等的实根");
            System.out.println("x1="+x1+" x2="+x2);
            System.out.println();
        }
        else if(m1 == 0)
        {
            outCorrect("相等的实根");
            System.out.println("x1="+p+" x2="+p);
            System.out.println();
        }
        else
        {
            outCorrect("虚根");
            System.out.println("x1="+p+"+"+q+"i"+""+"x2="+p+"-"+q+"i");
            System.out.println();
        }
    }
    else
    {
        outError();
```

```java
        }
    }

    static void outCorrect(String str)
    {
        System.out.println("a="+a+""+"b="+b+""+"c="+c+"");
        System.out.println("这个一元二次方程有两个"+str);
    }

    static void outError()throws IOException
    {
        System.out.println("这不是一元二次方程,请重新输入!");
    }

    public static void main(String[]args)throws IOException
    {
        for(int i=0; i<3; i++)
        {
            System.out.println("请输入第"+(i+1)+"个一元二次方程的a,b,c!");
            input();
            calc();
            judge();
        }
    }
}
```

STEP 11 对比实现 SQL 中的函数。

```sql
use RobotMgr
go

create function MyRoot(@a real,@b real,@c real)
returns varchar(350)
as
begin

Declare @m1 As real,@m2 As real,@x1 As real,@x2 As real
Declare @p As real,@q As real
Declare @str varchar(350)

If @a<>0
    begin

        set @m1=@b*@b-4*@a*@c
        set @m2=sqrt(abs(@m1))

        set @p=(-@b)/(2*@a)
        set @q=@m2/(2*@a)

        set @x1=@p+@q
```

```
                set @x2=@p-@q
            If @m1>0
                begin
                    set @str='该一元二次方程有两个不相等的实根!'+char(13)+char(10)+
'a='+str(@a,6,2)+space(4)+'b='+str(@b,6,2)+space(4)+'c='+str(@c,6,2)+char(13)+char(10)+
'x1='+str(@x1,6,2)+space(4)+'x2='+str(@x2,6,2)+space(4)+char(13)+char(10)
                end
            Else If @m1=0
                begin
                    set @str='该一元二次方程有两个相等的实根!'+char(13)+char(10)+
'a='+str(@a,6,2)+space(4)+'b='+str(@b,6,2)+space(4)+'c='+str(@c,6,2)+char(13)+char(10)+
'x1='+str(@p,6,2)+space(4)+'x2='+str(@p,6,2)+space(4)+char(13)+char(10)
                end
            Else
                begin
                    set @str='该一元二次方程有两个虚根!'+char(13)+char(10)+'a='+str(@a,6,2)+
space(4)+'b='+str(@b,6,2)+space(4)+'c='+str(@c,6,2)+char(13)+char(10)+'x1='+str(@p,6,2)+
'+'+str(@q,6,2)+'i'+space(4)+'x2='+str(@p,6,2)+'-'+str(@q,6,2)+'i'+space(4)+char(13)+char(10)
                end
        end
    Else
        begin
            set @str='不是一元二次方程!!!'
        end
return @str
end
go

print dbo.MyRoot(1.0,2.0,3.0)
print dbo.MyRoot(1.0,2.0,1.0)
print dbo.MyRoot(1.0,8.0,2.0)
print dbo.MyRoot(0.0,2.0,3.0)

/*SQL SERVER中的函数嵌套调用*/
```

该一元二次方程有两个虚根!
该一元二次方程有两个相等的实根!
该一元二次方程有两个不相等的实根!
不是一元二次方程!!!

```
use RobotMgr
go

create function judge(@a real,@b real,@c real)
returns int
as
begin
```

```
        Declare @m1 As real,@m2 As real,@x1 As real,@x2 As real
        Declare @p As real,@q As real
        Declare @str varchar(150)

        Declare @num int

    If @a<>0
        begin
            set @m1=@b*@b-4*@a*@c
            set @m2=sqrt(abs(@m1))

            set @p=(-@b)/(2*@a)
            set @q=@m2/(2*@a)

            set @x1=@p+@q
            set @x2=@p-@q

            If @m1>0
                set @num=1
            Else If @m1=0
                set @num=2
            Else
                set @num=3
        end
    else
        set @num=0

    return @num
end
go

create function calc(@num int)
returns varchar(100)
as
begin
    declare @str varchar(100)
        If @num=0
            set @str='不是一元二次方程！！！！'
        Else If @num=1
            set @str='该一元二次方程有两个不相等的实根！'
        Else If    @num=2
            set @str='该一元二次方程有两个相等的实根！'
        Else If @num=3
            set @str='该一元二次方程有两个虚根！'
    return @str
end
go
```

```
print dbo.calc(dbo.judge(1.0,2.0,3.0))
print dbo.calc(dbo.judge(1.0,2.0,1.0))
print dbo.calc(dbo.judge(1.0,8.0,2.0))
print dbo.calc(dbo.judge(0.0,8.0,2.0))
```

显示结果如下：

```
该一元二次方程有两个虚根！
a=   1.00     b=   2.00     c=   3.00
x1=-1.00+1.41i     x2=-1.00-1.41i
该一元二次方程有两个相等的实根！
a=   1.00     b=   2.00     c=   1.00
x1=-1.00     x2=-1.00
该一元二次方程有两个不相等的实根！
a=   1.00     b=   8.00     c=   2.00
x1=-0.26     x2=-7.74
不是一元二次方程！！！
```

任务小结

1．CONVERT()为转换函数。
2．SUM()为求和函数 。
3．AVG()为计算平均值函数。
4．COUNT(*)为统计总数函数。
5．MAX()为求最大值函数。
6．MIN()为求最小值函数。
7．void 函数(形参)；为C++中的函数声明。
8．Public Function 函数名()...End Function 为VB.NET中的函数。
9．static void 函数名() {} 为C#中的函数。
10．void 函数名() {} 为Java中的函数。
11．create function 函数名(形参列表)returns 返回类型as 函数体，这是SQL中的函数。

相关知识与技能

1. CASE

CASE可以计算条件列表并返回多个可能结果表达式之一。CASE具有两种格式：

（1）简单CASE函数将某个表达式与一组简单表达式进行比较以确定结果。
（2）CASE搜索函数计算一组布尔表达式以确定结果。

两种格式都支持可选的ELSE参数。

2. 简单 CASE 函数

```
CASE input_expression
    WHEN when_expression THEN result_expression
        [ ...n ]
        ELSE else_result_expression
    END
```

简单CASE函数：

计算input_expression，然后按指定顺序对每个WHEN子句的input_expression = when_expression进行计算。

返回第一个取值为TRUE的（input_expression = when_expression）的result_expression。

如果没有取值为TRUE的input_expression = when_expression，则当指定ELSE子句时SQL Server将返回else_result_expression；若没有指定ELSE子句，则返回NULL值。

3. CASE 搜索函数

```
CASE
    WHEN Boolean_expression THEN result_expression
        [ ...n ]
        ELSE else_result_expression
    END
```

CASE搜索函数：

按指定顺序为每个WHEN子句的Boolean_expression求值。

返回第一个取值为TRUE的Boolean_expression的result_expression。

如果没有取值为TRUE的Boolean_expression，则当指定ELSE子句时SQL Server将返回else_result_expression；若没有指定ELSE子句，则返回NULL值。

4. CASE 的参数

1）input_expression

是使用简单CASE格式时所计算的表达式。input_expression是任何有效的SQL Server表达式。

2）WHEN when_expression

使用简单CASE格式时input_expression所比较的简单表达式。when_expression是任意有效的SQL Server表达式。input_expression和每个when_expression的数据类型必须相同，或者是隐性转换。

3）n

占位符，表明可以使用多个WHEN when_expression THEN result_expression子句或WHEN Boolean_expression THEN result_expression子句。

4）THEN result_expression

当input_expression = when_expression取值为TRUE，或者Boolean_expression取值为TRUE时返回的表达式。result_expression是任意有效的SQL Server表达式。

5）ELSE else_result_expression

当比较运算取值不为TRUE时返回的表达式。如果省略此参数并且比较运算取值不为TRUE，CASE将返回NULL值。else_result_expression是任意有效的SQL Server表达式。else_result_expression和所有result_expression的数据类型必须相同，或者必须是隐性转换。

6）WHEN Boolean_expression

使用CASE搜索格式时所计算的布尔表达式。Boolean_expression是任意有效的布尔表达式。

7）结果类型

从result_expressions和可选else_result_expression的类型集合中返回最高的优先规则类型。

5. CASE 的示例

1）使用带有简单CASE函数的SELECT语句

在SELECT语句中，简单CASE函数仅检查是否相等，而不进行其他比较。下面的示例使用CASE函数更改图书分类显示，以使其更易于理解。

```
USE pubs
GO
SELECT    Category=
    CASE type
        WHEN'popular_comp'THEN'Popular Computing'
        WHEN'mod_cook'THEN'Modern Cooking'
        WHEN'business'THEN'Business'
        WHEN'psychology'THEN'Psychology'
        WHEN'trad_cook'THEN'Traditional Cooking'
        ELSE'Not yet categorized'
    END,
    CAST(title AS varchar(25))AS'Shortened Title',
    price AS Price
FROM titles
WHERE price IS NOT NULL
ORDER BY type, price
COMPUTE AVG(price)BY type
GO
```

2）使用带有简单CASE函数和CASE搜索函数的SELECT语句

在SELECT语句中，CASE搜索函数允许根据比较值在结果集内对值进行替换。下面的示例根据图书的价格范围将价格（money列）显示为文本注释。

```
USE pubs
GO
SELECT    'Price Category'=
    CASE
        WHEN price IS NULL THEN'Not yet priced'
        WHEN price<10 THEN'Very Reasonable Title'
        WHEN price>= 10 and price<20 THEN'Coffee Table Title'
        ELSE'Expensive book!'
    END,
    CAST(title AS varchar(20))AS'Shortened Title'
FROM titles
ORDER BY price
GO
```

6. BREAK

退出最内层的WHILE循环。END关键字之后的所有子句都将被忽略。IF测试通常会激活BREAK，但并不总是如此。

7. CONTINUE

重新开始WHILE循环。在CONTINUE关键字之后的任何语句都将被忽略。CONTINUE通常由一个IF测试激活，但并不始终这样。

8. WAITFOR

指定触发语句块、存储过程或事务执行的时间、时间间隔或事件。

语法：

```
WAITFOR{DELAY'time'| TIME'time'}
```

参数:

DELAY 指示 SQL Server 一直等到指定的时间过去,最长可达 24 小时。

time 要等待的时间。可以按 datetime 数据可接受的格式指定 time,也可以用局部变量指定此参数。不能指定日期。因此,在 datetime 值中不允许有日期部分。

TIME 指示 SQL Server 等待到指定时间。

注释:执行 WAITFOR 语句后,在到达指定的时间之前或指定的事件出现之前,将无法使用与 SQL Server 的连接。

若要查看活动的进程和正在等待的进程,请使用 sp_who。

9. T-SQL 变量

T-SQL 局部变量是可以保存特定类型的单个数据值的对象。批处理和脚本中的变量通常用于:

作为计数器计算循环执行的次数或控制循环执行的次数。

保存数据值以供控制流语句测试。

保存由存储过程返回代码返回的数据值。

任务拓展

1. SQL 中的聚合函数有哪些?
2. SQL 中的函数如何声明和使用?
3. 简述 C++、C#、VB.NET、Java、SQL 中函数的语法格式上的区别。

任务四 实现 T-SQL 的高级应用

任务描述

上海御恒信息科技公司接到客户的一份订单,要求实现 T-SQL 的高级应用。公司刚招聘了一名程序员小张,软件开发部经理要求他尽快熟悉 T-SQL 的高级应用,小张按照经理的要求开始做以下任务分析。

任务分析

1. 设计字符串型局部变量作为判断的具体内容。
2. 设计 SQL Server 批处理,对字符串中的字符进行排序。
3. 使用批处理,计算某个字符的位置。
4. 使用替换函数替换指定的信息。
5. 使用大写字母函数显示大写信息。
6. 编写一个查询,显示当天日期的年、月、日、时、分、秒。
7. 使用局部变量显示系统日期前后的日期。
8. 使用 T-SQL 语句输出 IDENTITY 值。

任务实施

STEP 1 声明字符串型局部变量 @name,赋值为 '李宁',判断此人是否为亲戚,如果是,则输出消息 '李宁是一个亲戚',否则输出消息 '李宁不是一个亲戚'。

```
use FamilyMgr
go

DECLARE @name VARCHAR(40)
select @name='李宁'
if  exists(select f_name from familymember where f_kind='亲戚'and f_name=@name)
 print @name+'是一个亲戚'
else
 print @name+'不是一个亲戚'
go
```

STEP 2 定义一个英文字符串，使用SQL Server批处理，对字符串中的字符进行排序，并且输出排序之后的结果。

```
declare @str char(10),@i int,@j int,@s1 char(1),@s2 char(2)
set @str='string'
set @i=1
set @j=2
while(@i<=len(@str)-1)
begin

    while(@j<=len(@str))
        begin
            set @s1=substring(@str,@i,1)
            set @s2=substring(@str,@j,1)
            if(@s1<@s2)
                begin
                    set @str=stuff(@str,@i,1,rtrim(@s2))
                    set @str=stuff(@str,@j,1,@s1)
                end
            set @j=@j+1
        end
    set @i=@i+1
    set @j=@i+1

end
select @str
go
```

STEP 3 使用批处理，计算'Hello,World!'字符串中，第一次出现'o'的位置。

```
select CHARINDEX('o','Hello World!')
go
```

或

```
declare @str varchar(20),@loc int
set @str='Hello,World!'
set @loc=charindex('o',@str)
print @loc
go
```

STEP 4 将FamilyUser表中u_name列值为admin的u_pwd列的前三个字符替换为"SOS"。

```
/*replace()
update FamilyUser set u_pwd=replace(u_pwd,left(u_pwd,3),'SOS')where u_name='admin'
*/

/*
use pubs
go
declare @temp varchar(3)
set @temp='SOS'

update FamilyUser
set u_pwd=
case
    u_name='admin'
        then
            stuff(u_pwd,1,3,@temp)
    else u_pwd
end
where u_name='admin'
```

STEP 5 用大写字母显示用户登录表中的登录名称。

```
use FamilyUser
go
select'大写u_name'=upper(u_name)from FamilyUser
go
```

STEP 6 编写一个查询，显示当天日期的年、月、日、时、分、秒。

```
/*
select datepart(yy,getdate())
select datepart(qq,getdate())
select datepart(mm,getdate())
select datepart(dd,getdate())
select datepart(hh,getdate())
select datepart(mi,getdate())
select datepart(ss,getdate())
select datepart(ms,getdate())
*/
```

STEP 7 使用局部变量编写一个查询，显示从当前的系统日期算起，25天以后的日期。

```
declare @xz datetime
set @xz=getdate()
print'从当前的系统日期算起,25天以后的日期'+cast(dateadd(d,25,@xz)as varchar)
```

STEP 8 编写一个T-SQL语句，输出下一个IDENTITY值。

```
use FamilyMgr
go
select @@identity as'identity'
go
```

任务小结

1. DECLARE 变量、SELECT 赋值可与 if exists 结合实现判断结构。
2. while(循环条件)结构中要设计计数器：set 局部变量=局部变量+1。
3. charindex()函数可以输出某个字符的索引位置。
4. replace()函数可以替换相应的字符。
5. upper()函数可以设置为大写显示。
6. datepart(日期部分标示,getdate())可以显示当前日期的相应日期部分。
7. cast()可以实现数据类型的强制转换。
8. @@identity 可以显示当前的自动编号。

相关知识与技能

1. 使用查询给变量赋值

```
USE Northwind
GO
DECLARE @rows int
SET @rows=(SELECT COUNT(*)FROM Customers)
SELECT
```

2. 从数据库中检索行，并允许从一个或多个表中选择一个或多个行或列

虽然 SELECT 语句的完整语法较复杂，但是其主要的子句可归纳如下：

```
SELECT select_list
[ INTO new_table ]
FROM table_source
[ WHERE search_condition ]
[ GROUP BY group_by_expression ]
[ HAVING search_condition ]
[ ORDER BY order_expression[ ASC|DESC ]]
```

可以在查询之间使用 UNION 运算符，以将查询的结果组合成单个结果集。

3. SELECT 语句子句

SELECT 子句
INTO 子句
FROM 子句
WHERE 子句
GROUP BY 子句
HAVING 子句
UNION 运算符
ORDER BY 子句
COMPUTE 子句
FOR 子句
OPTION 子句

4. @@CONNECTIONS

返回自上次启动 SQL Server 以来连接或试图连接的次数。

语法：

@@CONNECTIONS

返回类型：integer。

注释：连接与用户不同。例如，应用程序可以打开多个与SQL Server的连接，而不需要用户监视这些连接。若要显示一个包含几个SQL Server统计信息的报表，包括试图连接统计信息，请运行sp_monitor。

示例：

显示到当前日期和时间为止试图登录的次数。

```
SELECT GETDATE()AS'Today's Date and Time',
    @@CONNECTIONS AS'Login Attempts'
```

结果集如下：

```
Today's Date and Time              Login Attempts
-----------------------            ---------------
2020-04-09 14:28:46.940            18
```

5. @@ERROR

返回最后执行的T-SQL语句的错误代码。

语法：

```
@@ERROR
```

返回类型：integer。

注释：当SQL Server完成T-SQL语句的执行时，如果语句执行成功，则@@ERROR设置为0。若出现一个错误，则返回一条错误信息。@@ERROR返回此错误信息代码，直到另一条T-SQL语句被执行。用户可以在sysmessages系统表中查看与@@ERROR错误代码相关的文本信息。

由于@@ERROR在每一条语句执行后被清除并且重置，应在语句验证后立即检查它，或将其保存到一个局部变量中以备事后查看。

6. @@FETCH_STATUS

返回被FETCH语句执行的最后游标的状态，而不是任何当前被连接打开的游标的状态。

语法：

```
@@FETCH_STATUS
```

返回类型：integer。

注释：由于@@FETCH_STATUS对于在一个连接上的所有游标是全局性的，要小心使用@@FETCH_STATUS。在执行一条FETCH语句后，必须在对另一游标执行另一FETCH语句前测试@@FETCH_STATUS。在任何提取操作出现在此连接上前，@@FETCH_STATUS的值没有定义。

7. @@VERSION

返回SQL Server当前安装的日期、版本和处理器类型。

语法：

```
@@VERSION
```

返回类型：nvarchar。

注释：@@VERSION返回的信息与xp_msver存储过程返回的产品名、版本、平台和文件数据相似，但xp_msver存储过程提供更详细的信息。

示例：

返回当前安装的日期、版本和处理器类型。

```
SELECT @@VERSION
```

任务拓展

1. 请问 while 是如何实现循环结构的？
2. 请问 charindex()、replace()、upper()、datepart()、cast() 的功能是什么？
3. 全局变量 @@identity 有什么用？

任务五 实现 T-SQL 的综合应用

任务描述

上海御恒信息科技公司接到客户的一份订单，要求实现 T-SQL 的综合应用。公司刚招聘了一名程序员小张，软件开发部经理要求他尽快熟悉 -TSQL 的综合应用，小张按照经理的要求开始做以下任务分析。

任务分析

1. 为 RobertMgr 库创建一张用户登录表 users，并用两种不同的方法判断用户名和密码是否存在 users 中。
2. 声明字符串型局部变量和使用 IF exists 子句判断机器人的相关情况。
3. 设计如何替换密码内容。
4. 设计如何根据类型来分类小计价格。
5. 设计循环输出货运表信息。
6. 设计使用日期类型函数表示具体的日期、星期、年、季度以及当前时间。
7. 设计使用 dateadd() 函数。
8. 设计使用函数增强查询的灵活性。

任务实施

STEP 1 为 RobertMgr 库创建一张用户登录表 users，并用两种不同的方法判断用户名和密码是否存在 users 中。

```
--1.1 创建表 users

use RobertMgr
go

create table users
(
  u_id char(3)primary key not null,
  u_name varchar(10)null,
  u_pwd varchar(6)null check(u_pwd like'[0-9][0-9][0-9][0-9][0-9][0-9]')
)
go

insert into users(u_id,u_name,u_pwd)
```

```sql
            values('u01','admin','123456')
go

insert into users(u_id,u_name,u_pwd)
            values('u02','peter','654321')
go

insert into users(u_id,u_name,u_pwd)
            values('u03','mary','321654')
go

select*from users
go
```

--1.2. 判断用户名和密码(方法一)
```sql
begin
--(1)声明变量并输入值
declare @hyuser varchar(50),@hypwd varchar(50),@msg varchar(50),@num int,@num1 int
select @hyuser='peter',@hypwd='654321'

--(2)设计算法结构进行处理
select @num=count(*)from users where u_name=@hyuser  /*利用select语句查询用户名是否存在*/
if @num>=1
    begin
        select @num1=count(*)from users where u_name=@hyuser and u_pwd=@hypwd
        /*如果用户名存在,再查询密码是否存在*/
        if @num1>=1
            begin
                set @msg='用户名与密码都正确,成功登录!'
            end
        else
            begin
                set @msg='密码不正确,请重新输入!'
            end
    end
else
    begin
        set @msg='用户名不正确,请重新输入!'
    end

--(3)输出结果
print @msg
end
```

--1.3 判断输入的用户名和密码(方法二)
```sql
begin
--(1)声明变量并输入值
declare @hyuser varchar(50),@hypwd varchar(50),@msg varchar(50)
```

```
select @hyuser='admins',@hypwd='123456'

--(2)设计算法结构进行处理
if exists(select*from users where u_name=@hyuser)
    begin
        if exists(select*from users where u_name=@hyuser and u_pwd=@hypwd)
            begin
                set @msg='用户名与密码都正确,成功登录!'
            end
        else
            begin
                set @msg='密码不正确,请重新输入!'
            end
    end
else
    begin
        set @msg='用户名不正确,请重新输入!'
    end
--(3)输出结果
print @msg
end
```

STEP 2 声明字符串型局部变量@name,赋值为'T4000',判断此机器人是否为科学型机器人,如果是,则输出消息'T4000是一个科学型机器人',否则输出消息'T4000不是一个科学型机器人'。

```
begin
    DECLARE @name varchar(10),@type char(10),@msg varchar(30),@message varchar(50)
    select @name='T4000',@type='science',@msg='一个科学型机器人'

    if exists(select r_name from robert where r_type=@type and r_name=@name)
        begin
            set @message=@name+'是'+@msg
        end
    else
        begin
            set @message=@name+'不是'+@msg
        end

    print @message
end
go
```

STEP 3 将users表中u_name列值为admin的u_pwd列的前三个字符替换为"SOS"。

```
--3.1 先删除约束,再添加约束,使users表中的u_pwd列可以输入字符
use RobertMgr
go


sp_help users
go
```

```sql
alter table users
drop constraint CK_users_u_pwd_52593CB8
go

alter table users
add constraint CK_users_upwd check( u_pwd like'[0-9][0-9][0-9][0-9][0-9][0-9]'or
                u_pwd like'[A-Z][A-Z][A-Z][0-9][0-9][0-9]')
go

--3.2 方法1: 用函数replace()
begin
  use RobertMgr

  select*from users

  update users
  set u_pwd=replace(u_pwd,left(u_pwd,3),'SOS')
  where u_name='admin'

  select*from users

end

--3.3 方法2: 用case...end结构和函数stuff()
begin
  use RobertMgr
  go

  select*from users
  go

  declare @temp varchar(3),@name varchar(20)
  select @temp='SOS',@name='admin'

  update users
  set u_pwd=
    case
        when  u_name=@name then stuff(u_pwd,1,3,@temp)
        else
            u_pwd
    end
  where u_name=@name
  go

  select*from users
  go

end
```

STEP 4 根据机器人表robert中的类别（r_type）分类小计查询平均价（r_price），同时显示中文名称的类别和单价。

```
select*from robert
go

Begin
    select'机器人类别'=
            case   r_type
                when'science'then'科学型机器人'
                when'home'    then'家政型机器人'
                when'war'     then'作战型机器人'
                else
                    '未知类型'
            end,r_price As'市场价格'
    from robert
    order  by r_type
    compute avg(r_price)by r_type
End
```

STEP 5 用循环实现货运表ship中的所有记录的输出（提示：可利用s_id的规律）。

```
select*from ship

declare @num int
set @num=1
while @num<=4
begin
    select*from ship where s_id='s0000'+cast(@num As Varchar(10))
    set @num=@num+1
end
```

STEP 6 编写一个查询，以不同形式显示当天日期：星期几，一年中的哪一天、年、季度以及当前时间。

```
declare @xz datetime
set @xz=getdate()
print'当前日期'
print'星期'+cast(datepart(dw,@xz)-1 as varchar)
print'今年中的第'+cast(datepart(dy,@xz)as varchar)+'天'
print'今年是'+cast(datepart(yy,@xz)as varchar)+'年'
print'现在是'+cast(datepart(qq,@xz)as varchar)+'季度'
print'当前时间是'+cast(datepart(hh,@xz)as varchar)+'时'+cast(datepart(mi,@xz)as varchar)+
'分'+cast(datepart(ss,@xz)as varchar)+'秒'
```

STEP 7 显示机器人表robert的所有信息，其中机器人的出厂日期显示为30天之前的日期。

```
use RobertMgr
go

select*from robert
go
```

```
select r_id,r_name,r_type,'出厂日期'=dateadd(dd,-30,r_birth),r_speed,r_price
from robert
go
```

STEP 8 新建一个函数，能查询customer表中所有年龄大于60岁的所有信息。

```
use RobertMgr
go

select*from customer
where c_age>60
go

create function myfunc(@age int)returns table
as
    return(select*from customer where c_age>@age)
go

select*
from dbo.myfunc(60)
go
```

任务小结

1．declare、select语句、if嵌套结合可以实现登录的基本判断。
2．declare、select语句、if exists子句这三者结合可以实现机器人类别的基本判断。
3．先删除旧的约束，然后再添加新的约束。
4．用函数replace()替换信息。
5．用case...end结构和函数stuff()替换信息。
6．用case结合order by及compute by实现分类统计。
7．while一定要设置其循环结束条件。
8．cast()可以强制转换数据类型。
9．dateadd()可以增减日期。
10．创建函数的语法：create function函数名(@局部变量作为形参)returns table as函数体。

相关知识与技能

1. 函数

T-SQL编程语言提供三种函数：

1）行集函数

可以像SQL语句中表引用一样使用。有关这些函数的列表的更多信息，请参见行集函数。

2）聚合函数

对一组值操作，但返回单一的汇总值。有关这些函数的列表的更多信息，请参见聚合函数。

3）标量函数

对单一值操作，返回单一值。只要表达式有效即可使用标量函数。

2. 函数分类

配置函数：返回当前配置信息。

游标函数：返回游标信息。

日期和时间函数：对日期和时间输入值执行操作，返回一个字符串、数字或日期和时间值。

数学函数：对作为函数参数提供的输入值执行计算，返回一个数字值。

元数据函数：返回有关数据库和数据库对象的信息。

安全函数：返回有关用户和角色的信息。

字符串函数：对字符串（char或varchar）输入值执行操作，返回一个字符串或数字值。

系统函数：执行操作并返回有关SQL Server中的值、对象和设置的信息。

系统统计函数：返回系统的统计信息。

文本和图像函数：对文本或图像输入值或列执行操作，返回有关这些值的信息。

3. 函数确定性

SQL Server的内置函数可以是确定的也可以是不确定的。如果任何时候用一组特定的输入值调用内置函数，返回的结果总是相同的，则这些内置函数为确定的。如果每次调用内置函数时即使用的是相同的一组特定输入值，返回的结果不总是相同的，则这些内置函数为不确定的。

函数的确定性将规定函数是否可用在索引计算列和索引视图中。索引扫描必须始终生成一致的结果。因而，只有确定性函数才能用来定义将编制索引的计算列和视图。

配置、游标、元数据、安全和系统统计函数不具有确定性。

4. 函数排序规则

使用字符串输入并返回字符串输出的函数对输出使用输入字符串的排序规则。

使用非字符输入并返回字符串的函数对输出使用当前数据库的默认排序规则。

使用多个字符串输入并返回字符串的函数，使用排序规则的优先顺序规则设置输出字符串的排序规则。

任务拓展

1. 请问如何使用case...end来实现多条件分支结构？
2. 请问在SQL中如何强制转换数据类型？
3. 请问如何创建函数？
4. 请问如何用函数对日期进行增减？

◎ 项目综合实训　实现家庭管理系统中的 T-SQL 程序设计

一、项目描述

上海御恒信息科技公司接到一个订单，需要为一个家庭管理系统中的相关表格设计T-SQL程序，程序员小张根据以上要求进行相关的程序设计后，按照项目经理的要求开始做以下项目分析。

二、项目分析

1. 用IF嵌套判断输入的用户名和密码是否存在于用户表中。
2. 用IF exists子句嵌套判断输入的用户名和密码是否存在于用户表中。
3. 用case...when...else...end显示中文用户名及密码列。
4. 用case...when...else...end进行分类小计查询。
5. 用if...else判断familyout表中是否有记录。
6. 用while循环实现输出familyin表中的所有记录。

7. 用循环实现输出familyout表中满足指定金额的所有记录。
8. 利用function函数查询familyout表中指定金额的支出信息。

三、项目实施

STEP 1 判断输入的用户名和密码是否存在于用户表familyuser中（方法一）。

```sql
declare @hyuser varchar(50),@hypwd varchar(50),@msg varchar(50),@num int,@num1 int
--select @hyuser='stu1',@hypwd='111'
select @hyuser='admin',@hypwd='123456'
select @num=count(*)from familyuser where u_name=@hyuser /*利用select语句查询用户名是否存在*/
if @num>=1
    begin
    select @num1=count(*)from familyuser where u_name=@hyuser and u_password=@hypwd
/*如果用户名存在，再查询密码是否存在*/
    if @num1>=1
        set @msg='用户名与密码都正确，成功登录！'
    else
        set @msg='密码不正确，请重新输入！'
end
else
set @msg='用户名不正确，请重新输入！'
print @msg
```

STEP 2 判断输入的用户名和密码是否存在于用户表familyuser中（方法二）。

```sql
declare @hyuser varchar(50),@hypwd varchar(50),@msg varchar(50)
--select @hyuser='stu1',@hypwd='111'
select @hyuser='admin',@hypwd='admin'
if exists(select*from familyuser where u_name=@hyuser)
    begin
        if exists(select*from familyuser where u_name=@hyuser and u_password=@hypwd)
            set @msg='用户名与密码都正确，成功登录！'
        else
            set @msg='密码不正确，请重新输入！'
    end
else
    set @msg='用户名不正确，请重新输入！'
print @msg
```

STEP 3 将familyuser表中所有u_name的英文名称显示为中文名称，并显示u_password列。

```sql
select*from familyuser
go

select'用户名'=
        case u_name
            when'admin'then'管理员'
            when'mary' then'玛丽'
            when'peter'then'彼得'
            else
              '未知名字'
        end
```

```
,u_password As'登录密码'
from familyuser
go
```

STEP 4 根据家庭支出表familyout中的支出类别（o_kind）分类小计查询平均支出金额（o_money），同时显示中文名称的支出类别和支出金额，支出类别要求用局部变量输入。

```
select*from familyout
go

declare @kind varchar(10)
set @kind='basic'
select*
from familyout
where o_kind=@kind

Begin
    select'收支类别'=
            case  o_kind
                when'basic'then'基本收支'
                when'extend'then'扩展收支'
                when'advance'then'高级收支'
                else
                    '未知收支'
            end,o_money As'收支金额'
    from familyout
    order  by o_kind
    compute avg(o_money)by o_kind
End
```

STEP 5 判断familyout表中是否有记录，如有记录按收支类别分类小计支出总金额，如没有记录显示"没有记录"。

```
If(select count(o_money)from familyout)>0
    Begin
        select o_kind,o_money As'收入金额'
        from familyout
        where o_money>0
        order by o_kind
        compute sum(o_money)by o_kind
    End
Else
    Begin
        print'没有记录！！！'
    End

select*from familyin
go
```

STEP 6 用循环实现familyin表中所有记录的输出（提示：可利用i_id的规律）。

```
declare @num int
```

```
set @num=1
while @num<=6
begin
    select*from familyin where i_id='i0000'+cast(@num As Varchar(10))
    set @num=@num+1
end

select*from familyout
```

STEP 7 用循环实现familyout表中支出金额介于两个金额之间的所有记录。

```
declare @amount1 numeric(8,2),@amount2 numeric(8,2)
select  @amount1=0,@amount2=50

while @amount1<=400
begin
    select*from familyout where o_money between @amount1 and @amount2
    select @amount1=@amount1+50,@amount2=@amount2+50
end
```

STEP 8 新建一个函数，能查询familyout表中所有按照某一类别并且支出金额大于或等于某一金额的支出信息。

```
use FamilyMgr
go

select*from familyout
go

alter function myfun(@money smallmoney,@kind varchar(20))returns table
as
    return(select*from familyout where o_money>=@money and o_kind=@kind)
go

select*
from dbo.myfun(100,'basic')
go
```

四、项目小结

1．使用局部变量结合分支结构可实现灵活查询。
2．IF嵌套与IF exists子句嵌套都可实现用户名及密码的判断。
3．case...when...else...end属于多条件分支结构。
4．case多条件分支结构可以与order by、compute by子句结合使用。
5．begin...end可以封装不同的语句块。
6．While结合begin...end可以实现循环输出。
7．修改函数的语法是：alter function 函数名(局部变量作为形参)returns table As 函数体。

◎ 项目评价表

能力	内容		评价		
	项目二 实现T-SQL程序设计				
	学习目标	评价项目	3	2	1
职业能力	实现T-SQL程序设计	任务一 实现SQL批处理、注释及变量声明			
		任务二 实现分支与循环结构			
		任务三 实现转换与聚合函数			
		任务四 实现T-SQL的高级应用			
		任务五 实现T-SQL的综合应用			
通用能力	动手能力				
	解决问题能力				
	综合评价				

评价等级说明表	
等级	说明
3	能高质、高效地完成此学习目标的全部内容，并能解决遇到的特殊问题
2	能高质、高效地完成此学习目标的全部内容
1	能圆满完成此学习目标的全部内容，不需任何帮助和指导

以上表格根据国家职业技能标准相关内容设定。

项目三

实现事务和锁

 核心概念

事务的开始、执行操作、提交事务、回滚事务、锁与死锁、事务的基本管理、事务的进阶管理、事务的高级管理。

视频

实现事务和锁

项目描述

事务指的是从开始事务、执行操作、提交、回滚的整个过程,在程序中使用一个连接对应一个事务。事务有四个特性:

原子性(Atomicity):一件事情的所有步骤要么全部成功,要么全部失败,不存在中间状态;一致性(Consistency):事务执行的结果必须是使数据库从一个一致性状态变到另一个一致性状态,一致性与原子性是密切相关的;隔离性(Isolation):两个事务之间的隔离程度,具体的隔离程度由隔离级别决定;持久性(Durability)一个事务提交后,数据库状态将永久发生改变,不会因为数据库宕机而让提交不生效。

技能目标

用提出、分析、解决问题的方法来培养学生如何从书写一般事务处理语句到较复杂的事务处理语句。能掌握常用的开始事务、提交事务、回滚事务以及死锁的处理。

工作任务

实现基本的事务管理、实现T-SQL、实现死锁的控制、实现事务的进阶管理、实现事务的高级管理。

任务一 实现基本的事务管理

 任务描述

上海御恒信息科技公司接到客户的一份订单,要求实现基本的事务管理。公司刚招聘了一名程序员小张,软件开发部经理要求他尽快熟悉事务的基本管理,小张按照经理的要求开始做以下任务分析。

任务分析

1. 设计如何提高网络性能。
2. 创建一张表进行测试。
3. 开启隐式事务。
4. 在执行DML时触发隐式事务。
5. 提交事务。

任务实施

STEP 1 SQL Server是否遵从SQL-92规则及是否返回计数,从而提高网络性能。

```
SET QUOTED_IDENTIFIER OFF
GO

SET NOCOUNT OFF
GO
```

STEP 2 创建一张测试表。

```
CREATE TABLE ImplicitTran(Cola int PRIMARY KEY,Colb char(3)NOT NULL)
GO
```

STEP 3 设置隐式事务开启。

```
SET IMPLICIT_TRANSACTIONS ON
GO
```

STEP 4 自动启动一个隐式事务。

```
--BEGIN TRANSACTION
/*第一次执行Insert语句时将自动启动一个隐式事务*/
INSERT INTO ImplicitTran VALUES(1,'aaa')
GO

INSERT INTO ImplicitTran VALUES(2,'bbb')
GO
```

STEP 5 提交第一个事务。

```
/*提交第一个事务*/
COMMIT TRANSACTION
GO
```

STEP 6 自动启动第二个隐式事务。

```
/*执行SELECT语句将启动第二个隐式事务*/
SELECT COUNT(*)FROM ImplicitTran
GO

INSERT INTO ImplicitTran VALUES(3,'ccc')
GO
```

```
SELECT*FROM ImplicitTran
GO
```

STEP 7 提交第二个隐式事务。

```
/*提交第二个隐式事务*/
COMMIT TRANSACTION
GO
```

STEP 8 设置隐式事务关闭。

```
SET IMPLICIT_TRANSACTIONS OFF
GO
```

任务小结

1. 使用 SET QUOTED_IDENTIFIER 与 SET NOCOUNT 来提高网络性能。
2. 用 CREATE TABLE 创建测试表。
3. 用 SET IMPLICIT_TRANSACTIONS 开启和关闭隐式事务。
4. 用 INSERT INTO 自动启动隐式事务。
5. 用 COMMIT TRANSACTION 提交事务。

相关知识与技能

1. 事务

事务指的是从开始事务、执行操作、提交操作到回滚操作的整个过程，在程序中使用一个连接对应一个事务。事务有四个特性：原子性、一致性、隔离性和持久性。

2. 调整事务隔离级别

隔离属性是 ACID 的四个属性之一，逻辑工作单元必须具备这四个属性才能称为事务。该属性能够使事务免受其他并发事务所执行的更新的影响。每个事务的隔离级别实际上都是可以自定义的。

SQL Server 支持 SQL 中定义的事务隔离级别。设置事务隔离级别虽然使程序员承担了某些完整性问题所带来的风险，但可以换取对数据更大的并发访问权。与以前的隔离级别相比，每个隔离级别都提供了更大的隔离性，但这是通过在更长的时间内占用更多限制锁换来的。事务隔离级别有：

```
READ UNCOMMITTED
READ COMMITTED
REPEATABLE READ
SERIALIZABLE
```

可以使用 T-SQL 或通过数据库 API 来设置事务隔离级别：

T-SQL：T-SQL 脚本和 DB-Library 应用程序使用 SET TRANSACTION ISOLATION LEVEL 语句。

ADO：ADO 应用程序将 Connection 对象的 IsolationLevel 属性设置为 adXactReadUncommitted、adXactReadCommitted、adXactRepeatableRead 或 adXactReadSerializable。

OLE DB：OLE DB 应用程序调用 ITransactionLocal::StartTransaction，其中 isoLevel 设置为 ISOLATIONLEVEL_READUNCOMMITTED、ISOLATIONLEVEL_READCOMMITTED、ISOLATIONLEVEL_REPEATABLEREAD 或 ISOLATIONLEVEL_SERIALIZABLE。

ODBC：ODBC 应用程序调用 SQLSetConnectAttr，其中 Attribute 设置为 SQL_ATTR_TXN_ISOLATION，ValuePtr 设置为 SQL_TXN_READ_UNCOMMITTED、SQL_TXN_READ_COMMITTED、SQL_TXN_

REPEATABLE_READ 或 SQL_TXN_SERIALIZABLE。

3. SET TRANSACTION ISOLATION LEVEL

控制由连接发出的所有 SQL Server SELECT 语句的默认事务锁定行为。

语法：

```
SET TRANSACTION ISOLATION LEVEL
    { READ COMMITTED
        | READ UNCOMMITTED
        | REPEATABLE READ
        | SERIALIZABLE
    }
```

参数：

READ COMMITTED：指定在读取数据时控制共享锁以避免脏读，但数据可在事务结束前更改，从而产生不可重复读取或幻像数据。该选项是 SQL Server 的默认值。

READ UNCOMMITTED：执行脏读或 0 级隔离锁定，这表示不发出共享锁，也不接受排它锁。当设置该选项时，可以对数据执行未提交读或脏读；在事务结束前可以更改数据内的数值，行也可以出现在数据集中或从数据集消失。该选项的作用与在事务内所有语句中的所有表上设置 NOLOCK 相同。这是四个隔离级别中限制最小的级别。

REPEATABLE READ：锁定查询中使用的所有数据以防止其他用户更新数据，但是其他用户可以将新的幻像行插入数据集，且幻像行包括在当前事务的后续读取中。因为并发低于默认隔离级别，所以应只在必要时才使用该选项。

SERIALIZABLE：在数据集上放置一个范围锁，以防止其他用户在事务完成之前更新数据集或将行插入数据集内。这是四个隔离级别中限制最大的级别。因为并发级别较低，所以应只在必要时才使用该选项。该选项的作用与在事务内所有 SELECT 语句中的所有表上设置 HOLDLOCK 相同。

注释：一次只能设置这些选项中的一个，而且设置的选项将一直对那个连接保持有效，直到显式更改该选项为止。这是默认行为，除非在语句的 FROM 子句中在表级上指定优化选项。

SET TRANSACTION ISOLATION LEVEL 在执行或运行时设置，而不是在分析时设置。

示例：为会话设置 TRANSACTION ISOLATION LEVEL。对于每个后续 T-SQL 语句，SQL Server 将所有共享锁一直控制到事务结束为止。

```
SET TRANSACTION ISOLATION LEVEL REPEATABLE READ
GO
BEGIN TRANSACTION
SELECT*FROM publishers
SELECT*FROM authors
...
COMMIT TRANSACTION
```

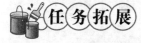

1. 如何启动隐式事务？
2. 如何触发隐式事务？
3. 如何开始和提交事务？

任务二 实现 T-SQL 中的事务

任务描述

上海御恒信息科技公司接到客户的一份订单,要求实现 T-SQL 中的事务。公司刚招聘了一名程序员小张,软件开发部经理要求他尽快熟悉 T-SQL 中的事务,小张按照经理的要求开始做以下任务分析。

任务分析

1. 设计显式事务来更新表中数据。
2. 设计隐式事务在表中插入记录并提交。
3. 设计在隐式事务中进行回滚测试。
4. 设计在隐式事务中保存事务点并回滚。
5. 设计用显式事务来查询和更新信息。
6. 设计在显式事务中用全局变量来控制事务回滚。

任务实施

STEP 1 通过显式事务来更新 titles 表中的信息。

```
BEGIN TRANSACTION
   UPDATE titles
   SET price=20.00
   WHERE title_id='TC7777'

   BEGIN TRANSACTION
      UPDATE titles
      SET type='potboiler'
      WHERE title_id='TC7777'
   COMMIT TRANSACTION
COMMIT TRANSACTION
```

STEP 2 用隐式事务在表中插入记录。

```
create table A(col1 int,col2 char(1))
set implicit_Transactions on
insert into A values(1,'A')
insert into A values(2,'B')
select count(*)from A
COMMIT TRANSACTION
INSERT INTO A VALUES(3,'C')
SELECT COUNT(*)FROM A
--ROLLBACK TRANSACTION
COMMIT TRANSACTION
SET IMPLICIT_TRANSACTIONS OFF
```

STEP 3 在隐式事务中用回滚来测试记录是否插入。

```
/*
```

```
set implicit_Transactions on
create table A(col1 int,col2 char(1))
set implicit_Transactions on
insert into A values(1,'A')
insert into A values(2,'B')
select count(*)from A
COMMIT TRANSACTION
INSERT INTO A VALUES(3,'C')
SELECT COUNT(*)FROM A
ROLLBACK TRANSACTION
COMMIT TRANSACTION
SET IMPLICIT_TRANSACTIONS OFF
*/
```

STEP 4 在隐式事务中保存事务点并回滚到事务点。

```
DROP TABLE A
set implicit_Transactions on
create table A
(
    col1 int,
    col2 char(1)
)

insert into A values(1,'A')
select*from A
SAVE TRANSACTION s1
insert into A values(2,'B')
select*from A
ROLLBACK TRANSACTION s1
select*from A
COMMIT TRANSACTION

select*from A
INSERT INTO A VALUES(3,'C')
select*from A
COMMIT TRANSACTION
select*from A
SET IMPLICIT_TRANSACTIONS OFF
```

STEP 5 用显式事务来查询和更新信息。

```
USE NORTHWIND
GO
BEGIN TRAN Tran2
SELECT productid,productname
FROM Products

UPDATE Products
SET UnitPrice=UnitPrice+15
WHERE CategoryID=1
```

COMMIT TRAN

STEP 6 在显式事务中使用全局变量来控制事务回滚。

```
USE Northwind
GO

BEGIN TRAN TRAN3

select productid,productname
from products where unitprice=16

update products
set unitprice=unitprice+14
where unitprice=16

if @@rowcount>0
   begin
      select unitprice from products where unitprice=30
      print'事务回滚'
      rollback tran
   end

select unitprice from products where unitprice=30
COMMIT TRAN
```

任务小结

1. 在BEGIN TRANSACTION 和COMMIT TRANSACTION之间使用显式事务。
2. 使用set implicit_Transactions on打开隐式事务。
3. 使用ROLLBACK TRANSACTION回滚事务。
4. 保存事务的格式为：SAVE TRANSACTION事务点名称。
5. 用全局变量@@rowcount控制回滚。

相关知识与技能

1. 事务恢复

每个SQL Server数据库都有一个事务日志记录数据库内的数据修改。日志记录每个事务的开始和结束并将每个修改与一个事务相关联。SQL Server实例在日志中存储足够的信息以恢复（前滚）或撤销（回滚）构成事务的数据修改。日志中的每条记录都由唯一的日志序号（LSN）标识。事务的所有日志记录都链接在一起。

SQL Server实例在事务日志中记录多种不同类型的信息。SQL Server实例主要将所执行的逻辑操作记入日志。重新应用操作将前滚修改，反向执行逻辑操作将回滚修改。

每个SQL Server实例都控制将修改从其数据缓冲区写入磁盘的时间。SQL Server实例可以将修改在缓冲区内高速缓存一段时间以优化磁盘写入。包含尚未写入磁盘的修改的缓冲区页称为脏页。将脏缓冲区页写入磁盘称为刷新页。对修改进行高速缓存时，务必注意确保在将相应的日志映像写入日志文件之前没有刷新任何数据修改。否则将产生不能在需要时进行回滚的修改。为确保能恢复所有修改，SQL Server实例使用预写日志，这意味着所有日志映像都在相应的数据修改前写入磁盘。

提交操作将事务的所有日志记录强行写入日志文件，以使事务可以完全恢复，即使服务器已经关闭。只要所有日志记录都已刷新到磁盘，提交操作便不必将所有修改的数据页都强行刷新到磁盘。系统恢复可以只使用日志记录前滚或回滚事务。

SQL Server实例定期确保刷新所有脏日志和数据页，这称为检查点。检查点减少了重新启动SQL Server实例时恢复所需的时间和资源。有关检查点处理的更多信息，请参见检查点和日志的活动部分。

2. 回滚个别事务

如果在事务执行过程中出现任何错误，SQL Server实例将使用日志文件中的信息回滚事务。这个回滚不影响同时在数据库内工作的其他用户的工作。通常情况下，错误被返回给应用程序，如果错误表明事务可能有问题，则应用程序发出ROLLBACK语句。一些错误（如1205号死锁错误）会自动回滚事务。如果在事务活动时由于任何原因中断了客户端和SQL Server实例之间的通信，SQL Server实例将在收到网络或操作系统发出的中断通知时自动回滚事务。如果客户端应用程序终止，客户端计算机关闭或重新启动，或者如果客户端网络连接中断，可能会发生这种情况。在所有这些错误情况下，将回滚任何未完成的事务以保护数据库的完整性。启动时恢复所有未完成的事务。

SQL Server实例有时可能停止处理（例如，如果操作员在用户正与数据库连接并进行工作时重新启动服务器）。这可能造成两个问题：

（1）可能有未知数目的SQL Server事务在实例停止时只部分完成。需要回滚这些未完成的事务。

（2）可能有未知数目的数据修改记录在SQL Server数据库日志文件中，但被修改的相应的数据页在服务器停止前没有刷新到数据文件。必须前滚任何已提交的修改。

每次启动SQL Server实例时，它都必须找出是否存在这些情况并加以解决。实例中的每个SQL Server数据库都采用下列步骤：

与最小恢复LSN一起从数据库引导块读取上一个检查点的LSN。

从事务日志的最小恢复LSN扫描到日志的末端。通过重做日志记录中记录的逻辑操作前滚所有提交的脏页。

SQL Server实例通过反向应用日志记录中记录的逻辑操作，向后扫描日志文件以回滚所有未完成的事务。

除非用户指定NORECOVERY选项，否则RESTORE语句也使用这种恢复类型。还原数据库序列、差异备份或日志备份以将数据库恢复到某个故障点时，在所有RESTORE语句上指定NORECOVERY，但还原上次日志备份时除外。还原序列中的最后一次备份时，RESTORE语句还必须确保回滚所有未完成的事务。在该RESTORE语句上指定RECOVERY选项，在这种情况下，该语句使用与启动恢复进程相同的逻辑回滚在最后一个日志的结尾处仍标记为未完成的所有事务。

3. ROLLBACK TRANSACTION

ROLLBACK TRANSACTION将显式事务或隐式事务回滚到事务的起点或事务内的某个保存点。

语法：

```
ROLLBACK[ TRAN[ SACTION ]
    [ transaction_name|@tran_name_variable
    | savepoint_name|@savepoint_variable ]]
```

参数：

transaction_name：是给BEGIN TRANSACTION上的事务指派的名称。transaction_name必须符合标识符规则，但只使用事务名称的前32个字符。嵌套事务时，transaction_name必须是来自最远的BEGIN TRANSACTION语句的名称。

@tran_name_variable：是用户定义的、含有有效事务名称的变量的名称。必须用char、varchar、nchar或nvarchar数据类型声明该变量。

savepoint_name：是来自SAVE TRANSACTION语句的savepoint_name。savepoint_name必须符合标识符规则。当条件回滚只影响事务的一部分时使用savepoint_name。

@savepoint_variable：是用户定义的、含有有效保存点名称的变量的名称。必须用char、varchar、nchar或nvarchar数据类型声明该变量。

注释：

ROLLBACK TRANSACTION清除自事务的起点或到某个保存点所做的所有数据修改。ROLLBACK还释放由事务控制的资源。

不带savepoint_name和transaction_name的ROLLBACK TRANSACTION回滚到事务的起点。嵌套事务时，该语句将所有内层事务回滚到最远的BEGIN TRANSACTION语句。在这两种情况下，ROLLBACK TRANSACTION均将 @@TRANCOUNT系统函数减为0。ROLLBACK TRANSACTION savepoint_name不减少 @@TRANCOUNT。

ROLLBACK TRANSACTION语句若指定savepoint_name则不释放任何锁。

在由BEGIN DISTRIBUTED TRANSACTION 显式启动或从本地事务升级而来的分布式事务中，ROLLBACK TRANSACTION不能引用savepoint_name。

在执行COMMIT TRANSACTION语句后不能回滚事务。

在事务内允许有重复的保存点名称，但ROLLBACK TRANSACTION若使用重复的保存点名称，则只回滚到最近的使用该保存点名称的SAVE TRANSACTION。

在存储过程中，不带savepoint_name和transaction_name的ROLLBACK TRANSACTION语句将所有语句回滚到最远的BEGIN TRANSACTION。在存储过程中，ROLLBACK TRANSACTION语句使 @@TRANCOUNT在触发器完成时的值不同于调用该存储过程时的 @@TRANCOUNT值，并且生成一个信息。该信息不影响后面的处理。

如果在触发器中发出ROLLBACK TRANSACTION，将回滚对当前事务中的那一点所做的所有数据修改，包括触发器所做的修改。

触发器继续执行ROLLBACK语句之后的所有其余语句。如果这些语句中的任意语句修改数据，则不回滚这些修改。执行其余的语句不会激发嵌套触发器。

在批处理中，不执行所有位于激发触发器的语句之后的语句。

每次进入触发器，@@TRANCOUNT就增加1，即使在自动提交模式下也是如此。（系统将触发器视作隐式嵌套事务。）

在存储过程中，ROLLBACK TRANSACTION语句不影响调用该过程的批处理中的后续语句；将执行批处理中的后续语句。在触发器中，ROLLBACK TRANSACTION语句终止含有激发触发器的语句的批处理；不执行批处理中的后续语句。

ROLLBACK TRANSACTION语句不生成显示给用户的信息。如果在存储过程或触发器中需要警告，请使用RAISERROR或PRINT语句。RAISERROR是用于指出错误的首选语句。

4. ROLLBACK 对游标的影响

ROLLBACK对游标的影响由下面三个规则定义：

- 当CURSOR_CLOSE_ON_COMMIT设置为ON时，ROLLBACK关闭但不释放所有打开的游标。
- 当CURSOR_CLOSE_ON_COMMIT设置为OFF时，ROLLBACK不影响任何打开的同步STATIC或INSENSITIVE游标，也不影响已完全填充的异步STATIC游标。将关闭但不释放任何其他类型打开的游标。
- 对于导致终止批处理并生成内部回滚的错误，将释放在含有该错误语句的批处理内声明的所有游标。不论游标的类型或CURSOR_CLOSE_ON_COMMIT的设置，所有游标均将被释放，其中包括在该错误批处理所调用的存储过程内声明的游标。在该错误批处理之前的批处理内声明的游标以规则1和2为准。死锁错误就属于这类错误。在触发器中发出的ROLLBACK语句也自动生成这类错误。

权限：ROLLBACK TRANSACTION权限默认授予任何有效用户。

5. COMMIT TRANSACTION

标志一个成功的隐式事务或用户定义事务的结束。如果 @@TRANCOUNT 为1，COMMIT TRANSACTION 使得自从事务开始以来所执行的所有数据修改成为数据库的永久部分，释放连接占用的资源，并将 @@TRANCOUNT 减少到0。如果 @@TRANCOUNT 大于1，则COMMIT TRANSACTION 使 @@TRANCOUNT 按1递减。

语法：

```
COMMIT[ TRAN[ SACTION ][ transaction_name|@tran_name_variable ]]
```

参数：

transaction_name：SQL Server忽略该参数。transaction_name指定由前面的BEGIN TRANSACTION指派的事务名称。transaction_name必须遵循标识符的规则，但只使用事务名称的前32个字符。通过向程序员指明COMMIT TRANSACTION与哪些嵌套的BEGIN TRANSACTION相关联，transaction_name可作为帮助阅读的一种方法。

@tran_name_variable：是用户定义的、含有有效事务名称的变量的名称。必须用char、varchar、nchar或nvarchar数据类型声明该变量。

注释：

只有当事务所引用的所有数据的逻辑都正确时，发出COMMIT TRANSACTION命令才是一个T-SQL程序员的职责。

如果所提交的事务是T-SQL分布式事务，COMMIT TRANSACTION将触发MS DTC使用两阶段提交协议，以便提交所有涉及该事务的服务器。如果局部事务跨越同一服务器上的两个或多个数据库，那么SQL Server将使用内部的两阶段提交来提交所有涉及该事务的数据库。

当在嵌套事务中使用时，内部事务的提交并不释放资源或使其修改成为永久修改。只有在提交了外部事务时，数据修改才具有永久性，而且资源才会被释放。当 @@TRANCOUNT 大于1时，每发出一个COMMIT TRANSACTION命令就会使 @@TRANCOUNT 按1递减；当 @@TRANCOUNT 最终减少到0时，将提交整个外部事务。因为transaction_name被SQL Server忽略，所以当存在仅将 @@TRANCOUNT 按1递减的显著内部事务时，发出一个引用外部事务名称的COMMIT TRANSACTION。

当 @@TRANCOUNT 为0时发出COMMIT TRANSACTION将会导致出现错误，因为没有相应的BEGIN TRANSACTION。

不能在发出一个COMMIT TRANSACTION语句之后回滚事务，因为数据修改已经成为数据库的一个永久部分。

6. 事务示例

1) 提交事务

下面的示例在图书的截止当前销售额超过 $8 000时，增加支付给作者的预付款。

```
BEGIN TRANSACTION
USE pubs
GO
UPDATE titles
SET advance=advance*1.25
```

```
WHERE ytd_sales>8000
GO
COMMIT
GO
```

2)提交嵌套事务

下面的示例创建一个表,生成三个级别的嵌套事务,然后提交该嵌套事务。尽管每个COMMIT TRANSACTION语句都有一个transaction_name参数,但是COMMIT TRANSACTION和BEGIN TRANSACTION语句之间没有任何关系。transaction_name参数仅是帮助阅读的方法,可帮助程序员确保提交的正确号码被编码以便将@@TRANCOUNT减少到0,然后提交外部事务。

```
CREATE TABLE TestTran(Cola INT PRIMARY KEY, Colb CHAR(3))
GO
BEGIN TRANSACTION OuterTran--@@TRANCOUNT set to 1.
GO
INSERT INTO TestTran VALUES(1,'aaa')
GO
BEGIN TRANSACTION Inner1--@@TRANCOUNT set to 2.
GO
INSERT INTO TestTran VALUES(2,'bbb')
GO
BEGIN TRANSACTION Inner2--@@TRANCOUNT set to 3.
GO
INSERT INTO TestTran VALUES(3,'ccc')
GO
COMMIT TRANSACTION Inner2--Decrements @@TRANCOUNT to 2.
--Nothing committed.
GO
COMMIT TRANSACTION Inner1--Decrements @@TRANCOUNT to 1.
--Nothing committed.
GO
COMMIT TRANSACTION OuterTran--Decrements @@TRANCOUNT to 0.
--Commits outer transaction OuterTran.
GO
```

任务拓展

1. 如何在显式和隐式事务之间切换?
2. 如何保存事务点并回滚到事务点?
3. 全局变量@@rowcount的作用有哪些?

任务三 实现死锁的控制

任务描述

上海御恒信息科技公司接到客户的一份订单,要求能控制死锁。公司刚招聘了一名程序员小张,软件开发部经理要求他尽快熟悉死锁的控制,小张按照经理的要求开始做以下任务分析。

任务分析

1. 设计死锁的优先级。
2. 设计死锁的延迟。
3. 设计使用@@LOCK_TIMEOUT函数来自动重新提交阻塞的语句。

任务实施

STEP 1 控制在发生死锁情况时会话的反应方式。如果两个进程都锁定数据,并且直到其他进程释放自己的锁时,每个进程才能释放自己的锁,即发生死锁情况。

语法:
```
SET DEADLOCK_PRIORITY{LOW|NORMAL|@deadlock_var}
```

参数:

LOW:指定当前会话为首选死锁牺牲品。SQL Server自动回滚死锁牺牲品的事务,并给客户端应用程序返回1205号死锁错误信息。

NORMAL:指定会话返回到默认的死锁处理方法。

@deadlock_var:指定死锁处理方法的字符变量。如果指定为LOW,则@deadlock_var为3;如果指定为NORMAL,则@deadlock_var为6。

注释:SET DEADLOCK_PRIORITY是在执行或运行时设置的,而不是在分析时设置的。

STEP 2 SET LOCK_TIMEOUT允许应用程序设置语句等待阻塞资源的最长时间。

当一条语句已等待超过LOCK_TIMEOUT所设置的时间,则被锁住的语句将自动取消,并给应用程序返回一条错误信息。

在一个连接的开始,@@LOCK_TIMEOUT返回一个 –1 值。

```
SET LOCK_TIMEOUT 1800
GO
```

STEP 3 可以自动重新提交阻塞的语句或者回滚整个事务。若要确定当前LOCK_TIMEOUT设置,请执行@@LOCK_TIMEOUT函数。

```
DECLARE @Timeout int
SELECT @Timeout=@@lock_timeout
SELECT @Timeout
GO
```

任务小结

1. SET DEADLOCK_PRIORITY可以设置死锁的优先级。
2. 设置死锁的延迟格式为:SET LOCK_TIMEOUT 毫秒。
3. @@LOCK_TIMEOUT函数可以确定当前LOCK_TIMEOUT设置。

相关知识与技能

1. 死锁

当某组资源的两个或多个线程之间有循环相关性时,将发生死锁。死锁是一种可能发生在任何多线程系统中的状态,而不仅仅发生在关系数据库管理系统中。多线程系统中的一个线程可能获取一个或多个资源（如锁）。如果正获取的资源当前为另一线程所拥有，则第一个线程可能必须等待拥有线程释放目标资源。这时就说等待线程在那个特定资源上与拥有线程有相关性。

如果拥有线程需要获取另外一个资源，而该资源当前为等待线程所拥有，则这种情形将成为死锁：在事务提交或回滚之前两个线程都不能释放资源，而且它们因为正等待对方拥有的资源而不能提交或回滚事务。例如，运行事务1的线程T1具有Supplier表上的排它锁。运行事务2的线程T2具有Part表上的排它锁，并且之后需要Supplier表上的锁。事务2无法获得这一锁，因为事务1已拥有它。事务2被阻塞，等待事务1。然后，事务1需要Part表的锁，但无法获得锁，因为事务2将它锁定了。事务在提交或回滚之前不能释放持有的锁。因为事务需要对方控制的锁才能继续操作，所以它们不能提交或回滚。对于Part表锁资源，线程T1在线程T2上具有相关性。同样，对于Supplier表锁资源，线程T2在线程T1上具有相关性。因为这些相关性形成了一个循环，所以在线程T1和线程T2之间存在死锁。

说明：死锁经常与正常阻塞混淆。当一个事务锁定了另一个事务需要的资源，第二个事务等待锁被释放。默认情况下，SQL Server事务不会超时（除非设置了LOCK_TIMEOUT）。第二个事务被阻塞，而不是被死锁。有关更多信息，请参见自定义锁超时。

2. 处理死锁

当一个应用程序提交的事务被选作死锁牺牲品时，该事务将自动终止并回滚，然后系统将1205号错误信息返回给应用程序。因为任何提交SQL查询的应用程序都可以被选定作为死锁牺牲品，应用程序应该有错误处理程序来捕获错误信息1205。如果应用程序没有捕获到错误，它可能继续处理而未意识到事务已经回滚，这样应用程序就会出错。

通过实现捕获1205号错误信息的错误处理程序，使应用程序得以处理该死锁情况并采取补救措施（例如，可以自动重新提交陷入死锁中的查询）。自动重新提交查询可能意味着用户不必知道发生了死锁。

在自动重新提交查询前，客户端程序应暂停，以便为控制所需锁的事务提供完成并释放这些锁的机会。这样，在事务试图获得那些锁时，可以最大限度地降低事务被死锁的可能性。

说明：死锁不总是取消返回错误的批处理操作。对于客户端程序来说进行错误检查是非常重要的，因为死锁并不总是返回失败的返回代码。在大多数情况下，如果发生死锁且批处理未自动取消，则应用程序应取消当前查询。如果没有进行此操作，则SQL Server在连接上可能仍有未决结果等待客户端处理。如果没有处理未决结果，则在该应用程序下一次试图向SQL Server发送命令时将发生错误。

3. 检测和结束死锁

在SQL Server中，单个用户会话可能有一个或多个代表它运行的线程。每个线程可能获取或等待获取各种资源，如锁、线程、内存。

锁：与并行查询执行相关的资源（与交换端口相关联的处理协调器、发生器和使用者线程）。

这些资源除内存外都参与SQL Server死锁检测方案。对于内存，SQL Server使用基于超时的机制，该机制由sp_configure中的query wait选项控制。

在SQL Server中，死锁检测由一个称为锁监视器线程的单独的线程执行。在出现下列任一情况时，锁监视器线程对特定线程启动死锁搜索：

• 线程已经为同一资源等待了一段指定的时间。锁监视器线程定期醒来并识别所有等待某个资源的线程。如果锁监视器再次醒来时这些线程仍在等待同一资源，则它将对等待线程启动锁搜索。

• 线程等待资源并启动急切的死锁搜索。

SQL Server通常只执行定期死锁检测，而不使用急切模式。因为系统中遇到的死锁数通常很少，定期死锁检测有助于减少系统中死锁检测的开销。

当锁监视器对特定线程启动死锁检测时，它识别线程正在等待的资源。然后，锁监视器查找特定资源的拥有者，并递归地继续执行对那些线程的死锁搜索，直到找到一个循环。用这种方式识别的循环形成一个死锁。

在识别死锁后，SQL Server通过自动选择可以打破死锁的线程（死锁牺牲品）来结束死锁。SQL Server回滚作为死锁牺牲品的事务，通知线程的应用程序（通过返回1205号错误信息），取消线程的当前请求，然后允许不间断线程的事务继续进行。

SQL Server通常选择运行撤销时花费最少的事务的线程作为死锁牺牲品。另外，用户可以使用SET语句将会话的DEADLOCK_PRIORITY设置为LOW。DEADLOCK_PRIORITY选项控制在死锁情况下如何衡量会话的重要性。如果会话的设置为LOW，则当会话陷入死锁情况时将成为首选牺牲品。

4. 识别死锁

识别死锁后，SQL Server选择特定的线程作为死锁牺牲品，并返回一条列出死锁中涉及的资源的错误信息。该死锁信息采用下列形式：

```
Your transaction(process ID #52)was deadlocked on {lock|communication buffer|thread} resources with another process and has been chosen as the deadlock victim. Rerun your transaction.
```

死锁中涉及的线程和资源位于错误日志中。有关如何识别死锁中涉及的死锁线程和资源的更多信息，请参见有关死锁的疑难解答。

5. SET DEADLOCK_PRIORITY

SET DEADLOCK_PRIORITY是控制在发生死锁情况时会话的反应方式。如果两个进程都锁定数据，并且直到其他进程释放自己的锁时，每个进程才能释放自己的锁，即发生死锁情况。

语法：

```
SET DEADLOCK_PRIORITY{LOW|NORMAL|@deadlock_var}
```

参数：

LOW：指定当前会话为首选死锁牺牲品。SQL Server自动回滚死锁牺牲品的事务，并给客户端应用程序返回1205号死锁错误信息。

NORMAL：指定会话返回到默认的死锁处理方法。

@deadlock_var：指定死锁处理方法的字符变量。如果指定LOW，则@deadlock_var为3；如果指定NORMAL，则@deadlock_var为6。

注释：SET DEADLOCK_PRIORITY在执行或运行时设置，而不是在分析时设置。

权限：SET DEADLOCK_PRIORITY权限默认授予所有用户。

6. 将死锁减至最少

虽然不能完全避免死锁，但可以使死锁的数量减至最少。将死锁减至最少可以增加事务的吞吐量并减少系统开销，因为只有很少的事务回滚，而回滚会取消事务执行的所有工作。由于死锁时回滚而由应用程序重新提交。下列方法有助于最大限度地降低死锁：

- 按同一顺序访问对象。
- 避免事务中的用户交互。
- 保持事务简短并在一个批处理中。
- 使用低隔离级别。
- 使用绑定连接。

按同一顺序访问对象：如果所有并发事务按同一顺序访问对象，则发生死锁的可能性会降低。例如，如果两个并发事务获得Supplier表上的锁，然后获得Part表上的锁，则在其中一个事务完成之前，另一个事务被阻塞在Supplier表上。第一个事务提交或回滚后，第二个事务继续进行。不发生死锁。将存储过程用于所有数据修改可以标准化访问对象的顺序。

7. 避免事务中的用户交互

避免编写包含用户交互的事务，因为运行没有用户交互的批处理的速度要远远快于用户手动响应查询的速度，例如答复应用程序请求参数的提示。例如，如果事务正在等待用户输入，而用户去吃午餐了或者甚至回家过周末了，则用户将此事务挂起使之不能完成。这样将降低系统的吞吐量，因为事务持有的任何锁只有在事务提交或回滚时才会释放。即使不出现死锁的情况，访问同一资源的其他事务也会被阻塞，等待该事务完成。

1）保持事务简短并在一个批处理中

在同一数据库中并发执行多个需要长时间运行的事务时通常发生死锁。事务运行时间越长，其持有排它锁或更新锁的时间也就越长，从而堵塞了其他活动并可能导致死锁。

保持事务在一个批处理中，可以最小化事务的网络通信往返量，减少完成事务可能的延迟并释放锁。

2）使用低隔离级别

确定事务是否能在更低的隔离级别上运行。执行提交读允许事务读取另一个事务已读取（未修改）的数据，而不必等待第一个事务完成。使用较低的隔离级别（如提交读）而不使用较高的隔离级别（如可串行读）可以缩短持有共享锁的时间，从而降低了锁定争夺。

3）使用绑定连接

使用绑定连接使同一应用程序所打开的两个或多个连接可以相互合作。次级连接所获得的任何锁可以像由主连接获得的锁那样持有，反之亦然，因此不会相互阻塞。

4）自定义锁超时

当由于另一个事务已拥有一个资源的冲突锁，而导致SQL Server无法将锁授权给该资源的某个事务时，该事务被阻塞以等待该资源的操作完成。如果这导致了死锁，则SQL Server将终止其中参与的一个事务（不涉及超时）。如果没有出现死锁，则在其他事务释放锁之前，请求锁的事务被阻塞。默认情况下，没有强制的超时期限，并且除了试图访问数据外（有可能被无限期阻塞），没有其他方法可以测试某个资源是否在锁定之前已被锁定。

说明： sp_who系统存储过程可用于确定进程是否正被阻塞以及被谁阻塞。

LOCK_TIMEOUT设置允许应用程序设置语句等待阻塞资源的最长时间。当语句等待的时间大于LOCK_TIMEOUT设置时，系统将自动取消阻塞的语句，并给应用程序返回"已超过了锁请求超时时段"的1222号错误信息。

但是，SQL Server不回滚或取消任何包含该语句的事务。因此，应用程序必须有捕获1222号错误信息的错误处理程序。如果应用程序没有捕获错误，则会继续运行，并未意识到事务中的个别语句已取消，从而当事务中的后续语句可能依赖于那条从未执行的语句时，导致应用程序出错。

执行捕获错误信息1222的错误处理程序使应用程序得以处理发生超时的情况，并采取补救操作，例如可以自动重新提交阻塞的语句或者回滚整个事务。

若要确定当前LOCK_TIMEOUT设置，可执行@@LOCK_TIMEOUT函数。例如：

```
DECLARE @Timeout int
SELECT @Timeout=@@lock_timeout
SELECT @Timeout
GO
```

任务拓展

1. 如何设置死锁的优先级？
2. 死锁的延迟有何作用？
3. @@LOCK_TIMEOUT 函数的作用是什么？

任务四　实现事务进阶管理

任务描述

上海御恒信息科技公司接到客户的一份订单，要求实现事务的进阶管理。公司刚招聘了一名程序员小张，软件开发部经理要求他尽快熟悉如何提升事务的管理级别，小张按照经理的要求开始做以下任务分析。

任务分析

1. 使用显式事务从表中删除当天的记录。
2. 在显式事务中使用子查询。
3. 在多语句事务中设计回滚。

任务实施

STEP 1　编写一个显式事务，从 Enquiry 表中删除当天的记录。

```
create database[CenterManagement]
go
use[CenterManagement]
go

if exists(select*from sysobjects where id=object_id(N'[dbo].[Batch]')and
OBJECTPROPERTY(id,N'IsUserTable')=1)
  drop table[dbo].[Batch]
go

if exists(select*from sysobjects where id=object_id(N'[dbo].[Enquiry]')and
OBJECTPROPERTY(id,N'IsUserTable')=1)
  drop table[dbo].[Enquiry]
go

create table[dbo].[Batch](
  [BatchNo]int null,
  [DateStarted]datetime null,
  [NoOfStudentsEnrolled][int]null,
  [MinimumNumberOfStudents][int]null,
  [MaximumNumberOFStudents][int]null,
  [CourseCode]int null,
  [BatchTimings]varchar(15)null,
```

```
    [BatchOver]bit
)on[primary]
go

insert into Batch values(1,'2019-10-08 00:00:00',8,5,20,1,'11 am to 1 pm',0)
insert into Batch values(2,'2019-12-12 00:00:00',19,8,30,2,'7 am to 9 am',0)
insert into Batch values(3,'2019-12-12 00:00:00',20,5,20,1,'7 pm to 9 pm',0)
insert into Batch values(4,'2019-12-13 00:00:00',9,5,30,3,'7 pm to 9 pm',1)
insert into Batch values(5,'2019-10-15 00:00:00',8,7,30,5,'3 pm to 5 pm',0)
insert into Batch values(6,'2019-10-13 00:00:00',7,4,30,4,'5 pm to 7 pm',1)
insert into Batch values(7,'2019-10-14 00:00:00',4,5,30,3,'9 am to 11 am',0)
insert into Batch values(8,'2019-01-15 00:00:00',10,5,20,1,'7 am to 9 am',0)

print'表Batch已创建'

create table Enquiry(
    EnquiryNo int null,
    EName varchar(20)null,
    EDate datetime null,
    UserId varchar(9)null,
    CourseCode int null,
    Qualification varchar(20)null,
    Address varchar(100)null,
    EmailId varchar(20)null,
    ContactNo bigint null,
    Opinion varchar(100)null,
    PreferredDateOfFollowUp datetime null,
    Status varchar(20)null
)on[primary]

insert into Enquiry values(3,'Amie','2019-11-10 00:00:00','5',2,'Degree','Dallas','amie@am.com',8787887,'OK','2020-01-04 00:00:00','Thinking')
insert into Enquiry values(2,'ajaj','2020-02-01 00:00:00','4',1,'Degree','djdjdjdj','bira@yahoo.com',83833,'','2020-12-01 00:00:00','')
insert into Enquiry values(5,'richard','2019-12-12 00:00:00','6',3,'BSc','jgjgg','a@a',222222,'','2020-01-04 00:00:00','')
insert into Enquiry values(6,'pamela','2019-11-10 00:00:00','3',2,'10+2','xdfsf','aws@',1211,'OK','2020-01-04 00:00:00','')

print'表Enquiry已创建'

begin transaction
    delete enquiry where edate=getdate()
commit transaction
```

STEP 2 编写一个显式事务，完成下列任务：

(1) 从Batch表中删除课程代码没有包含在Course表中的批次所对应的记录。

(2) 显示Batch表的所有记录。

(3) 显示Enquiry表的所有记录。

```
Begin Transaction
delete from batch where batchNo not in(select coursecode from enquiry)
select*from batch
select*from enquiry
Commit Transaction
```

STEP 3 写一个多语句事务的示例，创建两张表，分别为两张表的某一列更新，更新时无影响行数时自动回滚并显示提示"发生错误，未更新任何行"。

```
CREATE TABLE table_a(X smallint null,y smallint null)
GO

CREATE TABLE table_b(X smallint null)
GO

BEGIN TRAN
 UPDATE table_a
 SET X=X+1
 WHERE Y=100

 UPDATE table_b
 SET X=X+1

 If @@rowcount=0 or @@error!=0
    BEGIN
        ROLLBACK TRAN
        PRINT'发生错误，未更新任何行'
        RETURN
    END
COMMIT TRAN
```

任务小结

1．在显式事务中使用delete表名where列名=getdate()，需要Begin Tran与Commit Tran。
2．在显式事务中可以用NOT IN连接子查询。
3．@@rowcount和@@error可以用来设计回滚事务。

相关知识与技能

1．控制事务

应用程序主要通过指定事务启动和结束的时间来控制事务。这可以使用T-SQL语句或数据库API函数。系统还必须能够正确处理那些在事务完成之前便终止事务的错误。事务是在连接层进行管理的。当事务在一个连接上启动时，在该连接上执行的所有T-SQL语句在该事务结束之前都是该事务的一部分。

1）启动事务

在SQL Server中，可以按显式、自动提交或隐式模式启动事务。

2）显式事务

通过发出BEGIN TRANSACTION语句显式启动事务。

3）自动提交事务

这是SQL Server的默认模式。每个单独的T-SQL语句都在其完成后提交。不必指定任何语句控制事务。

4）隐式事务

通过API函数或T-SQL的SET IMPLICIT_TRANSACTIONS ON语句，将隐式事务模式设置为打开。下一个语句自动启动一个新事务。当该事务完成时，下一个T-SQL语句又将启动一个新事务。

连接模式在连接层进行管理。如果一个连接从一种事务模式改变到另一种，那么它对任何其他连接的事务模式没有影响。

5）结束事务

可以使用COMMIT或ROLLBACK语句结束事务。

COMMIT：如果事务成功，则提交。COMMIT语句保证事务的所有修改在数据库中都永久有效。COMMIT语句还释放资源，如事务使用的锁。

ROLLBACK：如果事务中出现错误，或者用户决定取消事务，可回滚该事务。ROLLBACK语句通过将数据返回到它在事务开始时所处的状态，来恢复在该事务中所作的所有修改。ROLLBACK还会释放由事务占用的资源。

2. 指定事务边界

可以用T-SQL语句或API函数和方法确定SQL Server事务启动和结束的时间。

1）T-SQL语句

使用BEGIN TRANSACTION、COMMIT TRANSACTION、COMMIT WORK、ROLLBACK TRANSACTION、ROLLBACK WORK和SET IMPLICIT_TRANSACTIONS语句来描述事务。这些语句主要在DB-Library应用程序和T-SQL脚本（如使用osql命令提示实用工具运行的脚本）中使用。

2）API函数和方法

数据库API（如ODBC、OLE DB和ADO）包含用来描述事务的函数和方法。它们是SQL Server应用程序中用来控制事务的主要机制。

每个事务都必须只由其中的一种方法管理。在同一事务中使用两种方法可能导致不确定的结果。例如，不应先使用ODBC API函数启动一个事务，再使用T-SQL COMMIT语句完成该事务。这样将无法通知SQL Server ODBC驱动程序该事务已被提交。在这种情况下，应使用ODBC SQLEndTran函数结束该事务。

3. 事务处理过程中的错误

如果服务器错误使事务无法成功完成，SQL Server将自动回滚该事务，并释放该事务占用的所有资源。如果客户端与SQL Server的网络连接中断了，那么当网络告知SQL Server该中断时，将回滚该连接的所有未完成事务。如果客户端应用程序失败或客户计算机崩溃或重启，也会中断该连接，而且当网络告知SQL Server该中断时，也会回滚所有未完成的连接。如果客户从该应用程序注销，所有未完成的事务也会被回滚。

如果批处理中出现运行时语句错误（如违反约束），那么SQL Server中默认的行为将是只回滚产生该错误的语句。可以使用SET XACT_ABORT语句改变该行为。在SET XACT_ABORT ON语句执行之后，任何运行时语句错误都将导致当前事务自动回滚。编译错误（如语法错误）不受SET XACT_ABORT的影响。

如果出现运行时错误或编译错误，那么程序员应该编写应用程序代码以便指定正确的操作（COMMIT或ROLLBACK）。

4. 显式事务

可以显式地在其中定义事务的启动和结束。在SQL Server的早期版本中，显式事务又称用户定义或用户指定的事务。

DB-Library应用程序和T-SQL脚本使用BEGIN TRANSACTION、COMMIT TRANSACTION、COMMIT WORK、ROLLBACK TRANSACTION或ROLLBACK WORK等T-SQL语句定义显式事务。

BEGIN TRANSACTION：连接标记显式事务的起始点。

COMMIT TRANSACTION或COMMIT WORK：如果没有遇到错误，可使用该语句成功地结束事务。该事务中的所有数据修改在数据库中都将永久有效。事务占用的资源将被释放。

ROLLBACK TRANSACTION或ROLLBACK WORK：用来清除遇到错误的事务。该事务修改的所有数据都返回到事务开始时的状态。事务占用的资源将被释放。

还可在OLE DB中使用显式事务。调用ITransactionLocal::StartTransaction方法可启动事务。将fRetaining设置为FALSE，则调用ITransaction::Commit或ITransaction::Abort方法结束事务时，不会自动启动另一事务。

在ADO中，对Connection对象使用BeginTrans方法可启动隐式事务。若要结束该事务，可调用该Connection对象的CommitTrans或RollbackTrans方法。

ODBC API不支持显式事务，只支持自动提交和隐式事务。

显式事务模式持续的时间只限于该事务的持续期。当事务结束时，连接将返回到启动显式事务前所处的事务模式，或者是隐式模式，或者是自动提交模式。

5．隐式事务

当连接以隐式事务模式进行操作时，SQL Server将在提交或回滚当前事务后自动启动新事务。无须描述事务的开始，只需提交或回滚每个事务。隐式事务模式生成连续的事务链。

在为连接将隐式事务模式设置为打开之后，当SQL Server首次执行下列任何语句时，都会自动启动一个事务：

```
ALTER TABLE    INSERT
CREATE         OPEN
DELETE         REVOKE
DROP           SELECT
FETCH          TRUNCATE TABLE
GRANT          UPDATE
```

在发出COMMIT或ROLLBACK语句之前，该事务将一直保持有效。在第一个事务被提交或回滚之后，下次当连接执行这些语句中的任何语句时，SQL Server都将自动启动一个新事务。SQL Server将不断地生成一个隐式事务链，直到隐式事务模式关闭为止。隐式事务模式可以通过使用T-SQL的SET语句，或通过数据库API函数和方法进行设置。

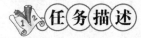

1．如何在显式事务中使用系统函数？
2．如何在显式事务中使用子查询？
3．如何使用@@rowcount和@@error设计回滚事务？

任务五　实现事务高级管理

任务描述

上海御恒信息科技公司接到客户的一份订单，要求实现事务的高级管理。公司刚招聘了一名程序员小张，软件开发部经理要求他尽快熟悉事务的高级管理操作，小张按照经理的要求开始做以下任务分析。

任务分析

1. 在显式事务中设计使用局部变量。
2. 复制一张新表并在其中插入一条记录。
3. 保存事务点并设计回滚。
4. 设计使用@@rowcount进行事务回滚。

任务实施

STEP 1 通过显式事务删除登录表中的admin登录名（要求用局部变量为该事务命名）。

```
DECLARE @TranName VARCHAR(20)

SELECT @TranName='MyRobertTrans'

BEGIN TRANSACTION @TranName

USE RobotMgr

Select*from users

DELETE
FROM users
WHERE u_name='admin'

Select*from users

COMMIT TRANSACTION @TranName
```

STEP 2 为robert复制一张新表为robertbak，并在新表中写入一条记录。

```
use FamilyMgr
go

select*from robert
go

sp_help robert
go

select*
into robertbak
from robert
go

select*from robertbak
go
```

```
sp_help robertbak
go

insert into robertbak(r_id,r_name,r_type,r_birth,r_speed)
    values('r00005','T4000','science','2009-09-10',460)
go
```

STEP 3 在robert中插入一条语句，如发生错误则回滚，否则显示插入语句正常。

```
use robertmgr
go

select*from robert
go

BEGIN TRAN mytran

select*from robert

save transaction mypoint

insert into robert(r_id,r_name,r_type,r_birth,r_speed,r_price)
      values('r00006','T3000','home','2009-13-04',280,6000)

IF  @@rowcount=0 or @@error!=0
    BEGIN
        ROLLBACK TRAN mypoint
        PRINT'插入语句发生错误，未插入任何行'
        RETURN
    END
Else
    BEGIN
        PRINT'插入语句正常'
        select*from robert
    END
COMMIT TRAN mytran

select*from robert
go
```

STEP 4 为item表设置事务，修改价格并进行事务回滚。

```
USE mydb
GO

BEGIN TRAN TRAN1

select i_id,i_name,i_price
from item where i_price=10.4

update item
```

```
    set i_price=i_price+4.6
    where i_price=10.4
    
    if @@rowcount>0
    begin
        select i_id,i_name,i_price from item where i_price=15
        print'事务回滚'
        rollback tran
    end
    
    select i_id,i_name,i_price
    from item where i_price=10.4
    COMMIT TRAN
```

任务小结

1．@@rowcount和@@error可以用来设计回滚事务。
2．select…into可以复制一张新表。
3．save transaction事务点要与rollback transaction事务点相结合。
4．@@rowcount的结果可以作为判断回滚的依据。

相关知识与技能

1．并发构架

当许多人试图同时修改数据库内的数据时，必须执行控制系统以使某个人所做的修改不会对他人产生负面影响。这称为并发控制。

并发控制理论因创立并发控制的方法不同而分为两类：

1）悲观并发控制

锁定系统阻止用户以影响其他用户的方式修改数据。如果用户执行的操作导致应用了某个锁，则直到这个锁的所有者释放该锁，其他用户才能执行与该锁冲突的操作。该方法主要用在数据争夺激烈的环境中，以及出现并发冲突时用锁保护数据的成本比回滚事务的成本低的环境中，因此称该方法为悲观并发控制。

2）乐观并发控制

在乐观并发控制中，用户读数据时不锁定数据。在执行更新时，系统进行检查，查看另一个用户读过数据后是否更改了数据。如果另一个用户更新了数据，将产生一个错误。一般情况下，接收错误信息的用户将回滚事务并重新开始。该方法主要用在数据争夺少的环境内，以及偶尔回滚事务的成本超过读数据时锁定数据的成本的环境内，因此称该方法为乐观并发控制。

2．指定并发控制类型

SQL Server支持广泛的乐观和悲观并发控制机制。通过指定下列各项，用户可以指定并发控制类型：

• 用于连接的事务隔离级别。
• 游标上的并发选项。

这些特性可以通过T-SQL语句或数据库API（如ADO、OLE DB和ODBC）的属性和特性定义。

3．并发问题

如果没有锁定且多个用户同时访问一个数据库，则当它们的事务同时使用相同的数据时可能会发生问题。并发问题包括：

- 丢失或覆盖更新。
- 未确认的相关性（脏读）。
- 不一致的分析（非重复读）。
- 幻像读。

4. 丢失更新

当两个或多个事务选择同一行，然后基于最初选定的值更新该行时，会发生丢失更新问题。每个事务都不知道其他事务的存在。最后的更新将重写由其他事务所做的更新，这将导致数据丢失。

例如，两个编辑人员制作了同一文档的电子复本。每个编辑人员独立地更改其复本，然后保存更改后的复本，这样就覆盖了原始文档。最后保存其更改复本的编辑人员覆盖了第一个编辑人员所做的更改。如果在第一个编辑人员完成之后第二个编辑人员才能进行更改，则可以避免该问题。

5. 未确认的相关性（脏读）

当第二个事务选择其他事务正在更新的行时，会发生未确认的相关性问题。第二个事务正在读取的数据还没有确认并且可能由更新此行的事务所更改。

例如，一个编辑人员正在更改电子文档。在更改过程中，另一个编辑人员复制了该文档（该复本包含到目前为止所做的全部更改）并将其分发给预期的用户。此后，第一个编辑人员认为目前所做的更改是错误的，于是删除了所做的编辑并保存了文档。分发给用户的文档包含不再存在的编辑内容，并且这些编辑内容应认为从未存在过。如果在第一个编辑人员确定最终更改前任何人都不能读取更改的文档，则可以避免该问题。

6. 不一致的分析（非重复读）

当第二个事务多次访问同一行而且每次读取不同的数据时，会发生不一致的分析问题。不一致的分析与未确认的相关性类似，因为其他事务也正在更改第二个事务正在读取的数据。然而，在不一致的分析中，第二个事务读取的数据是由已进行了更改的事务提交的。而且，不一致的分析涉及多次（两次或更多）读取同一行，而且每次信息都由其他事务更改；因而该行被非重复读取。

例如，一个编辑人员两次读取同一文档，但在两次读取之间，作者重写了该文档。当编辑人员第二次读取文档时，文档已更改。原始读取不可重复。如果只有在作者全部完成编写后编辑人员才可以读取文档，则可以避免该问题。

7. 幻像读

当对某行执行插入或删除操作，而该行属于某个事务正在读取的行的范围时，会发生幻像读问题。事务第一次读的行范围显示出其中一行已不复存在于第二次读或后续读中，因为该行已被其他事务删除。同样，由于其他事务的插入操作，事务的第二次或后续读显示有一行已不存在于原始读中。

例如，一个编辑人员更改作者提交的文档，但当生产部门将其更改内容合并到该文档的主复本时，发现作者已将未编辑的新材料添加到该文档中。如果在编辑人员和生产部门完成对原始文档的处理之前，任何人都不能将新材料添加到文档中，则可以避免该问题。

8. 游标并发

SQL Serve 支持服务器游标的四个并发选项：

```
READ_ONLY
OPTIMISTIC WITH VALUES
OPTIMISTIC WITH ROW VERSIONING
SCROLL LOCKS
```

9. READ_ONLY

不允许通过游标定位更新，且在组成结果集的行中没有锁。

10. OPTIMISTIC WITH VALUES

乐观并发控制是事务控制理论的一个标准部分。乐观并发控制用于这样的情形，即在打开游标及更新行的间隔中，只有很小的机会让第二个用户更新某一行。当某个游标以此选项打开时，没有锁控制其中的行，这将有助于最大化其处理能力。如果用户试图修改某一行，则此行的当前值会与最后一次提取此行时获取的值进行比较。如果任何值发生改变，则服务器就会知道其他人已更新了此行，并会返回一个错误。如果值是一样的，服务器就执行修改。

选择这个并发选项将迫使用户或程序员承担责任，处理那些表示其他用户已经对其进行了修改的错误。应用程序收到这种错误时采取的典型措施就是刷新游标，获得其新值，然后让用户决定是否对新值进行修改。在 SQL Server 6.5 版或早期版本中，text、ntext 和 image 列不用于并发比较。

11. OPTIMISTIC WITH ROW VERSIONING

此乐观并发控制选项基于行版本控制。使用行版本控制，其中的表必须具有某种版本标识符，服务器可用它来确定该行在读入游标后是否有所更改。在 SQL Server 中，这个性能由 timestamp 数据类型提供，它是一个二进制数字，表示数据库中更改的相对顺序。每个数据库都有一个全局当前时间戳值：@@DBTS。每次以任何方式更改带有 timestamp 列的行时，SQL Server 先在时间戳列中存储当前的 @@DBTS 值，然后增加 @@DBTS 的值。如果某个表具有 timestamp 列，则时间戳会被记到行级。服务器就可以比较某行的当前时间戳值和上次提取时所存储的时间戳值，从而确定该行是否已更新。服务器不必比较所有列的值，只需比较 timestamp 列即可。如果应用程序对没有 timestamp 列的表要求基于行版本控制的乐观并发，则游标默认为基于数值的乐观并发控制。

12. SCROLL LOCKS

该选项实现悲观并发控制。在悲观并发控制中，在把数据库的行读入游标结果集时，应用程序将试图锁定数据库行。在使用服务器游标时，将行读入游标时会在其上放置一个更新锁。如果在事务内打开游标，则该事务更新锁将一直保持到事务被提交或回滚；当提取下一行时，将除去游标锁。如果在事务外打开游标，则提取下一行时，锁就被丢弃。因此，每当用户需要完全的悲观并发控制时，游标都应在事务内打开。更新锁将阻止任何其他任务获取更新锁或排它锁，从而阻止其他任务更新该行。然而，更新锁并不阻止共享锁，所以它不会阻止其他任务读取行，除非第二个任务也在要求带更新锁的读取。

13. 滚动锁

根据在游标定义的 SELECT 语句中指定的锁提示，这些游标并发选项可以生成滚动锁。滚动锁在提取时在每行上获取，并保持到下次提取或者游标关闭，以先发生者为准。下次提取时，服务器为新提取中的行获取滚动锁，并释放上次提取中行的滚动锁。滚动锁独立于事务锁，并可以保持到一个提交或回滚操作之后。如果提交时关闭游标的选项为关，则 COMMIT 语句并不关闭任何打开的游标，而且滚动锁被保留到提交之后，以维护对所提取数据的隔离。

所获取滚动锁的类型取决于游标并发选项和游标 SELECT 语句中的锁提示。

1．如何设计显式事务？
2．保存的事务点有什么用处？
3．如何将全局变量和局部变量结合起来设计事务的回滚？

◎ 项目综合实训　实现家庭管理系统中的事务管理

一、项目描述

上海御恒信息科技公司接到一个订单，需要用事务来管理家庭管理系统中相应表格的DML操作，并使用显式与隐式事务。程序员小张根据以上要求进行相关的事务设计后，按照项目经理的要求开始做以下项目分析。

二、项目分析

1．用隐式事务实现对表familyout的查询。
2．在familyout中实现错误。
3．通过局部变量设计FamilyUser表的显式事务。
4．用隐式事务实现对表familyout的查询。
5．在familyout中设置事务保存点和回滚点。

三、项目实施

STEP 1　用隐式事务实现对表familyout的查询，如果支出金额为零则回滚事务，否则按支出类别分类小计总支出。

```
use FamilyMgr
go
set implicit_transactions on
--BEGIN TRAN peter_tran
select o_money from familyout where o_money=0
if @@rowcount>0
    begin
        print'事务回滚'
        rollback tran peter_tran
    end
else
    select*
    from familyout
    order by o_kind
    compute sum(o_money)by o_kind

COMMIT TRAN peter_tran
set implicit_transactions off
```

STEP 2　在familyout中插入一条语句，如发生错误则回滚，否则显示插入语句正常。

```
use familymgr
go

select*from familyout
go

BEGIN TRAN mymoney

select*from familyout
```

```
save transaction mypoint

insert into familyout(o_date,o_name,o_money,o_kind)
        values('2008-8-30','buy apple',25.5,0,'extend')

IF   @@rowcount=0 or @@error!=0
    BEGIN
        ROLLBACK TRAN mypoint
        PRINT'插入语句发生错误，未插入任何行'
        RETURN
    END
Else
    BEGIN
        PRINT'插入语句正常'
    END
COMMIT TRAN mymoney

select*from familyout
go
```

STEP 3 通过显式事务删除FamilyUser表中的admin登录名（要求用局部变量为该事务命名）。

```
DECLARE @TranName VARCHAR(20)
SELECT @TranName='MyFamilyTrans'
BEGIN TRANSACTION @TranName
USE FamilyMgr

Select*from FamilyUser

DELETE FROM FamilyUser
WHERE u_name='admin'

Select*from FamilyUser
COMMIT TRANSACTION @TranName
```

STEP 4 用隐式事务实现对表familyout的查询，如果支出金额为零则回滚事务，否则按支出类别分类小计总支出。

```
use FamilyMgr
go
set implicit_transactions on
--BEGIN TRAN peter_tran
select o_money from familyout where o_money=0
if @@rowcount>0
    begin
        print'事务回滚'
        rollback tran peter_tran
    end
else
    select*
    from familyout
```

```
        order by o_kind
        compute sum(o_money)by o_kind

COMMIT TRAN peter_tran
set implicit_transactions off
```

STEP 5 在familyout中设置事务保存点和回滚点。

```
use familymgr
go

select*from familyout
go
delete from familyout where o_id='o00007'
go

BEGIN TRAN mymoney

select*from familyout

save transaction mypoint

insert into familyout(o_id,o_date,o_name,o_money,o_kind)
        values('o00007','2008-8-30','buy apple',25.5,'extend')

IF  @@rowcount=0 or @@error!=0
    BEGIN
        ROLLBACK TRAN mypoint
        PRINT'插入语句发生错误，未插入任何行'
        RETURN
    END
Else
    BEGIN
        PRINT'插入语句正常'
        select*from familyout
    END
COMMIT TRAN mymoney

select*from familyout
Go
```

四、项目小结

1. 设计好使用显式事务还是隐式事务。
2. 考虑好可能出现的错误，并保存回滚点。
3. 设计好回滚语句。
4. 提交整个事务。

◎ 项目评价表

项目三 实现事务和锁					
能力	内容		评价		
	学习目标	评价项目	3	2	1
职业能力	实现事务和锁	任务一 实现基本的事务管理			
		任务二 实现T-SQL中的事务			
		任务三 实现死锁的控制			
		任务四 实现事务进阶管理			
		任务五 实现事务高级管理			
通用能力	动手能力				
	解决问题能力				
综合评价					

评价等级说明表	
等级	说明
3	能高质、高效地完成此学习目标的全部内容，并能解决遇到的特殊问题
2	能高质、高效地完成此学习目标的全部内容
1	能圆满完成此学习目标的全部内容，不需任何帮助和指导

以上表格根据国家职业技能标准相关内容设定。

项目四

实现用户安全性管理

核心概念

登录管理、用户管理、向角色添加成员、角色管理、固定服务器角色、数据库对象和对象权限、数据库对象所有者。

项目描述

SQL Server 中的每个对象都由用户所有。所有者由数据库用户标识符（ID）标识。当第一次创建对象时，可以访问该对象的唯一用户 ID 是所有者或创建者的用户 ID。对于任何其他想访问该对象的用户，所有者必须给该用户授予权限。如果所有者只想让特定的用户访问该对象，可以只给这些特定的用户授予权限。对于表和视图，所有者可以授予 INSERT、UPDATE、DELETE、SELECT 和 REFERENCES 权限，或授予 ALL 权限。用户必须对表有以上这些权限，才能在 INSERT、UPDATE、DELETE 或 SELECT 语句中指定该表。REFERENCES 权限使得另一个表的所有者可以对用户表中的列应用他们表中的 REFERENCES FOREIGN KEY 约束。

视频

实现用户安全性管理

技能目标

用提出、分析、解决问题的方法来培养学生如何授予、撤销授予及拒绝，通过用户的安全性管理，在解决问题的同时熟练掌握不同的语法。能掌握常用的 GRANT、REVOKE、DENY 的用法。

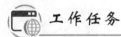

工作任务

实现登录管理、角色管理、权限管理。

任务一 实现用户的登录管理

任务描述

上海御恒信息科技公司接到客户的一份订单,要求实现用户的登录管理。公司刚招聘了一名程序员小张,软件开发部经理要求他尽快熟悉用户的登录管理,小张按照经理的要求开始做以下任务分析。

任务分析

1. 设计一个登录名和密码及打开指定库的登录并打开。
2. 添加或删除一个登录。
3. 授予某个用户的登录权或访问权。
4. 设置某个用户的默认登录数据库。
5. 添加角色并设置向角色添加成员。
6. 添加到固定服务器角色。
7. 授予指定用户相应的各种权限。

任务实施

STEP 1 添加一个登录。

```
exec sp_addlogin'Jade','stones','pubs'
```

STEP 2 登录管理。

```
--EXEC sp_addlogin'Arwen','princess'
--EXEC sp_droplogin'Arwen'
```

STEP 3 管理用户名和登录名。

```
USE MASTER
GO

sp_grantlogin'OnlineDOMAIN\Arwen'
GO

sp_defaultdb @loginame='OnlineDOMAIN\Arwen',@defdb='books'
GO

USE books
GO
sp_grantdbaccess'OnlineDOMAIN\Arwen','Arwen'
GO
```

STEP 4 向角色添加成员。

```
sp_addrole'Teacher'
GO

sp_addrole'Student'
```

```
GO

sp_addrole'StudentTeacher'
GO

sp_addrolemember'Teacher','NETDOMAIN\Peter'
GO

sp_addrolemember'Teacher','NETDOMAIN\Cathy'
GO

sp_addrolemember'StudentProfessor','NETDOMAIN\Diane'
GO

sp_addrolemember'Student','NETDOMAIN\Mel'
Go

sp_addrolemember'Student','NETDOMAIN\Jim'
Go

sp_addrolemember'Student','NETDOMAIN\Lara'
Go

GRANT SELECT ON StudnetGradeView TO Student
GO

GRANT SELECT,UPDATE ON ProfessorGradeView TO Professor
GO
```

STEP 5 添加到固定服务器角色。

```
EXEC sp_addsrvrolemember'Corporate\HelenS','sysadmin'
```

STEP 6 授予指定用户相应的各种权限。

```
GRANT SELECT ON MyTable TO Teachers
GRANT REFERENCES(PrimaryKeyCol)ON MyTable to DevUser1

EXEC sp_changeobjectowner'authors','Corporate\GeorgeW'
```

任务小结

1. 添加登录的命令为：exec sp_addlogin'用户名','密码','数据库名'。
2. 删除登录的命令为：exec sp_droplogin '用户名'。
3. 授予登录权限的命令为：sp_grantlogin '域名\用户名'。
4. 添加角色的命令为：sp_addrole '角色名'。
5. 添加角色中的成员的命令为：sp_addrolemember '角色名','域名\用户名'。
6. 授予权限的命令为：GRANT 权限 ON 视图名或表名 TO 角色名。
7. 添加到固定服务器角色的命令为：EXEC sp_addsrvrolemember '域名\用户名','固定服务器角色'。

1. 所有者和权限

SQL Server 中的每个对象都由用户所有。所有者由数据库用户标识符（ID）标识。对于表和视图，所有者可以授予 INSERT、UPDATE、DELETE、SELECT 和 REFERENCES 权限，或授予 ALL 权限。下例说明给一个名为 Teachers 的组授予 SELECT 权限以及给另一个开发用户授予 REFERENCES 权限：

```
GRANT SELECT ON MyTable TO Teachers
GRANT REFERENCES(PrimaryKeyCol)ON MyTable to DevUser1
```

存储过程的所有者可以授予该存储过程的 EXECUTE 权限。如果基表的所有者不想让用户直接访问基表，则可以对引用基表的视图或存储过程授予权限，而不对基表本身授予任何权限。这是 SQL Server 机制的基础，以确保用户看不到没有授权他们访问的数据。

还可以给用户授予语句权限。CREATE TABLE 和 CREATE VIEW 等语句只能由某些用户（此处为 dbo 用户）执行。如果 dbo 用户想让另一个用户能够创建表或视图，则必须给那个用户授予执行这些语句的权限。

2. 通过 Internet 连接到 SQL Server

可以使用基于 ODBC 或 DB-Library 的 SQL 查询分析器或客户端应用程序，通过 Internet 连接到 SQL Server 实例。为了在 Internet 上共享数据，必须将客户端和服务器连接到 Internet。另外，必须使用 TCP/IP 或多协议 Net-Library。如果使用多协议 Net-Library，必须确保启用 TCP/IP 支持。如果服务器已注册域名系统（DNS），就可以用其注册名进行连接。尽管这种连接不如通过 Microsoft 代理服务器连接安全，但使用防火墙或加密连接有助于保证敏感数据的安全。

3. 对 SQL Server 使用防火墙系统

许多公司使用防火墙系统防止从 Internet 无计划地访问其网络。防火墙可用于限制 Internet 应用程序访问自己的网络，其方法是只转发目标为本地网络中的特定 TCP/IP 地址的请求。对所有其他网络地址的请求都将被防火墙阻塞。通过配置防火墙使之转发指定 SQL Server 实例的网络地址的网络请求，即可允许 Internet 应用程序访问本地网络中的 SQL Server 实例。

若要使防火墙有效地工作，必须确保 SQL Server 实例始终在配置防火墙转发的网络地址上监听。SQL Server 的 TCP/IP 网络地址由两部分组成：与计算机中的一个或多个网卡相关联的 IP 地址，以及专用于 SQL Server 实例的 TCP 端口地址。默认情况下，SQL Server 默认实例使用 1433 号 TCP 端口。但是，命名实例在首次启动时，动态分配未使用的 TCP 端口号。如果另一个应用程序正在使用起始的 TCP 端口号，则该命名实例在以后启动时还可动态更改其 TCP 端口地址。如果当前正在其上监听的某个未使用的 TCP 端口还未动态选定，则 SQL Server 只动态更改到该端口。也就是说，如果该端口是静态（手工）选定，则 SQL Server 将显示错误并继续在其他端口上监听。另一个应用程序尝试使用 1433 不太可能，因为该端口已注册为 SQL Server 已知的地址。

当对防火墙使用 SQL Server 命名实例时，请使用 SQL Server 网络实用工具配置该命名实例，使之在特定的 TCP 端口上监听。必须挑出在同一台计算机或群集上运行的另一个应用程序还未使用的 TCP 端口。

请网络管理员配置防火墙以转发 SQL Server 实例正在其上监听的 IP 地址和 TCP 端口（使用默认实例的 1433，或使用配置命名实例在其上监听的 TCP 端口）。还应配置防火墙使其转发对同一 IP 地址上的 1434 号 UDP 端口的请求。

例如，考虑有一台运行 SQL Server 的一个默认实例和两个命名实例的计算机。配置该计算机以便这三个实例监听的网络地址都具有相同的 IP 地址。默认实例将在 1433 号 TCP 端口上监听，一个命名实例可以分配

1433号TCP端口，而另一个命名实例分配1954号TCP端口。然后应配置防火墙以转发对该IP地址上的1434号UDP端口以及1433号、1434号和1954号TCP端口的网络请求。

4. 建立加密连接

如果希望用户能与SQL Server实例建立加密连接，则可通过对多协议Net-Library启用加密功能来实现。安装SQL Server后启用加密功能Network Utility，如果想对故障转移群集使用加密功能，则必须在该故障转移群集的所有节点上安装服务器证书和虚拟服务器完全合法的DNS名称。例如，如果有一个两节点的群集，其节点名为test1.redmond.corp.microsoft.com和test2.redmond.corp.microsoft.com，而且还有虚拟SQL Server"Virtsql"，则需要获得virtsql.redmond.corp.microsoft.com的证书并在两个节点上安装该证书。然后可以复选服务器网络实用工具上的"强制协议加密"复选框，以配置故障转移群集用于加密。

5. 启用加密

（1）在"开始"菜单中，选择"程序"→"Microsoft SQL Server"→"SQL Server网络实用工具"。

（2）如果在"启用的协议"下没有出现"多协议"，则在"禁用的协议"下单击它，然后单击"启用"按钮。否则跳到第（3）步。

（3）在"启用的协议"下单击"多协议"，然后单击"属性"按钮。

（4）选择"启用加密"复选框。

6. 使用创建SQL Server登录向导向用户授予SQL Server登录访问权

（1）选择"工具"→"向导"命令。

（2）在"选择向导"对话框中，展开"数据库"节点，然后双击"创建登录向导"选项。

（3）完成向导中的步骤。

7. 如何重置SQLAgentCmdExec权限（企业管理器）

（1）展开服务器组，然后展开服务器。

（2）展开"管理"，右击"SQL Server代理程序"选项，在弹出的快捷菜单中选择"属性"命令。

（3）单击"作业系统"选项卡。

（4）在"非系统管理员作业步骤代理账户"下取消选择"只有具有系统管理员特权的用户才能执行CmdExe和ActiveScripting作业步骤"复选框，然后单击"重置代理账户"按钮。

（5）在运行非系统管理员的用户所拥有的作业时，应输入SQL Server代理程序要使用的用户账户的用户名、密码和域。

8. 发布访问列表

用户创建发布后，SQL Server将为此发布创建一个发布访问列表（PAL）。PAL包含能够访问此发布的登录者列表。PAL中包含的登录是sysadmin固定服务器角色成员和当前登录者。PAL的作用与Windows访问控制列表相似。当用户或复制代理程序试图登录到发布服务器时，SQL Server首先检查此登录名是否属于PAL范围。如果必须进一步扩展或限制对某个发布的访问，则可以使用SQL Server企业管理器或sp_grant_publication_access和sp_revoke_publication_access存储过程添加或删除PAL中的登录。可以通过SQL Server企业管理器或编程用PAL来保护快照发布、事务发布或合并发布的安全。

说明：复制代理程序在能够访问发布前，其登录发布服务器和分发服务器的登录名必须已经存在于PAL中。用户登录名必须也存在于发布数据库中，或者数据库必须允许guest用户。如果使用的是远程分发服务器，则登录名必须同时存在于发布服务器和分发服务器上，然后才能添加到PAL中。因为复制代理程序在SQL Server代理程序下运行，所以SQL Server代理程序在Windows NT平台上运行时所使用的账户必须存在于PAL中。

9. 授权或废除对发布的访问权

SQL Server 复制根据映射到用户登录名的角色来限制用户可执行的特定操作。复制已经向 sysadmin 服务器角色、db_owner 数据库角色和发布访问列表（PAL）中的登录者授予某些权限。

在发布服务器上，快照代理程序、日志读取器代理和合并代理程序的登录。对于请求订阅，登录必须位于发布访问列表中。对于强制订阅，登录必须是发布数据 db_owner（包括 sysadmin）的角色成员。

在分发服务器上，快照代理程序、日志读取器代理、分发代理程序和合并代理程序的登录。对于请求订阅，登录必须位于发布访问列表中或是分发数据库上。对于强制订阅，登录必须是分发数据库的 db_owner（包括 sysadmin）的成员。对于强制订阅和请求订阅，登录都必须是订阅数据库中 db_owner（包括 sysadmin）的成员。

10. 使用创建登录向导

虽然授权登录访问 SQL Server 和数据库所需的步骤可以分开执行，但创建登录向导可简化该过程。使用创建登录向导：

- 选择用于连接 SQL Server 实例的身份验证模式（Windows 身份验证模式或混合模式）。
- 添加 Windows NT 4.0、Windows 2000 或 SQL Server 登录。
- 将 Windows 或 SQL Server 用户添加到固定服务器角色。Windows NT 4.0、Windows 2000 或 SQL Server 用户添加到一个或多个数据库，从而授权用户访问这些数据库。
- 通过创建登录向导向用户授予 SQL Server 登录访问权限。

任务拓展

1．如何添加或删除登录？
2．如何添加角色并在其中添加用户？
3．如何为角色授予权限？

任务二　添加数据库角色

任务描述

上海御恒信息科技公司接到客户的一份订单，要求添加数据库角色。公司刚招聘了一名程序员小张，软件开发部经理要求他尽快熟悉数据库角色，小张按照经理的要求开始做以下任务分析。

任务分析

1．新建登录名 Jack、Tom、John、Rose、Eric、Ann。
2．新建数据库用户（为登录授权可访问的数据库）。
3．为指定数据库添加数据库角色 sp_addrole '角色名'。
4．添加数据库角色成员 sp_addrolemember '角色名','登录名'。
5．对库对象设置表的操作权限 grant 权限1,权限2,... on 表名/视图名 to 登录名。
6．显示权限的优先顺序。
7．授予指定用户相应的权限。
8．实现 bush 用户对 mydb 库的访问权。

STEP 1 新建登录名Jack、Tom、John、Rose、Eric、Ann。

```
--语法：sp_addlogin'登录名','密码','默认库'

sp_addlogin'jack'
go
sp_addlogin'tom'
go
sp_addlogin'john'
go
sp_addlogin'rose'
go
sp_addlogin'eric'
go
sp_addlogin'ann'
go
```

STEP 2 新建数据库用户（为登录授权可访问的数据库）。

```
--设置上述登录在Northwind数据库中的用户
use Northwind
go
sp_grantdbaccess'jack'
go
sp_grantdbaccess'tom'
go
sp_grantdbaccess'john'
go
sp_grantdbaccess'rose'
go
sp_grantdbaccess'eric'
go
sp_grantdbaccess'ann'
go
```

STEP 3 为指定数据库添加数据库角色（sp_addrole '角色名'）。

```
--在Northwind数据库中添加如下角色：Customer,Sales,Supplier
use Northwind
go
sp_addrole'Customer'
go
sp_addrole'Sals'
go
sp_addrole'Supplier'
go
```

STEP 4 添加数据库角色成员（sp_addrolemember'角色名','登录名'）。

--将Jack,Tom加入Customer角色，将John,Rose,Eric加入sales角色，将Jack,Ann加入Suppliers角色

```
use Northwind
go
sp_addrolemember'Customer','jack'
go
sp_addrolemember'Customer','tom'
go
sp_addrolemember'Sals','john'
go
sp_addrolemember'Sals','rose'
go
sp_addrolemember'Sals','eric'
go
sp_addrolemember'Supplier','jack'
go
sp_addrolemember'Supplier','ann'
go
```

STEP 5 对库对象设置表的操作权限（grant 权限1,权限2,... on 表名/视图名 to 登录名）。

```
--S为选择权；  I为插入权；  U为更新权；  D为删除权；  E为执行权
GRANT INSERT, UPDATE, DELETE
ON authors
TO Mary, John, Tom


REVOKE CREATE TABLE, CREATE DEFAULT
FROM Mary, John
```

STEP 6 授予权限与拒绝权限的结合。

——首先，给public角色授予SELECT权限。然后，拒绝用户Mary、John和Tom的特定权限。这样，这些用户就没有对authors表的权限。

```
USE pubs
GO

GRANT SELECT
ON authors
TO public
GO

DENY SELECT, INSERT, UPDATE, DELETE
ON authors
TO Mary, John, Tom
```

STEP 7 授予指定用户相应的权限。

```
use Northwind
go
grant select,insert,delete on Customers to jack
grant select,insert,delete on Suppliers to jack
grant select,update on Customers to tom
```

```
grant select on Customers to john
grant select on Suppliers to john
grant select on[Sales by Category]to john
grant select,insert,delete on Orders to rose
grant select on[Sales by Category]to rose
grant select,insert on Orders to eric
grant select on Customers to ann
grant select,insert,update,delete on Suppliers to ann

grant select,update on Customers to Customer
grant select,insert,update,delete on Orders to Customer
grant select,insert,update,delete on Suppliers to Customer
grant exec on CustOrderHist to Customer

grant select,insert,update,delete on Customers to Sals
grant select,update on Orders to Sals
grant select,insert,update,delete on Suppliers to Sals
grant select on[Sales by Category]to Sals

grant select,insert,update,delete on Customers to Supplier
grant select,insert,update,delete on Orders to Supplier
grant select,update on Suppliers to Supplier
```

STEP 8 实现bush用户对mydb库的访问权。

```
use mydb
go
exec sp_addlogin'bush','8888','mydb'
go

exec sp_grantdbaccess'bush'
go

exec sp_addrole'adminss'
go

exec sp_addrolemember'adminss','bush'
go

grant select,update,delete,insert on customer to adminss
go
```

任务小结

1. sp_addlogin可以添加登录。
2. sp_grantdbaccess可以为登录授予访问数据库的权限。
3. sp_addrole可以添加角色。
4. sp_addrolememeber可以添加数据库角色成员。
5. grant可以授予权限。
6. revoke可以取消授权。

相关知识与技能

1. 固定服务器角色

SQL Server 在安装过程中定义了几个固定角色。可以在这些角色中添加用户以获得相关的管理权限。下面是服务器范围内的角色。

- sysadmin 可以在 SQL Server 中执行任何活动。
- serveradmin 可以设置服务器范围的配置选项，关闭服务器。
- setupadmin 可以管理链接服务器和启动过程。
- securityadmin 可以管理登录和 CREATE DATABASE 权限，还可以读取错误日志和更改密码。
- processadmin 可以管理在 SQL Server 中运行的进程。
- dbcreator 可以创建、更改和除去数据库。
- diskadmin 可以管理磁盘文件。
- bulkadmin 可以执行 BULK INSERT 语句。

可以从 sp_helpsrvrole 获得固定服务器角色的列表，可以从 sp_srvrolepermission 获得每个角色的特定权限。

2. 固定数据库角色

每个数据库都有一系列固定数据库角色。虽然每个数据库中都存在名称相同的角色，但各个角色的作用域只是在特定的数据库内。例如，如果 Database1 和 Database2 中都有叫 UserX 的用户 ID，将 Database1 中的 UserX 添加到 Database1 的 db_owner 固定数据库角色中，对 Database2 中的 UserX 是否是 Database2 的 db_owner 角色成员没有任何影响。

- db_owner 在数据库中有全部权限。
- db_accessadmin 可以添加或删除用户 ID。
- db_securityadmin 可以管理全部权限、对象所有权、角色和角色成员资格。
- db_ddladmin 可以发出 ALL DDL，但不能发出 GRANT、REVOKE 或 DENY 语句。
- db_backupoperator 可以发出 DBCC、CHECKPOINT 和 BACKUP 语句。
- db_datareader 可以选择数据库内任何用户表中的所有数据。
- db_datawriter 可以更改数据库内任何用户表中的所有数据。
- db_denydatareader 不能选择数据库内任何用户表中的任何数据。
- db_denydatawriter 不能更改数据库内任何用户表中的任何数据。

可以从 sp_helpdbfixedrole 获得固定数据库角色的列表，可以从 sp_dbfixedrolepermission 获得每个角色的特定权限。数据库中的每个用户都属于 public 数据库角色。如果想让数据库中的每个用户都能有某个特定的权限，则将该权限指派给 public 角色。如果没有给用户专门授予对某个对象的权限，他们就使用指派给 public 角色的权限。

3. 如何设置 Windows 身份验证模式的安全性（企业管理器）

（1）展开一个服务器组。

（2）右击一个服务器，在弹出的快捷菜单中选择"属性"命令。

（3）在"安全性"选项卡的"身份验证"下，单击"仅 Windows"选项。

（4）在"审核级别"中选择在 SQL Server 错误日志中记录的用户访问 SQL Server 的级别：

- "无"表示不执行审核。
- "成功"表示只审核成功的登录尝试。
- "失败"表示只审核失败的登录尝试。

- "全部"表示审核成功的和失败的登录尝试。

4. 建立应用程序安全性和应用程序角色

SQL Server中的安全系统在最低级别，即数据库本身上实现。无论使用什么应用程序与SQL Server通信，这都是控制用户活动的最佳方法。但是，有时必须自定义安全控制以适应个别应用程序的特殊需要，尤其是当处理复杂数据库和含有大表的数据库时。

此外，可能希望限制用户只能通过特定应用程序（例如使用SQL查询分析器或Excel）来访问数据或防止用户直接访问数据。限制用户的这种访问方式将禁止用户使用应用程序（如SQL查询分析器）连接到SQL Server实例并执行编写质量差的查询，以免对整个服务器的性能造成负面影响。

SQL Server通过使用应用程序角色适应这些要求。应用程序角色与标准角色有以下区别：

1）应用程序角色不包含成员

不能将Windows NT 4.0或Windows 2000组、用户和角色添加到应用程序角色；当通过特定的应用程序为用户连接激活应用程序角色时，将获得该应用程序角色的权限。用户之所以与应用程序角色关联，是由于用户能够运行激活该角色的应用程序，而不是因为其是角色成员。

默认情况下，应用程序角色是非活动的，需要用密码激活。

2）应用程序角色不使用标准权限

当一个应用程序角色被该应用程序激活以用于连接时，连接会在连接期间永久地失去数据库中所有用来登录的权限、用户账户、其他组或数据库角色。连接获得与数据库的应用程序角色相关联的权限，应用程序角色存在于该数据库中。因为应用程序角色只能应用于它们所存在的数据库中，所以连接只能通过授予其他数据库中guest用户账户的权限，获得对另一个数据库的访问。因此，如果数据库中没有guest用户账户，则连接无法获得对该数据库的访问。如果guest用户账户确实存在于数据库中，但是访问对象的权限没有显式地授予guest，则无论是谁创建了对象，连接都不能访问该对象。用户从应用程序角色中获得的权限一直有效，直到连接从SQL Server退出为止。

若要确保可以执行应用程序的所有函数，连接必须在连接期间失去应用于登录和用户账户或所有数据库中的其他组或数据库角色的默认权限，并获得与应用程序角色相关联的权限。例如，如果应用程序必须访问通常拒绝用户访问的表，则应废除对该用户拒绝的访问权限，以使用户能够成功使用该应用程序。应用程序角色通过临时挂起用户的默认权限并只对他们指派应用程序角色的权限而克服任何与用户的默认权限发生的冲突。

应用程序角色允许应用程序（而不是SQL Server）接管验证用户身份的责任。但是，SQL Server在应用程序访问数据库时仍需对其进行验证，因此应用程序必须提供密码，因为没有其他方法可以验证应用程序。

如果不需要对数据库进行特殊访问，则不需要授予用户和Windows NT 4.0或Windows 2000组任何权限，因为所有权限都可以由它们用来访问数据库的应用程序指派。在这种环境下，假设对应用程序的访问是安全的，则在系统范围内统一使用指派给应用程序角色的密码是可能的。

有几个选项可用于管理应用程序角色密码而无须将其硬编码到应用程序中。例如，可以使用存储在注册表（或SQL Server数据库）中的加密键，只有应用程序有加密键的解密代码。应用程序读取键，对其进行解密，并使用其值设置应用程序角色。如果使用多协议Net-Library，则含有密码的网络数据包也可以被加密。另外，当角色被激活时，可以在发送到SQL Server实例前将密码加密。

如果应用程序用户使用Windows身份验证模式连接到SQL Server实例，则在使用应用程序时，可以使用应用程序角色设置Windows Server 2019用户在数据库中拥有的权限。这种方法使得当用户使用应用程序时，对用户账户的Windows Server 2019审核及对用户权限的控制容易维护。

如果使用SQL Server身份验证，并且不要求审核用户在数据库中的访问，则应用程序可以更容易地使用预定义的SQL Server登录连接到SQL Server实例。例如，订单输入应用程序验证运行该应用程序的用户，然后用相同的OrderEntry登录连接到SQL Server实例。所有连接都使用同一登录，相关权限授予该登录。

应用程序角色可以和两种身份验证模式一起使用。作为应用程序角色使用的示例，假设用户Sue运行销售应用程序，该应用程序要求在数据库Sales中的表Products和Orders上有SELECT、UPDATE和INSERT权限，但Sue在使用SQL查询分析器或任何其他工具访问Products或Orders表时不应有SELECT、INSERT或UPDATE权限。若要确保如此，可以创建一个拒绝Products和Orders表上的SELECT、INSERT或UPDATE权限的用户——数据库角色，然后将Sue添加为该数据库角色的成员。接着在Sales数据库中创建带有Products和Orders表上的SELECT、INSERT和UPDATE权限的应用程序角色。当应用程序运行时，它通过使用sp_setapprole提供密码激活应用程序，并获得访问Products和Orders表的权限。如果Sue尝试使用除该应用程序外的任何其他工具登录到SQL Server实例，则将无法访问Products或Orders表。

安全规则：SQL Server登录、用户、角色和密码可以包含1~128个字符，包括字母、符号和数字（如Andrew-Fuller、Margaret Peacock或13&#57abc）。因此，Windows用户名可以用作SQL Server登录。但是，因为在T-SQL语句中经常使用登录、用户名、角色和密码，所以必须用双引号（"）或方括号（[ ]）分隔某些符号。当SQL Server登录、用户、角色或密码为以下情况时，必须在T-SQL语句中使用分隔符：含有空白字符或以空白字符开头。以字符$或@开头。在将登录、用户、角色或密码输入SQL Server图形客户端工具（如SQL Server企业管理器）的文本框时，不必指定分隔符。

此外，SQL Server登录、用户或角色不能包含反斜线（\）字符，除非是引用现有的Windows用户或组。反斜线将Windows计算机名或域名与用户名分开。已存在于当前数据库中（或者仅就登录而言，不能存在于master中）。为NULL或空字符串（""）。

5. 用户

用户标识符（ID）在数据库内标识用户。在数据库内，对象的全部权限和所有权由用户账户控制。用户账户与数据库相关。sales数据库中的xyz用户账户不同于inventory数据库中的xyz用户账户，即使这两个账户有相同的ID。用户ID由db_owner固定数据库角色成员定义。

登录ID本身并不提供访问数据库对象的用户权限。一个登录ID必须与每个数据库中的一个用户ID相关联后，用这个登录ID连接的人才能访问数据库中的对象。如果登录ID没有与数据库中的任何用户ID显式关联，就与guest用户ID相关联。如果数据库没有guest用户账户，则该登录就不能访问该数据库，除非它已与一个有效的用户账户相关联。

用户ID在定义时便与一个登录ID相关联。例如，db_owner角色成员可以使Windows 2000登录NETDOMAIN\Joe与sales数据库中的用户ID abc和employee数据库中的用户ID def相关联。默认情况下，登录ID和用户ID相同。

下例说明给Windows账户授予对数据库的访问权限，并使该登录与数据库中的用户相关联：

```
USE master
GO
sp_grantlogin'NETDOMAIN\Sue'
GO
sp_defaultdb @loginame='NETDOMAIN\Sue', defdb='sales'
GO
USE sales
GO
sp_grantdbaccess'NETDOMAIN\Sue','Sue'
GO
```

在sp_grantlogin语句中，授予Windows用户NETDOMAIN\Sue访问SQL Server的权限。sp_defaultdb语句使sales数据库成为该用户的默认数据库。sp_grantdbaccess语句给NETDOMAIN\Sue登录提供了访问sales

数据库的权限，并将其在 sales 内的用户 ID 设置成 Sue。

下例说明定义 SQL Server 登录，指派默认数据库，并使该登录与数据库中的用户相关联：

```
USE master
GO
sp_addlogin @loginame='TempWorker', @password='fff', defdb='sales'
GO
USE sales
GO
sp_grantdbaccess'TempWorker'
GO
```

sp_addlogin 语句定义了一个供各种临时工作人员使用的 SQL Server 登录。该语句还将 sales 数据库指定为此登录的默认数据库。sp_grantdbaccess 语句给 TempWorker 登录授予了对 sales 数据库的访问权限，由于没有指定用户名，默认为 TempWorker。

数据库中的用户由用户 ID 而非登录 ID 标识。例如，在每个数据库中，sa 是映射到特殊用户账户 dbo（数据库所有者）的登录账户。所有与安全有关的 T-SQL 语句都将该用户 ID 作为 security_name 参数使用。如果 sysadmin 固定服务器角色成员和 db_owner 固定数据库角色成员对系统进行设置，使每个用户的登录 ID 和用户 ID 都相同，就不容易混淆权限的管理和理解，但不必非这样做。

在 SQL Server 数据库中，guest 账户是特殊的用户账户。如果用户使用 USE database 语句访问的数据库中没有与此用户关联的账户，此用户就与 guest 账户相关联。

6. 授权 SQL Server 登录访问数据库

对于每个要求访问数据库的 SQL Server 登录，将其 SQL Server 用户账户添加到每个数据库。如果用户未在数据库中创建，则 SQL Server 登录就无法访问数据库。

若要授权某个 SQL Server 登录访问数据库的权限，则该 SQL Server 登录必须已经存在。而且，必须逐个授权 SQL Server 登录访问数据库。

sp_grantdbaccess 为 SQL Server 登录或 Windows NT 用户或组在当前数据库中添加一个安全账户，并使其能够被授予在数据库中执行活动的权限。

语法：

```
sp_grantdbaccess[@loginame =]'login'
    [,[@name_in_db =]'name_in_db'[OUTPUT]]
```

参数：

[@loginame =]'login'：当前数据库中新安全账户的登录名称。Windows NT 组和用户必须用 Windows NT 域名限定，格式为"域\用户"，如 LONDON\Joeb。登录不能使用数据库中已有的账户作为别名。login 的数据类型为 sysname，没有默认值。

[@name_in_db =]'name_in_db'[OUTPUT]：数据库中账户的名称。name_in_db 是 sysname 类型的 OUTPUT 变量，默认值为 NULL。如果没有指定，则使用 login。如果将其指定为 NULL 值的 OUTPUT 变量，则设置 @name_in_db 为 login。当前数据库不必存在 name_in_db。

返回代码值：0（成功）或 1（失败）。

注释：

SQL Server 用户名可以包含 1~128 个字符，包括字母、符号和数字。但是，用户名不能含有反斜线符号（\），不能为 NULL 或为空字符串（""）。

在使用安全账户访问数据库之前，必须授予它对当前数据库的访问权。使用 sp_grantdbaccess 仅可以管理当前数据库中的账户。若要从数据库中删除账户，可使用 sp_revokedbaccess。

如果当前数据库中没有guest安全账户，而且login为guest，则可以添加guest的安全账户。

sa登录不能添加到数据库中。

不能从用户定义的事务中执行sp_grantdbaccess。

权限：只有sysadmin固定服务器角色、db_accessadmin和db_owner固定数据库角色的成员才能执行sp_grantdbaccess。

示例：为Windows NT用户Corporate\GeorgeW添加账户，并取名为Georgie。

```
EXEC sp_grantdbaccess'Corporate\GeorgeW','Georgie'
```

数据库中含有guest用户账户。

可以将权限应用到guest用户，就如同它是任何其他用户账户一样。可以在除master和tempdb外（在这两个数据库中它必须始终存在）的所有数据库中添加或删除guest用户。默认情况下，新建的数据库中没有guest用户账户。

例如，若要将guest用户账户添加到名为Accounts的数据库中，请在SQL查询分析器中运行下列代码：

```
USE Accounts
GO
EXECUTE sp_grantdbaccess guest
public角色
```

public角色是一个特殊的数据库角色，每个数据库用户都属于它。

public角色：

- 捕获数据库中用户的所有默认权限。
- 无法将用户、组或角色指派给它，因为默认情况下它们即属于该角色。
- 含在每个数据库中，包括master、msdb、tempdb、model和所有用户数据库。
- 无法除去。

授权SQL Server登录访问数据库：

对于每个要求访问数据库的SQL Server登录，将其SQL Server用户账户添加到每个数据库。如果用户未在数据库中创建，则SQL Server登录就无法访问数据库。

若要授权某个SQL Server登录访问数据库的权限，则该SQL Server登录必须已经存在。而且，必须逐个授权SQL Server登录访问数据库。

任务拓展

1. 授予权限如何与取消权限有效地结合？
2. 添加登录与授予数据库访问权限的优先次序是什么？
3. 添加角色及添加角色成员的先后顺序是什么？

任务三　实现用户安全性综合管理

任务描述

上海御恒信息科技公司接到客户的一份订单，要求为其设计用户的安全性综合管理。公司刚招聘了一名程序员小张，软件开发部经理要求他尽快熟悉用户的综合性管理设计，小张按照经理的要求开始做以下任务分析。

任务分析

1. 为RobertMgr库新建六个登录。
2. 为以上登录授予可以对库的访问权。
3. 新建三个具有不同权限的角色。
4. 将不同的登录放入不同的角色。
5. 为不同的角色授予不同的权限。
6. 为所有登录授予访问表的所有权限。

任务实施

STEP 1 为RobertMgr库新建六个登录：father、mother、sister、brother、son、daughter。

```
use RobertMgr
go

sp_addlogin'father','123456'
go

sp_addlogin'mother','123456'
go

sp_addlogin'sister','123456'
go

sp_addlogin'brother','123456'
go

sp_addlogin'son','123456'
go

sp_addlogin'daughter','123456'
go
```

STEP 2 为以上六个登录授予可以对RobertMgr库的访问权。

```
use RobertMgr
go

sp_grantdbaccess'father'
go

sp_grantdbaccess'mother'
go

sp_grantdbaccess'sister'
go

sp_grantdbaccess'brother'
```

```
go

sp_grantdbaccess'son'
go

sp_grantdbaccess'daughter'
go
```

STEP 3 为RobertMgr新建三个具有不同权限的角色，分别为admins、users、guests。

```
use RobertMgr
go

sp_addrole'admins'
go

sp_addrole'users'
go

sp_addrole'guests'
go
```

STEP 4 将'father'、'mother'两个登录放入'admins'角色；将'sister'、'brother'两个登录放入'users'角色；将'son'、'daughter'两个登录放入'guests'角色。

```
use RobertMgr
go

sp_addrolemember'admins','father'
go
sp_addrolemember'admins','mother'
go

sp_addrolemember'users','sister'
go
sp_addrolemember'users','brother'
go

sp_addrolemember'guests','son'
go
sp_addrolemember'guests','daughter'
go
```

STEP 5 为'admins'角色授予查询、添加、删除、更新、引用users的权限；为'users'角色授予查询、添加、更新、引用权限，拒绝删除users的权限；为'guests'角色授予查询权，拒绝添加、删除、更新、引用users的权限。

```
use RobertMgr
go

grant select,insert,delete,update,references
on users
```

```
to admins
go

grant select,insert,update,references
on users
to users

deny delete
on users
to users

grant select
on users
to guests

deny insert,delete,update,references
on users
to guests
```

STEP 6 为所有登录授予访问robert、ship、orders、customer表的所有权限。

```
grant all privileges
on robert
to admins,users,guests
go

grant all privileges
on ship
to admins,users,guests
go

grant all privileges
on orders
to admins,users,guests
go

grant all privileges
on customer
to admins,users,guests
go
```

任务小结

1. 规划好不同权限的登录。
2. 授予所有登录的数据库访问权。
3. 规划好不同权限的角色。
4. 将不同权限的登录放入指定的角色。
5. 为不同的角色授予或拒绝相应的权限。
6. 确认哪些登录具有访问指定表的所有权限。

相关知识与技能

1. 创建安全账户

每个用户必须通过登录账户建立自己的连接能力（身份验证），以获得对 SQL Server 实例的访问权限。然后，该登录必须映射到用于控制在数据库中所执行的活动（权限验证）的 SQL Server 用户账户。因此，单个登录映射到在该登录正在访问的每个数据库中创建的一个用户账户。如果数据库中没有用户账户，则即使用户能够连接到 SQL Server 实例，也无法访问该数据库。

登录创建在 Windows 中，而非 SQL Server 中。该登录随后被授予连接到 SQL Server 实例的权限。该登录在 SQL Server 内被授予访问权限。

2. sp_droprolemember

从当前数据库的 SQL Server 角色中删除安全账户。

语法：

```
sp_droprolemember[ @rolename=]'role',
    [ @membername=]'security_account'
```

参数：

'role'：某个角色的名称，将要从该角色删除成员。role 的数据类型为 sysname，没有默认值。role 必须已经存在于当前的数据库中。

'security_account'：正在从角色中删除的安全账户的名称。security_account 的数据类型为 sysname，没有默认值。security_account 可以是 SQL Server 用户或另一个 SQL Server 角色，或 Windows NT 用户或组。当前数据库中必须存在 security_account。当指定 Windows NT 用户或组时，请指定该 Windows NT 用户或组在数据库中可被识别的名称（用 sp_grantdbaccess 添加）。

返回代码值：0（成功）或 1（失败）。

通过从 sysmembers 表删除行，sp_droprolemember 删除角色成员。当从角色删除某个成员时，应用于该角色的权限不再适用于角色从前的那个成员。

不能使用 sp_droprolemember 从 Windows NT 组删除 Windows NT 用户；而只能在 Windows NT 安全系统中完成这个任务。若要从固定服务器角色删除用户，可使用 sp_dropsrvrolemember。不能从 public 角色删除用户，并且不能从任何角色删除 dbo。

可以使用 sp_helpuser 查看 SQL Server 角色的成员，并且可以使用 sp_addrolemember 将成员添加到角色。

不能从用户定义的事务内执行 sp_droprolemember。

权限：只有 sysadmin 固定服务器角色、db_owner 和 db_securityadmin 固定数据库角色的成员才能执行 sp_droprolemember。只有 db_owner 固定数据库角色的成员才可以从固定数据库角色中删除用户。

示例：

从角色 Sales 中删除用户 Jonb。

```
EXEC sp_droprolemember'Sales','Jonb'
```

3. sp_addrolemember

将安全账户作为当前数据库中现有 SQL Server 数据库角色的成员进行添加。

语法：

```
sp_addrolemember[ @rolename=]'role',
    [ @membername=]'security_account'
```

参数：

[@rolename =]'role'：当前数据库中 SQL Server 角色的名称。role 的数据类型为 sysname，没有默认值。

[@membername =]'security_account'：添加到角色的安全账户。security_account的数据类型为sysname，没有默认值。security_account可以是所有有效的SQL Server用户、SQL Server角色或是所有已授权访问当前数据库的Windows NT用户或组。当添加Windows NT用户或组时，请指定在数据库中用来识别该Windows NT用户或组的名称（使用sp_grantdbaccess添加）。

返回代码值：0（成功）或1（失败）。

注释：

当使用sp_addrolemember将安全账户添加到角色时，新成员将继承所有应用到角色的权限。

在添加SQL Server角色，使其成为另一个SQL Server角色的成员时，不能创建循环角色。例如，如果YourRole已经是MyRole的成员，就不能将MyRole添加成为YourRole的成员。此外，也不能将固定数据库或固定服务器角色，或者dbo添加到其他角色。例如，不能将db_owner固定数据库角色添加成为用户定义的角色YourRole的成员。

只能使用sp_addrolemember将成员添加到SQL Server角色。使用sp_addsrvrolemember将成员添加到固定服务器角色。在SQL Server中，将成员添加到Windows组是不可能的。

在用户定义的事务中不能使用sp_addrolemember。

权限：只有sysadmin固定服务器角色和db_owner固定数据库角色中的成员可以执行sp_addrolemember，以将成员添加到固定数据库角色。角色所有者可以执行sp_addrolemember，将成员添加到自己所拥有的任何SQL Server角色。db_securityadmin固定数据库角色的成员可以将用户添加到任何用户定义的角色。

示例：

1）添加Windows用户

下面的示例将Windows用户Corporate\JeffL添加到Sales数据库，使其成为用户Jeff。然后，再将Jeff添加到Sales数据库的Sales_Managers角色中。

说明：由于Corporate\JeffL在Sales数据库中被当作是用户Jeff，所以必须使用sp_addrolemember指定用户名Jeff。

```
USE Sales
GO
EXEC sp_grantdbaccess'Corporate\JeffL','Jeff'
GO
EXEC sp_addrolemember'Sales_Managers','Jeff'
```

2）添加SQL Server用户

下面的示例将SQL Server用户Michael添加到当前数据库中的Engineering角色。

```
EXEC sp_addrolemember'Engineering','Michael'
```

4. 安全账户委托

安全账户委托是指连接到多个服务器的能力，以及随着每个服务器更改，保留原始客户端的身份验证凭据的能力。例如，如果用户（LONDON\joetuck）连接到ServerA，而ServerA又连接到ServerB，则ServerB知道连接安全标识是LONDON\joetuck。

若要使用委托，将要连接的所有服务器都必须运行Windows，启用Kerberos支持，并且必须使用Active Directory（Windows 2000的目录服务）。必须如下指定Active Directory中的下列选项，委托才能正常工作：

一定不要为请求委托的用户选择"账户是敏感账户，不能被委托"复选框。

必须为SQL Server的服务账户选择"账户可以信任，可用来委托"复选框。

必须为运行SQL Server实例的服务器选择"计算机可以信任，可用来委托"复选框。

若要使用安全账户委托，SQL Server必须有Windows账户域管理员指派的服务准则名（SPN）。

必须在特定的计算机上将SPN指派给SQL Server服务的服务账户。委托强制相互间的身份验证。SPN证实Windows账户域管理员以特定的套接字地址在特定的服务器上验证了SQL Server。可以使域管理员通过Windows资源工具包使用setspn实用工具为SQL Server建立SPN。

若要为SQL Server创建SPN，在命令提示符下输入下列代码：

```
setspn-A MSSQLSvc/Host:port serviceaccount
```

例如：

```
setspn-A MSSQLSvc/server1.redmond.microsoft.com sqlaccount
```

在启用委托之前，须考虑下列事项：必须使用TCP/IP。不能使用命名管道，因为SPN将特定的TCP/IP套接字作为目标。如果使用多个端口，必须在每个端口上都有一个SPN。还可以通过在LocalSystem账户下运行来启用委托。SQL Server将在服务启动时自行注册并自动注册SPN。该选项比使用域用户账户启用委托容易。但是，当SQL Server关闭时，将取消为LocalSystem账户注册的SPN。

5. 标准角色和应用程序角色间的基本差别

应用程序角色不包含成员。用户、Windows NT组和角色无法添加到应用程序角色中。当通过特定的一个或多个应用程序为用户的连接激活应用程序角色时，就会获得该应用程序角色的权限。带有应用程序角色的用户关联是由能够运行某个可以激活该角色，而不是该角色的某个成员的应用程序产生的。

应用程序角色默认设置为未激活状态。使用sp_setapprole激活它们，同时需要一个密码。例如，密码可以通过应用程序提示由用户提供，然而，该密码通常包含在应用程序内。在密码被发送到SQL Server时，它可以被加密。

当一个应用程序角色被该应用程序激活以用于连接时，连接会在连接期间永久地失去数据库中所有用来登录的权限、用户账户、其他组或数据库角色。连接获得与数据库的应用程序角色相关联的权限，应用程序角色存在于该数据库中。因为应用程序角色只能应用于它们所存在的数据库中，所以连接只能通过授予其他数据库中guest用户账户的权限，获得对另一个数据库的访问。因此，如果数据库中没有guest用户账户，则连接无法获得对该数据库的访问。如果guest用户账户确实存在于数据库中，但是访问对象的权限没有被明确地授予guest，那么不论是谁创建的对象，连接都不能访问该对象。用户从应用程序角色获得的权限仍然有效，直到连接从SQL Server注销为止。

用户定义事务内不能执行sp_addapprole。

权限：只有sysadmin固定服务器角色成员和db_owner及db_securityadmin固定数据库角色成员才能执行sp_addapprole。

示例：下面的示例用密码xyz_123将新应用程序角色SalesApp添加到当前数据库中。

```
EXEC sp_addapprole'SalesApp','xyz_123'
```

角色：角色是一个强大的工具，使用户得以将用户集中到一个单元中，然后对该单元应用权限。对一个角色授予、拒绝或废除的权限也适用于该角色的任何成员。可以建立一个角色来代表单位中一类工作人员所执行的工作，然后给这个角色授予适当的权限。当工作人员开始工作时，只须将他们添加为该角色成员；当他们离开工作时，将他们从该角色中删除。而不必在每个人接受或离开工作时，反复授予、拒绝和废除其权限。权限在用户成为角色成员时自动生效。

Windows组的使用方式与角色很相似。

如果根据工作职能定义了一系列角色，并给每个角色指派了适合这项工作的权限，则很容易在数据库中管理这些权限。之后，不用管理各个用户的权限，而只须在角色之间移动用户即可。如果工作职能发生改变，则只须更改一次角色的权限，并使更改自动应用于角色的所有成员，操作比较容易。

在SQL Server中，用户可以属于多个角色。

1．如何规划好不同权限的登录？
2．如何管理不同权限的角色？
3．如何授予和撤销不同的权限？

◎ 项目综合实训　实现家庭管理系统中的用户安全性管理

一、项目描述

上海御恒信息科技公司接到一个订单，需要为家庭管理系统中的不同库设计不同的登录权限。程序员小张根据以上要求进行相关的权限设计后，按照项目经理的要求开始做以下项目分析。

二、项目分析

1．为FamilyMgr库新建六个不同权限的登录。
2．为登录授予可以对库的访问权。
3．为库新建三个具有不同权限的角色。
4．将登录放入角色。
5．为角色授予权限。
6．为所有登录授予访问库中所有表的所有权限。

三、项目实施

STEP 1 为FamilyMgr库新建六个登录：father、mother、sister、brother、son、daughter。

```
use FamilyMgr
go

sp_addlogin'father','123456'
go

sp_addlogin'mother','123456'
go

sp_addlogin'sister','123456'
go

sp_addlogin'brother','123456'
go

sp_addlogin'son','123456'
go

sp_addlogin'daughter','123456'
go
```

STEP 2 为以上六个登录授予可以对FamilyMgr库的访问权。

```
use FamilyMgr
```

```
go

sp_grantdbaccess'father'
go

sp_grantdbaccess'mother'
go

sp_grantdbaccess'sister'
go

sp_grantdbaccess'brother'
go

sp_grantdbaccess'son'
go

sp_grantdbaccess'daughter'
go
```

STEP 3 为FamilyMgr新建三个具有不同权限的角色，分别为admins、users、guests。

```
use FamilyMgr
go

sp_addrole'admins'
go

sp_addrole'users'
go

sp_addrole'guests'
go
```

STEP 4 将'father'、'mother'两个登录放入'admins'角色；将'sister'、'brother'两个登录放入'users'角色；将'son'、'daughter'两个登录放入'guests'角色。

```
use FamilyMgr
go

sp_addrolemember'admins','father'
go
sp_addrolemember'admins','mother'
go

sp_addrolemember'users','sister'
go
sp_addrolemember'users','brother'
go

sp_addrolemember'guests','son'
```

```
go
sp_addrolemember'guests','daughter'
go
```

STEP 5 为'admins'角色授予查询、添加、删除、更新、引用familyuser的权限；为'users'角色授予查询、添加、更新、引用权限，拒绝删除familyuser的权限；为'guests'角色授予查询权，拒绝添加、删除、更新、引用familyuser的权限。

```
use FamilyMgr
go

grant select,insert,delete,update,references
on familyuser
to admins
go

grant select,insert,update,references
on familyuser
to users

deny delete
on familyuser
to users

grant select
on familyuser
to guests

deny insert,delete,update,references
on familyuser
to guests
```

STEP6 为所有登录授予访问familyin、familyout、familymoney、familymember表的所有权限。

```
grant all privileges
on familyin
to admins,users,guests
go

grant all privileges
on familyout
to admins,users,guests
go

grant all privileges
on familymoney
to admins,users,guests
go

grant all privileges
on familymember
```

```
to admins,users,guests
go
```

四、项目小结

1．创建登录。

2．为登录授予库的访问权。

3．创建角色并将登录放入角色。

4．为角色授予权限。

◎ 项目评价表

能力	内容		评价		
	学习目标	评价项目	3	2	1
	项目四 实现用户安全性管理				
职业能力	实现用户安全性管理	任务一 实现用户的登录管理			
		任务二 添加数据库角色			
		任务三 实现用户安全性综合管理			
通用能力	动手能力				
	解决问题能力				
	综合评价				

评价等级说明表	
等级	说明
3	能高质、高效地完成此学习目标的全部内容，并能解决遇到的特殊问题
2	能高质、高效地完成此学习目标的全部内容
1	能圆满完成此学习目标的全部内容，不需任何帮助和指导

以上表格根据国家职业技能标准相关内容设定。

项目五

实现高级查询

核心概念

子查询、EXISTS子句、嵌套子查询、DISTINCT、GROUP BY子句、COMPUTE与COMPUTE BY、SELECT INTO、UNION。

视频

实现高级查询

项目描述

在前面项目中已经学习了SQL的基本查询，但在SQL查询分析器中运行查询的方式有多种。可以执行输入或加载到编辑器窗格中的SQL语句，或使用执行存储过程的各种可用方法。

另外，有如何使用子查询、EXISTS子句、嵌套子查询，以及如何使用DISTINCT、GROUP BY子句、COMPUTE、COMPUTE BY，还有如何使用SELECT INTO、UNION、UPDATE、DELETE、INSERT的子查询等。

本项目主要介绍如何通过SQL查询分析器执行各种高级查询命令，从而实现灵活高效的DML操作。

技能目标

用提出、分析、解决问题的方法来培养学生如何从一般查询转换为高级查询，通过各种子句的比较，在解决问题的同时熟练掌握不同查询的语法。能掌握常用的高级查询的SQL编写方法。

工作任务

实现DDL与DML、简单的子查询、复杂的子查询、Select多种高级查询。

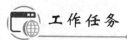

任务一　实现DDL与DML

任务描述

上海御恒信息科技公司接到客户的一份订单，要求用DDL与DML设计旅游公司的库及表。公司刚招聘了一名程序员小张，软件开发部经理要求他尽快熟悉DDL与DML，小张按照经理的要求开始做以下任务分析。

任务分析

1．旅游公司的背景分析：

FUN TRAVELS公司是一家旅游预定的公司。该公司雇佣了若干名业务员，分别安排在全国各地50处分支机构，通过其中任何一处分支机构的业务员，客户都可以预定一次旅行。该公司数据保存在Tours数据库中。执行下列任务。

2．创建一个Tours数据库，该库包含以下各表，并根据描述指定合适的数据类型及字段大小：

（1）表名：operator

oper_cd	oper_nm	oper_add	oper_telno	oper_faxno	oper_email
旅行业务员代码	名字	地址	电话号码	传真号码	电子邮件地址

（2）表名：cruise

cruise_cd	cruise_nm	oper_cd	des_city	country_nm	duration	price	airfare
旅行代码	旅行名称	旅游业务员代码	目的地城市	国家名称	旅行时间（按天计）	每位价格（按美元计）	飞机票价含在价格中

（Y-是，N-否）。

（3）表名：cruise_book

cruise_cd	start_dt	tot_seats	seats_avail
行程代码	行程开始日期	座位总数	未预定座位数

（4）表名：customer

cust_cd	cust_nm	cust_add	tel_no	e_mail	cruise_cd	start_dt	no_of_per
客户代码	姓名	住址	电话号码	电子邮件地址	所预定旅行代码	所预定旅行开始日期	预定人员数

3．向表设置IDENTITY属性，如下所示：

operator: oper_cd
cruise: cruise_cd
customer: cust_cd

4．向表设置主键约束，如下所示：

operator: oper_cd
cruise: cruise_cd
cruise_book: cruise_cd, start_dt
customer: cust_cd

5．向表设置外键约束，如下所示：

cruise: oper_cd参照operator表中的oper_cd
cruise_book: cruise_cd参照cruise表中的cruise_cd
customer: cruise_cd参照cruise表中的cruise_cd

6．向表设置唯一约束，如下所示：

operator: oper_telno

7. 向表设置检查约束，如下所示：

cruise: duration>0, price>0, airfare='Y'or'N'
cruise_book: start_dt 必须大于系统日期

8. 向表设置默认约束，如下所示：

customer: no_of_per=1

9. 设计 insert into 语句，进行每张表记录的输入。
10. 设计 update、delete、select 等 DML 操作。

STEP 1 创建一个 Tours 数据库。

```
USE master
GO


CREATE DATABASE Tours
ON PRIMARY
(
    NAME=Tours1,
    FILENAME='D:\data\Toursdat1.mdf',
    SIZE=5MB,
    MAXSIZE=10,
    FILEGROWTH=1
),

(
    NAME=Tours2,
    FILENAME='D:\data\Toursdat2.ndf',
    SIZE=5MB,
    MAXSIZE=10,
    FILEGROWTH=1
),

(
    NAME=Tours3,
    FILENAME='D:\data\Toursdat3.ndf',
    SIZE=5MB,
    MAXSIZE=10,
    FILEGROWTH=1
)

LOG ON
(
    NAME=Tourslog1,
    FILENAME='D:\data\Tourslog1.ldf',
    SIZE=2MB,
    MAXSIZE=4,
    FILEGROWTH=1
),
```

```
(
    NAME=Tourslog2,
    FILENAME='D:\data\Tourslog2.ldf',
    SIZE=2MB,
    MAXSIZE=4,
    FILEGROWTH=1
)
GO
```

STEP 2 创建OPERATOR表。

```
USE Tours
GO

CREATE TABLE OPERATOR
(
    oper_cd         int             IDENTITY(1,1) PRIMARY KEY,
    oper_nm         varchar(20)     NOT NULL,
    oper_add        varchar(50)     NOT NULL,
    oper_telno      varchar(20)     NOT NULL,
    oper_faxno      varchar(15)     NOT NULL,
    oper_email      varchar(30)     NOT NULL
)
GO
```

STEP 3 创建CRUISE表。

```
--向表设置IDENTITY属性，如下所示:
--operator: oper_cd
--cruise: cruise_cd
--customer: cust_cd

--参考如下:
--USE pubs
--GO

--ALTER TABLE Orders
--ADD InternalOrderNo int IDENTITY(257,1)

USE Tours
GO

CREATE TABLE CRUISE
(
    cruise_cd       int             IDENTITY(1,1),
    cruise_nm       char(40)        NOT NULL,
    oper_cd         int             NOT NULL,
    des_city        varchar(10)     NOT NULL,
    country_nm      varchar(10)     NOT NULL,
    duration        int             NOT NULL,
```

```
        price              money               NOT NULL,
        airfare            char(1)             NOT NULL,
        PRIMARY KEY(cruise_cd),
        FOREIGN KEY(oper_cd)REFERENCES OPERATOR
)
GO
```

STEP 4 创建CRUISE_BOOK表。

```
--向表设置主键约束，如下所示:
--operator: oper_cd
--cruise: cruise_cd
--cruise_book: cruise_cd, start_dt
--customer: cust_cd
--举例:

--USE pubs
--GO

--ALTER TABLE OrderDetails
--ADD Orderno int CONSTRAINT Orderno_un UNIQUE,
--Ordernumber int IDENTITY  CONSTRAINT Ordernumber_PK  PRIMARY KEY,
--Productnumber int NULL CONSTRAINT Productnumber_PK REFERENCES OrderDetails(Orderno)

USE Tours
GO

CREATE TABLE CRUISE_BOOK
(
    cruise_cd          int                 NOT NULL,
    start_dt           smalldatetime       NOT NULL,
    tot_seats          smallint            NOT NULL,
    seats_avail        smallint            NOT NULL,
    PRIMARY KEY(cruise_cd,start_dt),
    FOREIGN KEY(cruise_cd)REFERENCES CRUISE
)
GO
```

STEP 5 创建CUSTOMER表。

```
--向表设置外键约束，如下所示:
--cruise: oper_cd参照operator表中的oper_cd
--cruise_book: cruise_cd参照cruise表中的cruise_cd
--customer: cruise_cd参照cruise表中的cruise_cd

--举例

--USE pubs
--GO

--CREATE TABLE Orders
```

```sql
--(
--    OrderNo              int                    IDENTITY(1,1)  PRIMARY KEY,
--    OrderDate            Datetime               NOT NULL,
--    SalesExecCode        Char(4)                NOT NULL,
--    AddressOfDelivery    Varchar(50)            NOT NULL,
--    DeliveryDate         Datetime               NOT NULL
--)
--GO


--USE pubs
--GO

--CREATE TABLE OrderDetails
--(
--    productnumber        int          NOT NULL,
--    ordernumber          int          NOT NULL,
--    quantityordered      int          NOT NULL,
--    PRIMARY KEY(productnumber),
--    FOREIGN KEY(ordernumber)REFERENCES Order
--)

--正式建立CUSTOMER表
USE Tours
GO
CREATE TABLE CUSTOMER
(
    cust_cd         int                    IDENTITY(1,1),
    cust_nm         varchar(20)            NOT NULL,
    cust_add        varchar(50)            NOT NULL,
    tel_no          varchar(20)            NOT NULL,
    e_mail          varchar(30)            NOT NULL,
    cruise_cd       int                    NOT NULL,
    start_dt        smalldatetime          NOT NULL,
    no_of_per       smallint               NOT NULL,
    PRIMARY KEY(cust_cd),
    FOREIGN KEY(cruise_cd)REFERENCES CRUISE
)
GO
```

STEP 6 向OPERATOR表设置唯一性约束。

```sql
--向表设置唯一约束，如下所示:
--    operator: oper_telno

USE Tours
GO


ALTER TABLE OPERATOR
    ADD CONSTRAINT UK_oper_telno UNIQUE(oper_telno)
GO
```

STEP 7 向CRUISE和CRUISE_BOOK表设置检查约束。

```
--向表设置检查约束，如下所示:
--cruise: duration>0, price>0, airfare='Y'or'N'
--cruise_book: start_dt必须大于系统日期

USE Tours
GO

ALTER TABLE CRUISE
    ADD CONSTRAINT CK_complex CHECK(duration>0 AND price>0 AND airfare IN('Y','N'))
GO

ALTER TABLE CRUISE_BOOK
    ADD CONSTRAINT CK_start_dt CHECK(start_dt>getdate())
GO
```

STEP 8 向CUSTOMER表设置默认约束。

```
--向表设置默认约束，如下所示:
--  customer: no_of_per=1

USE Tours
GO


--先在EM中删除DEFAULT

ALTER TABLE CUSTOMER
    ADD CONSTRAINT DF_no_of_per DEFAULT(1)FOR no_of_per
GO
```

STEP 9 为每张表插入相应记录INSERT INTO。

```
--对每个表添加数据如下

--1.表名: operator

--  oper_cd      oper_nm         oper_add           oper_telno      oper_faxno     oper_email
--  旅行业务员代码   名字           地址              电话号码        传真号码        电子邮件地址
--  1 DreamTous       1 Park Ave,New York       6547654    6547655 contact@dreamtours.com
--  2 Fleur Vacations 2 King's St.,Los Angeles 8934576    8934577 tours@fleur.com

USE Tours
GO

INSERT INTO OPERATOR(oper_nm,    oper_add,     oper_telno,  oper_faxno,   oper_email)
    VALUES('DreamTous','1 Park Ave New York','6547654','6547655','contact@dreamtours.com')
GO

INSERT INTO OPERATOR(oper_nm,    oper_add,     oper_telno,  oper_faxno,   oper_email)
    VALUES('Fleur Vacations,'2 Kings St. Los Angeles','8934576','8934577','tours@fleur.com')
```

```
GO

-- 2.表名: cruise

--cruise_cd   cruise_nm   oper_cd   des_city   country_nm   duration   price   airfare
--旅行代码   旅行名称   业务员代码   目的地   国家   旅行时间(天)   每位价格$   票价在价格中(Y/N)
--1   15-day Eastern Mediterranean   1   Venice   Italy   15   2000   N
--2   Round trip   2   Venice   Italy   5   934   Y
--3   7-day Bermuda   1   New York   USA   7   849   N
--4   4-day Bahamas   1   Florida   USA   4   269   Y
--5   10-day Australian Experience   2   Sydney   Australia   10   2000   Y

USE Tours
GO
INSERT INTO cruise(cruise_nm, oper_cd,des_city,country_nm,duration,price,airfare)
    VALUES('15-day Eastern Mediterranean, 1,'Venice','Italy', 15, 2000,'N')
INSERT INTO cruise(cruise_nm, oper_cd, des_city, country_nm, duration,price, airfare)
    VALUES('Round trip',    2,'Venice', 'Italy',   5,    934,'Y')
INSERT INTO cruise(cruise_nm,  oper_cd, des_city, country_nm, duration, price,airfare)
    VALUES('7-day Bermuda',  1,'New York','USA',    7,    849,'N')
INSERT INTO cruise(cruise_nm,  oper_cd,  des_city,  country_nm, duration,  price,airfare)
    VALUES('4-day Bahamas',  1,'Florida','USA',   4,    269,'Y')
INSERT INTO cruise(cruise_nm, oper_cd, des_city,  country_nm, duration, price, airfare)
    VALUES('10-day Australian Experience',  2,'Sydney', 'Australia', 10,2000,'Y')

GO

-- 3.表名: cruise_book

--       cruise_cd          start_dt        tot_seats     seats_avail
--       行程代码           行程开始日期    座位总数      未预定座位数
--       1                  8/15/01         250           50
--       2                  7/7/01          200           150
--       1                  9/1/01          175           50
--       3                  9/6/01          250           100
--       5                  8/8/01          225           25
--       5                  9/5/01          200           125
--       4                  7/16/01         250           25

USE Tours
GO
INSERT INTO cruise_book(cruise_cd,    start_dt,     tot_seats,    seats_avail)
        VALUES (   1, '8/15/04',   250,       50)
INSERT INTO cruise_book(cruise_cd,    start_dt,     tot_seats,    seats_avail)
    VALUES(   2,  '7/7/04',    200,    150)
INSERT INTO cruise_book(cruise_cd,    start_dt,     tot_seats,    seats_avail)
    VALUES(   1, '9/1/04',    175,    50)
```

```
    INSERT INTO cruise_book(cruise_cd,     start_dt,       tot_seats,      seats_avail)
        VALUES(     3,    '9/6/04',        250,     100)
    INSERT INTO cruise_book(cruise_cd,     start_dt,       tot_seats,      seats_avail)
        VALUES(     5,    '8/8/04',        225,      25)
    INSERT INTO cruise_book(cruise_cd,     start_dt,       tot_seats,      seats_avail)
        VALUES(     5,    '9/5/04',        200,     125)
    INSERT INTO cruise_book(cruise_cd,     start_dt,       tot_seats,      seats_avail)
        VALUES(     4,   '7/16/04',        250,      25)
    GO

    -- 4.表名: customer

    --cust_cd  cust_nm          cust_add     tel_no    e_mail                cruise_cd    start_dt       no_of_per
    --客户代码   姓名              住址         电话号码   电子邮件地址           所预定旅行代码 所预定旅行开始日期 预定人员数
    --  1   Abraham Bennet    New York    8430462   ab@yahoo.com              1          9/1/01          3
    --  2   Michel DeFrance   Paris       3547128   michel@hotmail.com        2          7/7/01          2
    --  3   Dirk Stringer     Washington  5479982   stringer@usa.net          3          9/6/01          5
    --  4   Ann Dull          Florida     6754387   ann@yahoo.com             3          9/6/01          2
    --  5   Albert Ringer     Miami       6742389   aringer@hotmail.com       5          8/8/01          1


    USE Tours
    GO
    INSERT INTO customer(cust_nm,    cust_add,    tel_no,       e_mail,            cruise_cd,
start_dt,         no_of_per)
        VALUES('Abraham Bennet', 'New York', '8430462',   'ab@yahoo.com',          1
'9/1/01',         3)
    INSERT INTO customer(cust_nm,    cust_add,    tel_no,       e_mail,            cruise_cd,
start_dt,         no_of_per)
        VALUES('Michel DeFrance','Paris',    '3547128',  'michel@hotmail.com',    2,
'7/7/01',         2)
    INSERT INTO customer(cust_nm,    cust_add,    tel_no,       e_mail,            cruise_cd,
start_dt,         no_of_per)
        VALUES('Dirk Stringer',  'Washington','5479982',    'stringer@usa.net',        3,
'9/6/01',         5)
    INSERT INTO customer(cust_nm,    cust_add,    tel_no,       e_mail,            cruise_cd,
start_dt,         no_of_per)
        VALUES('Ann Dull',        'Florida',  '6754387',   'ann@yahoo.com',           3,
'9/6/01',         2)
    INSERT INTO customer(cust_nm,    cust_add,    tel_no,       e_mail,            cruise_cd,
start_dt,         no_of_per)
        VALUES('Albert Ringer',  'Miami',      '6742389',  'aringer@hotmail.com',     5,
'8/8/01',         1)
    GO
```

STEP 10 为每张表做DML操作。

```
use tours
go

update operator
```

```sql
set oper_telno='119'
where oper_telno='6547654'

delete
from operator
where oper_cd=4

select oper_nm,oper_telno
from operator

select*
from operator

select*
from operator
where oper_cd=2
```

--1.显示在纽约的旅游业务员的姓名
```sql
USE Tours
GO

select oper_nm as 业务员名字 from operator where oper_add like'%new york'
GO
```

--2.显示当年七月到八月预约的顾客姓名
```sql
USE Tours
GO

select cust_nm as 客户名字 from customer where datepart(mm,start_dt)in(7,8)
GO
```

--3.显示所有旅游业务员的姓名和域名（电子邮件地址中@之后的值）
```sql
USE Tours
GO

select oper_nm,right(oper_email,len(oper_email)-PATINDEX('%@%', oper_email)) AS domain_name from operator
GO
```

--4.显示所有预期收入低于2 000 000的旅游线及其预期收入的总和
```sql
USE Tours
GO

select cruise_nm,price*(tot_seats-seats_avail)as aa
from cruise inner join cruise_book on cruise.cruise_cd=cruise_book.cruise_cd
where price*(tot_seats-seats_avail)<2000000
order by cruise_nm
compute sum(price*(tot_seats-seats_avail))
```

```sql
GO

--5.使用一套子查询显示自10月以来没有一笔业务的业务员名单
USE Tours
GO

select oper_nm from operator
where oper_cd in(select oper_cd from cruise where cruise_cd not in
(select cruise_cd from cruise_book where datepart(mm,start_dt)>10))
GO

--6.使用子查询在CUSTOMER表中威尼斯旅游线的开始时间上加上15天
USE Tours
GO

update customer
set start_dt=start_dt+15
where cruise_cd in(select cruise_cd
from cruise where des_city='venice')
GO

--7.使用joins子句并移去由Dream Tours组织的威尼斯旅游
USE Tours
GO

delete
from cruise
where oper_cd=(select oper_cd from operator where oper_nm='dream tours')
and des_city='venice'
GO

--8.在CRUISE_BOOK表中的旅游代码和开始日期列上创建名为CLNDX_CRCDNM的聚集索引。确保索引页留有20%的空白
USE Tours
GO

create clustered index  clndx_crcdnm on cruise_book(cruise_cd,start_dt)
with fillfactor=20
GO

--9.在CRUISE表中的业务员代码列创建名为CLINCX_OPCD的非聚集索引。确保索引页占满70%，并且索引统计不更新
USE Tours
GO

create nonclustered index  clincx_opcd on cruise(cruise_cd)with
fillfactor=30 ,statistics_norecompute
GO
```

```sql
--10.显示在CRUISE表中创建的名为CLINDX-OPCD的非聚集索引统计
USE Tours
GO

dbcc show_statistics(cruise,clincx_opcd)
GO


--11.不断地修改CRUISE_BOOK表。更新与此表关联的所有索引的索引统计
USE Tours
GO

update statistics cruise_book
GO

--12.在旅游表上创建名为long_cruise的视图。这个视图应显示行程大于8天的旅游线的代码、名称、目的城市、
行程和价格。确保所有通过视图的数据修改都能严格限制在符合指定条件的行
USE Tours
GO

create view long_cruise
as
select cruise_cd,cruise_nm,des_city,duration,price from cruise where duration>8
with check option
GO


--13.通过视图long_cruise修改cruise表的数据。将所有线路的价格增加15%
USE Tours
GO

update long_cruise
set price=price*1.15
GO

--14.删除名为long_cruise的视图
USE Tours
GO
drop view long_cruise
GO
```

STEP 11 多种Select操作。

```sql
--1.select列名

use Tours
go

select*
from dbo.CUSTOMER
go
```

```
select cust_cd,cust_nm,tel_no,e_mail
from dbo.CUSTOMER
go

select top 2*
from dbo.CUSTOMER
go

select top 80 percent*
from dbo.CUSTOMER
go

select cust_nm As'客户姓名','电话号码'=tel_no,no_of_per+10 As'person_amount'
from dbo.CUSTOMER
go

--2.select 列名
--   from 表名

select cruise.cruise_cd,cruise_nm,start_dt,seats_avail
from cruise,cruise_book
where cruise.cruise_cd=cruise_book.cruise_cd
go

select cr.cruise_cd,cr.start_dt,seats_avail,cust_nm,tel_no
from CRUISE_BOOK cr,CUSTOMER cu
where cr.cruise_cd=cu.cruise_cd
go

select cr.cruise_cd,cr.start_dt,seats_avail,cust_nm,tel_no
from CRUISE_BOOK cr inner join CUSTOMER cu
on cr.cruise_cd=cu.cruise_cd
go

select cruise_cd,start_dt,tot_seats
from CRUISE_BOOK
where cruise_cd In( select cruise_cd from customer where no_of_per>=3)

--3.select 列名
--   from 表名
--   where 整体过滤条件

select*
from customer
where no_of_per>=1 and no_of_per<=3

select*
from customer
```

```sql
where no_of_per between 1 and 3

select*
from customer
where cust_nm like'A[^a-c]%'

select*
from customer
where cust_nm like'[^b-z]%'

select*
from customer
where cust_add='New York'or cust_add='Miami'

select*
from customer
where cust_add NOT IN('New York','Miami')

--4.select 列名
--   from 表名
--   group by 分组列

select*from cruise

select country_nm,sum(price)As 总价
from cruise
group by country_nm

select des_city,'平均天数'=avg(duration)
from cruise
group by des_city

select des_city,duration
from cruise
group by des_city,duration

--5.select 列名
--   from 表名
--   group by 分组列
--   having 分组过滤条件

select country_nm,duration
from cruise
group by country_nm,duration
having duration>5

select country_nm,duration
from cruise
```

```
where duration>5

select des_city,price
from cruise
group by des_city,price
having price>1000.00

select*
from cruise
where price>1000.00

--6.select 列名
--   from 表名
--   order by 列名

select*
from cruise
order by price

select*
from cruise
order by price ASC

select*
from cruise
order by price DESC

select*
from cruise
order by price DESC,duration ASC

select country_nm,des_city,cruise_nm
from cruise
order by country_nm ASC,des_city ASC,cruise_nm DESC

--7.select 列名
--   into 新表名
--   from 旧表名
--   where 条件

select*
into operator_bak
from operator

select*from operator

select*from operator_bak
truncate table operator_bak
```

```
CREATE TABLE 客户表
(
    客户编号 char(3) not null,
    客户姓名 varchar(20) null,
    客户年龄 int
)
go

insert into 客户表(客户编号,客户姓名,客户年龄)
        values('c01','张三',23)

insert into 客户表(客户编号,客户姓名,客户年龄)
        values('c02','李四',20)

insert into 客户表(客户编号,客户姓名,客户年龄)
        values('c03','王五',21)

insert into 客户表(客户编号,客户姓名,客户年龄)
        values('c04','赵六',25)

select*
from 客户表
where 客户年龄>22
```

STEP 12 insert 操作。

```
use Tours
go
select*from dbo.客户表

insert into dbo.客户表
        values('c05','田七',22)

insert into dbo.客户表(客户编号,客户姓名,客户年龄)
        values('c06','周八',22)

insert into dbo.客户表(客户编号,客户姓名,客户年龄)
        values('c07',NULL,26)

insert into dbo.客户表(客户编号,客户姓名,客户年龄)
        values('c08','null',26)

select*
from dbo.客户表
where 客户姓名 is null

select*
from dbo.客户表
where 客户姓名='null'
```

STEP 13 update 操作。

```
use Tours
go
select*from dbo.客户表
go

update dbo.客户表
set 客户姓名='夏娃'
where 客户姓名 is null

update dbo.客户表
set 客户年龄=客户年龄-20
```

STEP 14 delete 操作。

```
use tours
go

select*
into cruise_bak
from cruise

select*from cruise_bak

delete
from cruise

truncate table cruise

delete
from cruise_bak
```

任务小结

1. 用 CREATE DATABASE 创建库。
2. 用 CREATE TABLE 创建表（在创建表的同时设计主键、外键、检查、默认等约束）。
3. 用 INSERT INTO 为每张表输入记录。
4. 用 UPDATE 实现表的更新操作。
5. 用 DELETE 实现表的删除操作。
6. 用多种 Select 操作实现各种查询。

相关知识与技能

1. 子查询基础知识

子查询是一个 SELECT 查询，它返回单个值且嵌套在 SELECT、INSERT、UPDATE、DELETE 语句或其他子查询中。任何允许使用表达式的地方都可以使用子查询。

2. 嵌套在外部 SELECT 语句中的子查询

嵌套在外部 SELECT 语句中的子查询包括以下组件：

- 包含标准选择列表组件的标准SELECT查询。
- 包含一个或多个表或者视图名的标准FROM子句。
- 可选的WHERE子句。
- 可选的GROUP BY子句。
- 可选的HAVING子句。

3. 基本子查询
- 在通过IN引入的列表或者由ANY或ALL修改的比较运算符的列表上进行操作。
- 通过无修改的比较运算符引入，并且必须返回单个值。
- 通过EXISTS引入的存在测试。

任务拓展

1．如何实现库及表的创建？
2．如何实现增加记录的操作？
3．如何实现修改记录的操作？
4．如何实现删除记录的操作？
5．如何用不同的查询操作实现多种查询？

任务二　实现简单的子查询

任务描述

上海御恒信息科技公司接到客户的一份订单，要求为其设计各种子查询。公司刚招聘了一名程序员小张，软件开发部经理要求他尽快熟悉简单子查询设计方法，小张按照经理的要求开始做以下任务分析。

任务分析

1．用关键字IN连接子查询。
2．用关键字EXISTS连接子查询。
3．用关键字NOT EXISTS连接子查询。
4．用多个WHERE子句实现多张表的嵌套子查询。
5．设计DISTINCT去除冗余。
6．设计GROUP BY子句实现分组查询。
7．设计COMPUTE实现统计。
8．设计COMPUTE BY实现分组统计。
9．设计SELECT INTO复制表。

任务实施

STEP 1　使用子查询。

```
USE northwind
GO
SELECT productname FROM products WHERE productid IN(SELECT productid FROM[order details]
```

GO

STEP 2 使用EXISTS子句。

```
USE northwind
GO

SELECT productname FROM products
WHERE exists(SELECT productid FROM[order details]WHERE categoryid=1)
GO
```

STEP 3 使用NOT EXISTS子句。

```
USE northwind
GO

SELECT productname FROM products
WHERE NOT EXISTS(SELECT productid FROM[order details]WHERE categoryid=1)
GO
```

STEP 4 使用嵌套子查询。

```
USE northwind
GO

SELECT orderid,productid,unitprice FROM[order details]WHERE productid IN
(SELECT productid FROM products WHERE supplerid=(SELECT supplierid FROM suppliers
WHERE city='London'))
GO
```

STEP 5 使用DISTINCT。

```
USE northwind
GO

SELECT DISTINCT productid FROM[order details]
WHERE discount=0
GO
```

STEP 6 使用GROUP BY子句。

```
USE northwind
GO

SELECT  productid,SUM(quantity)
FROM [order details]
GROUP BY productid
GO
```

STEP 7 使用COMPUTE。

```
USE northwind
GO

SELECT productid,quantity
FROM[order details]compute max(quantity)
```

GO

STEP 8 使用COMPUTE BY。

```
USE northwind
GO


SELECT productid,quantity
FROM[order details]
ORDER BY productid
COMPUTE max(quantity)BY productid
GO
```

STEP 9 使用SELECT INTO。

```
USE northwind
GO


SELECT productid,quantity
INTO[product details]
FROM[order details]
GO
```

任务小结

1．子查询格式1：WHERE 主键 IN(SELECT 外键 FROM 从表)。

2．子查询格式2：WHERE EXISTS(SELECT 外键 FROM 从表)。

3．子查询格式3：WHERE NOT EXISTS(SELECT 外键 FROM 从表)。

4．子查询格式4：WHERE 主键1 IN(SELECT 外键1 FROM 从表1 WHERE 主键2 =(SELECT 外键2 FROM 从表2 WHERE 条件))。

5．DISTINCT的格式：SELECT DISTINCT 去除重复的列 FROM 表名。

6．分组的格式：GROUP BY 分组列。

7．统计的格式：COMPUTE 聚合函数(列名)。

8．分组统计的格式：ORDER BY 排序列 COMPUTE 聚合函数 BY 排序列。

9．复制表格的格式：SELECT 列名 INTO 新表名 FROM 旧表名。

相关知识与技能

1．ALL

用标量值与单列集中的值进行比较。

语法：

```
scalar_expression {=|<>|!=|>|>=|!>|<|<=|!<}ALL( subquery )
```

参数：

scalar_expression：是任何有效的SQL Server表达式。

{=|<>|!=|>|>=|!>|<|<=|!<}：是比较运算符。

subquery：是返回单列结果集的子查询。返回列的数据类型必须与scalar_expression的数据类型相同。是受限的SELECT语句（不允许使用ORDER BY子句、COMPUTE子句和INTO关键字）。

返回类型：Boolean。

结果值：

如果所有给定的比较对（scalar_expression, x）均为TRUE，其中x是单列集中的值，则返回TRUE；否则返回FALSE。

2．EXISTS

指定一个子查询，检测行的存在。

语法：

```
EXISTS subquery
```

参数：

subquery：是一个受限的SELECT语句（不允许有COMPUTE子句和INTO关键字）。有关更多信息，请参见SELECT中有关子查询的讨论。

结果类型：Boolean。

结果值：

如果子查询包含行，则返回TRUE。

任务拓展

1．EXISTS与NOT EXISTS的区别是什么？

2．IN与NOT IN的区别是什么？

3．COMPUTE与COMPUTE BY的区别是什么？

4．ORDER BY与COMPUTE BY之间的联系是什么？

5．SELECT ... INTO的作用是什么？

任务三　实现复杂的子查询

任务描述

上海御恒信息科技公司接到客户的一份订单，要求为客户设计复杂的子查询。公司刚招聘了一名程序员小张，软件开发部经理要求他尽快熟悉子查询的基本写法，小张按照经理的要求开始做以下任务分析。

任务分析

1．设计嵌套子查询。

2．设计相关子查询。

3．设计使用别名的子查询。

4．设计使用IN或NOT IN的子查询。

5．设计使用UPDATE、DELETE、INSERT的子查询。

6．设计使用比较运算符的子查询。

7．设计使用ANY、SOME、ALL修改的比较运算符的子查询。

8．设计使用EXISTS与NOT EXIST的子查询。

9．设计UNION、DISTINCT、COMPUTE BY、SELECT INTO。

STEP 1 嵌套子查询。

```
use northwind
go
select orderid,productid,unitprice from[order details]
where productid IN(select productid from products
          where supplierid=(select supplierid from suppliers
                  where city='London'))
go
```

STEP 2 相关子查询。

```
use northwind
go

select city from suppliers where supplierid in
(select supplierid from products
where suppliers.supplierid=products.supplierid)
go
```

STEP 3 使用别名的子查询。

```
use pubs
go
select au_lname,au_fname,city
from authors
where city in
  (select city from authors
    where au_fname='Livia'
      and au_lname='Karsen')
go

use pubs
go

select au1.au_lname,au1.au_fname,au1.city
from authors AS au1 INNER JOIN authors AS au2 ON au1.city=au2.city
AND au2.au_lname='Karsen'AND au2.au_fname='Livia'
go

use pubs
go

select au1.au_lname,au1.au_fname,au1.city
from authors AS au1
where au1.city in(
  select au2.city from authors AS au2
  where au2.au_lname='Karsen'AND au2.au_fname='Livia')
go
```

STEP 4 使用IN或NOT IN的子查询。

```
use pubs
go

select pub_name from publishers where pub_id in('1389','0736')
go


use pubs
go

select pub_name,title
from publishers inner join titles on publishers.pub_id=titles.pub_id and type='business'
go


use pubs
go
select au_lname,au_fname
from authors
where state='CA'and au_id IN(Select au_id from titleauthor
                             where royaltyper<30 and au_ord=2)


use pubs
go
select au_lname,au_fname
from authors inner join titleauthor on authors.au_id=titleauthor.au_id
where state='CA'AND royaltyper<30   AND au_ord=2
go


use pubs
go
select pub_name from publishers where pub_id NOT IN(select pub_id from titles
                                  where type='business')
go
```

STEP 5 使用UPDATE、DELETE、INSERT的子查询。

```
use pubs
go

update titles
set price=price*2
where pub_id in(select pub_id from publishers where pub_name='NEW Moon Books')
Go


use pubs
go

update titles
set price=price*2
```

```
from titles inner join publishers on titles.pub_id=publishers.pub_id and   pub_name=
'NEW Moon Books')
go


use pubs
go


delete sales
where title_id in(select title_id from titles where type='business')
go


use pubs
go


delete sales from sales inner join titles on sales.title_id=titles.title_id
and type='business'
go
```

STEP 6 使用比较运算符的子查询。

```
use pubs
go


select au_lname,au_fname from authors where city=(select city from publishers
                  where pub_name='Algodata Infosystems')
go


use pubs
go


select distinct title from titles where price>(select MIN(price)from titles)
go


use pubs
go


select distinct title
from titles
where price>(select min(price)from titles group by type having type='trad_cook')
go
```

STEP 7 使用ANY、SOME、ALL修改的比较运算符的子查询。

```
use pubs
go


select title
from titles
having max(advance)>all
where advance>all
(select max(advance)from publishers inner join titles on titles.pub_id=publishers.pub_id
```

```
    where pub_name='Algodata Infosystems')
go

use pubs
go

select title
from titles
Group by title
having max(advance)>
(select max(advance)from publishers inner join titles on titles.pub_id=publishers.pub_id
   where pub_name='Algodata Infosystems')
Go

use pubs
go

select title
from titles
where advance>ANY
(select advance from publishers inner join titles on titles.pub_id=publishers.pub_id
   and pub_name='Algodata Infosystems')
Go

use pubs
go

select au_lname,au_fname from authors where city IN(SELECT city FROM publishers)
Go

use pubs
go

select au_lname,au_fname from authors where city =ANY(SELECT city FROM publishers)
go

use pubs
go

select au_lname,au_fname from authors where city<>ANY(SELECT city FROM publishers)
go

use pubs
go

select au_lname,au_fname from authors where city NOT IN(SELECT city FROM publishers)
go
```

```
use pubs
go

select au_lname,au_fname from authors where city<>ALL(SELECT city FROM publishers)
go
```

STEP 8 使用EXISTS与NOT EXIST的子查询。

```
use pubs
go

select pub_name from publishers where exists(select*from titles
                    where pub_id=publishers.pub_id and type='business')
Go

use pubs
go

select au_lname,au_fname from authors where city=ANY(Select city from publishers)
Go

use pubs
go

select au_lname,au_fname from authors where exists(Select*from publishers
                    where authors.city=publishers.city)
go

use pubs
go

select title from titles where pub_id IN(select pub_id from publishers
                    where city like'B%')
go

use pubs
go

select title from titles where exists(select*from publishers
where pub_id=titles.pub_id and city LIKE'B%')
Go

use pubs
go

select pub_name from publishers where not exists(select*from titles
                    where pub_id=publishers.pub_id and type='business')
go

use pubs
```

```
go
select title from titles where not exists(select title_id from sales
                where title_id=titles.title_id)
go
```

STEP 9 UNION、DISTINCT、COMPUTE BY、SELECT INTO。

```
use pubs
go

create table Table1(A int,B char(3))
insert into Table1 values(1,'AAA')
insert into Table1 values(2,'BBB')
insert into Table1 values(3,'CCC')
select*from Table1

create table Table2(B int,A char(3))
insert into Table2 values(4,'BBB')
insert into Table2 values(5,'DDD')
insert into Table2 values(1,'EEE')
insert into Table2 values(2,'BBB')
select*from Table2
go

use pubs
go

select A,B FROM Table1
UNION
select A,B FROM Table2
go

use pubs
go

select A,B FROM Table1
UNION
select B,A FROM Table2
go

use pubs
go

select*FROM Table1
UNION ALL
select*FROM Table2
Go

use pubs
```

```
go

select type from titles where pub_id=1389
go

use pubs
go

select distinct type from titles where pub_id=1389
go

use pubs
go

select stor_id,qty from sales
compute by max(qty)
go

use pubs
go

select stor_id,qty from sales
compute  max(qty)
go

use pubs
go

select*from publishers
go

select*into publisher2
from publishers
go

select*from publisher2
go
```

任务小结

1．用从表的外键和主表的主键相连接可实现嵌套子查询。
2．相关子查询中使用主表.主键＝从表.外键进行多表连接。
3．别名设置好后可用主表别名.主键＝从表别名.外键进行多表连接。
4．IN 相当于包含多个，NOT IN 相当于不包含多个。
5．UPDATE、DELETE、INSERT 中都可以设计子查询。
6．用比较运算符也可以连接子查询。
7．使用 ANY、SOME、ALL 可以修改具有比较运算符的子查询。

8. 使用EXISTS与NOT EXIST的子查询可以判断是否存在指定的内容。

9. UNION可以实现联合，DISTINCT可以去除重复，COMPUTE BY可以实现分组统计，SELECT可以实现表格复制。

相关知识与技能

1. UPDATE、DELETE 和 INSERT 语句中的子查询

子查询可以嵌套在UPDATE、DELETE和INSERT语句以及SELECT语句中。

下面的查询使由New Moon Books出版的所有书籍的价格加倍。该查询更新titles表；其子查询引用publishers表。

```
UPDATE titles
SET price=price*2
WHERE pub_id IN
(SELECT pub_id
FROM publishers
WHERE pub_name='New Moon Books')
```

下面是使用连接的等效UPDATE语句：

```
UPDATE titles
SET price=price*2
FROM titles INNER JOIN publishers ON titles.pub_id=publishers.pub_id
AND pub_name='New Moon Books'
```

通过下面嵌套的查询，可以删除商业书籍的所有销售记录：

```
DELETE sales
WHERE title_id IN
(SELECT title_id
FROM titles
WHERE type='business')
```

下面是使用连接的等效DELETE语句：

```
DELETE sales
FROM sales INNER JOIN titles ON sales.title_id=titles.title_id
AND type='business'
```

2. 使用 EXISTS 子查询

使用EXISTS关键字引入一个子查询时，就相当于进行一次存在测试。外部查询的WHERE子句测试子查询返回的行是否存在。子查询实际上不产生任何数据；它只返回TRUE或FALSE值。

使用EXISTS引入的子查询语法如下：

```
WHERE[NOT]EXISTS(subquery)
```

下面的查询查找所有出版商业书籍的出版商的名称：

```
USE pubs
SELECT pub_name
FROM publishers
WHERE EXISTS
(SELECT*
FROM titles
```

```
WHERE pub_id=publishers.pub_id
AND type='business')
```

下面是结果集：

```
pub_name
-------------------
New Moon Books
Algodata Infosystems

(2 row(s) affected)
```

3. 使用 EXISTS 和 NOT EXISTS 查找交集与差集

使用 EXISTS 和 NOT EXISTS 引入的子查询可用于两种集合原理的操作：交集与差集。两个集合的交集包含同时属于两个原集合的所有元素。差集包含只属于两个集合中的第一个集合的元素。

city 列中 authors 和 publishers 的交集是作者和出版商共同居住的城市的集合。

```
USE pubs
SELECT DISTINCT city
FROM authors
WHERE EXISTS
(SELECT *
FROM publishers
WHERE authors.city=publishers.city)
```

下面是结果集：

```
city
--------
Berkeley

(1 row(s) affected)
```

4. IN

确定给定的值是否与子查询或列表中的值相匹配。

语法：

```
test_expression[ NOT ]IN
(
    subquery
    | expression[ ,...n ]
)
```

参数：

test_expression：是任何有效的 SQL Server 表达式。

subquery：是包含某列结果集的子查询。该列必须与 test_expression 有相同的数据类型。

expression[,...n]：一个表达式列表，用来测试是否匹配。所有表达式必须和 test_expression 具有相同的类型。

结果类型：布尔型。

结果值：

如果 test_expression 与 subquery 返回的任何值相等，或与逗号分隔的列表中的任何 expression 相等，那么结果值就为TRUE。否则，结果值为FALSE。

使用NOT IN对返回值取反。

示例：

1) 对比OR和IN

下面的示例选择名称和州的列表，列表中列出所有居住在加利福尼亚、印地安纳或马里兰州的作者。

```
USE pubs

SELECT au_lname, state
FROM authors
WHERE state='CA'OR state='IN'OR state='MD'
```

但是，也可以使用IN获得相同的结果：

```
USE pubs

SELECT au_lname, state
FROM authors
WHERE state IN('CA','IN','MD')
```

以下是上面任一查询的结果集：

```
au_lname        state
--------------
White           CA
Green           CA
Carson          CA
O'Leary         CA
Straight        CA
Bennet          CA
Dull            CA
Gringlesby      CA
Locksley        CA
Yokomoto        CA
DeFrance        IN
Stringer        CA
MacFeather      CA
Karsen          CA
Panteley        MD
Hunter          CA
McBadden        CA

(17 row(s)affected)
```

2) 将IN与子查询一起使用

下面的示例在titleauthor表中查找从任一种书得到的版税少于50%的所有作者的au_ids，然后从authors表中选择au_ids与titleauthor查询结果匹配的所有作者的姓名。结果显示有一些作者属于得到的版税少于50%的一类。

```
USE pubs
SELECT au_lname, au_fname
```

```
FROM authors
WHERE au_id IN
(SELECT au_id
FROM titleauthor
WHERE royaltyper<50)
```

下面是结果集:

```
au_lname                 au_fname
------------------------------
Green                    Marjorie
O'Leary                  Michael
Gringlesby               Burt
Yokomoto                 Akiko
MacFeather               Stearns
Ringer                   Anne

(6 row(s) affected)
```

3) 将 NOT IN 与子查询一起使用

NOT IN 将找到那些与值列表中的项目不匹配的作者。下面的示例查找至少有一种书取得不少于 50% 的版税的作者姓名:

```
USE pubs
SELECT au_lname, au_fname
FROM authors
WHERE au_id NOT IN
(SELECT au_id
FROM titleauthor
WHERE royaltyper<50)
```

下面是结果集:

```
au_lname                 au_fname
------------------------------
White                    Johnson
Carson                   Cheryl
Straight                 Dean
Smith                    Meander
Bennet                   Abraham
Dull                     Ann
Locksley                 Charlene
Greene                   Morningstar
Blotchet-Halls           Reginald
del Castillo             Innes
DeFrance                 Michel
Stringer                 Dirk
Karsen                   Livia
Panteley                 Sylvia
Hunter                   Sheryl
McBadden                 Heather
Ringer                   Albert
```

(17 row(s)affected)

任务拓展

1. 请对比OR和IN的区别?
2. 将IN与子查询一起使用会有什么效果?
3. 将NOT IN与子查询一起使用会有什么效果?
4. ANY、SOME、ALL有何区别?
5. UNION与UNION ALL有何区别?

任务四 实现 Select 多种查询

任务描述

上海御恒信息科技公司接到客户的一份订单,要求设计多种SELECT查询。公司刚招聘了一名程序员小张,软件开发部经理要求他尽快熟悉SELECT的多种查询,小张按照经理的要求开始做以下任务分析。

任务分析

1. 设计 select...from 语句。
2. 设计 select...into...from...where 语句。
3. 设计 select...from...where 语句。
4. 设计 select...from...where 语句中的 and、or、in、not in。
5. 设计 select...from...group by 语句。
6. 设计 select...from...group by...having 语句。
7. 设计 select...from...order by 语句。

任务实施

STEP 1 select...from。

```
use RobotMgr
go

--1.查询robert表中所有记录
select*
from robert
go

--2.查询robert表中名称、类型和速度三列内容
select r_name,r_type,r_speed
from robert
go
```

```sql
--3.查询robert表中名称、类型和速度三列内容,并用As为三列各起一个中文别名
select r_name As'机器人名称',r_type As'机器人类型',r_speed As'机器人速度'
from robert
go

--4.查询robert表中名称、类型和速度三列内容,并用"="为三列各起一个中文别名
select'机器人名称'=r_name,'机器人类型'=r_type,'机器人速度'=r_speed
from robert
go

--5.查询robert表中单价最高的前三行数据
select top 3*
from robert
order by r_price desc
go

--6.查询robert表中单价最高的前20%行的数据
select top 20 percent*
from robert
order by r_price desc
go
```

STEP 2 select...into...from...where。

```sql
--1.将robert表中的所有内容复制到robert_bak1表中
use RobotMgr
go

select*
into robert_bak1
from robert
go

select*from robert
go
select*from robert_bak1
go
truncate table robert_bak1
go

--2.将robert表中名称、类型和速度三列复制到robert_bak2表中
use RobotMgr
go

select r_name,r_type,r_speed
into robert_bak2
from robert
go

select*from robert_bak2
```

```
go
```

--3.将robert表中类型为war的所有内容复制到robert_bak3表中
```
use RobotMgr
go

select*
into robert_bak3
from robert
where r_type='war'
go

select*from robert_bak3
go
```

STEP 3 select...from...where。

--1.用from和where实现robert和orders的多表查询
```
use RobotMgr
go

select r.*,o.*
from robert r,orders o
where r.r_id=o.r_id
go
```

--2.用inner join实现robert和orders的多表查询
```
use RobotMgr
go

select r.*,o.*
from robert r inner join orders o
on r.r_id=o.r_id
go
```

--3.用from和where实现robert、orders和customer的多表查询
```
use RobotMgr
go

select r.*,o.*,c.*
from robert r,orders o,customer c
where r.r_id=o.r_id and c.c_id=o.c_id
go
```

--4.用inner join实现robert、orders和customer的多表查询
```
use RobotMgr
go

select r.*,o.*,c.*
from robert r inner join orders o on r.r_id=o.r_id
```

```
                    inner join customer c on c.c_id=o.c_id
go

--5.用子查询显示robert中名称为'T4000'的客户编号(用连接符"=")
select c_id
from customer
where c_id   =(select c_id
               from orders
               where r_id=(select r_id
                           from robert
                           where r_name='T4000'
                          )
              )
go

select*from robert
insert into robert values('r00006','T4000','science','2009-01-06',400,2800.5)
go

--6.用子查询显示robert中名称为'T4000'的客户编号(用连接符IN)
select c_id
from customer
where c_id   in(select c_id
               from orders
               where r_id in(select r_id
                             from robert
                             where r_name='T4000'
                            )
              )
go
```

STEP 4 select...from...where 中的 and、or、in、not in。

```
--1.查询robert表中速度介于200~400的所有记录
use RobotMgr
go

select*
from robert
where r_speed between 200 and 400
go

--2.查询robert表中速度等于80或者等于600的所有记录
use RobotMgr
go

select*
from robert
where r_speed=100 or r_speed=400
```

```
go

--3.查询robert表中速度大于或等于100并且小于400的所有记录
use RobotMgr
go

select*
from robert
where r_speed>=100 and r_speed<=400
go

--4.查询robert表中速度不在100~400之间的所有记录
use RobotMgr
go

select*
from robert
where not r_speed>=100 and r_speed<=400
go

--5.查询robert表中类别为home或war的所有记录
use RobotMgr
go

select*
from robert
where r_type IN('home','war')
go

--6.查询robert表中类别不是home或war的所有记录
use RobotMgr
go

select*
from robert
where r_type NOT IN('home','war')
go
```

STEP 5　select...from...group by。

```
--1.查询robert表中所有的类别
use RobotMgr
go

select r_type
from robert
group by r_type
go

--2.查询robert表中每个类别的小计
```

```
use RobotMgr
go

select r_type,sum(r_price)As 按类别支出小计
from robert
group by r_type
go

--3.查询robert表中每个类别的平均值
use RobotMgr
go

select r_type,avg(r_price)As 按类别支出平均值
from robert
group by r_type
go

--4.查询robert表中每个类别的最大值
use RobotMgr
go

select r_type,max(r_price)As 按类别支出最大值
from robert
group by r_type
go

--5.查询robert表中每个类别的最小值
use RobotMgr
go

select r_type,min(r_price)As 按类别支出最小值
from robert
group by r_type
go

--6.查询robert表中每个类别的统计个数
use RobotMgr
go

select r_type,count(r_price)As 按类别支出个数
from robert
group by r_type
go
```

STEP 6 select...from...group by...having。

```
--1.查询robert表中每个类别中小计单价超过100元的所有类别和单价
use RobotMgr
go
select r_type,r_price
```

```
from robert
group by r_type,r_price
having sum(r_price)>100
go


--2.查询robert表中每个类别的小计单价超过100元的所有记录
use RobotMgr
go
select r_type,sum(r_price)
from robert
group by r_type
having sum(r_price)>50
go


--3.查询robert表中按类别的统计个数超过1的所有类别和单价总计
use RobotMgr
go
select r_type,sum(r_price)
from robert
group by r_type
having count(*)>1
go
```

STEP 7 select...from...order by。

```
--1.查询robert表中按出厂日期升序排列的所有记录
use RobotMgr
go

select*
from robert
order by r_birth
go

--2.查询robert表中按出厂日期降序排列的所有记录
use RobotMgr
go

select*
from robert
order by r_birth desc
go

--3.查询robert表中按出厂日期降序排列,如出厂日期相同再按单价降序排列的所有记录
use RobotMgr
go

select*
from robert
order by r_birth desc,r_price desc
```

```
go

--4.查询robert表中单价最高的第一条记录
use RobotMgr
go

select top 1*
from robert
order by r_price desc
go
```

任务小结

1. 基本查询格式：select...from。
2. 复制表查询格式：select...into...from...where。
3. 整体过滤查询格式：select...from...where。
4. 在where中使用关键字and、or、in、not in进行记录的筛选。
5. 分组查询的格式：select...from...group by。
6. 分组过滤查询的格式：select...from...group by...having。
7. 排序的格式：select...from...order by。

相关知识与技能

1. 使用 IN 的子查询

通过IN（或NOT IN）引入的子查询结果是一列零值或更多值。子查询返回结果之后，外部查询将利用这些结果。

2. UPDATE、DELETE 和 INSERT 语句中的子查询

子查询可以嵌套在UPDATE、DELETE和INSERT语句以及SELECT语句中。

3. 使用 EXISTS 和 NOT EXISTS 查找交集与差集

使用EXISTS和NOT EXISTS引入的子查询可用于两种集合原理的操作：交集与差集。两个集合的交集包含同时属于两个原集合的所有元素。差集包含只属于两个集合中的第一个集合的元素。

4. 使用 NOT EXISTS 的子查询

NOT EXISTS与EXISTS的工作方式类似，只是如果子查询不返回行，那么使用NOT EXISTS的WHERE子句会得到令人满意的结果。

5. 使用 IN 的子查询

通过IN（或NOT IN）引入的子查询结果是一列零值或更多值。子查询返回结果之后，外部查询将利用这些结果。

6. 使用 NOT IN 的子查询

通过NOT IN关键字引入的子查询也返回一列零值或更多值。

以下查询查找没有出版过商业书籍的出版商的名称。

```
USE pubs
SELECT pub_name
FROM publishers
WHERE pub_id NOT IN
```

```
(SELECT pub_id
FROM titles
WHERE type='business')
```

除了用NOT IN代替IN，该查询与"使用IN的子查询"中的查询完全相同。但是，该语句无法转换为一个连接。这种类似的不等于连接有不同的含义：它会查找曾出版过一些书但不是商业书籍的出版商的名称。有关如何解释不基于等于的连接含义的信息，请参见连接三个或更多的表。

7. 使用比较运算符的子查询

子查询可由一个比较运算符（=、<>、>、>=、<、!>、!<或<=）引入。

与使用IN引入的子查询一样，由未修改的比较运算符（后面不跟ANY或ALL的比较运算符）引入的子查询必须返回单个值而不是值列表。如果这样的子查询返回多个值，SQL Server将显示错误信息。

要使用由无修改的比较运算符引入的子查询，必须对数据和问题的本质非常熟悉，以了解该子查询实际是否只返回一个值。

任务拓展

1. where 与所有的区别是什么？
2. select 与 select into 的区别是什么？
3. group by 与 order by 的区别是什么？

任务五　实现 Select 联合与连接查询

任务描述

上海御恒信息科技公司接到客户的一份订单，要求使用联合与连接来设计多种SELECT的查询。公司刚招聘了一名程序员小张，软件开发部经理要求他尽快熟悉联合与连接，小张按照经理的要求开始做以下任务分析。

任务分析

1. 用联合设置哪张表显示在上方，哪张表显示在下方。
2. 用where将主键及外键连接来实现多表查询。
3. 用内连接做一个多表查询。
4. 用左外部连接做一个多表查询。
5. 用右外部连接做一个多表查询。
6. 用全外部连接做一个多表查询。
7. 用交叉连接做一个多表查询。
8. 用自连接实现一个多表查询。

任务实施

STEP 1 用联合将机器人表中类型为war的名称、类型、出厂日期显示在上面，类型为home的名称、类型、出厂日期显示在下面。

```
use RobotMgr
```

```
go

select*
from robert
go

select r_name,r_type,r_birth
into wars
from robert
where r_type='war'
go

select r_name,r_type,r_birth
into homes
from robert
where r_type='home'
go

--union必须是列数相同，数据类型相同才能使用联合

select*from wars
union                           --有排序，无重复
select*from homes
go

select*from wars
union all                       --无排序，有重复
select*from homes
go
```

STEP 2 用from及where将customer、orders、robert、ship四张表连接起来做一个多表查询。

```
use RobotMgr
go

select*from customer
go
select*from orders
go
select*from robert
go
select*from ship
go

select c_name,c_mobile,o_date,r_name,r_type,r_price
from customer c,orders o,robert r,ship s
where c.c_id=o.c_id and r.r_id=o.r_id and s.s_id=o.s_id
go
```

STEP 3 用inner join将customer、orders、robert、ship四张表连接起来做一个多表查询。

```
use RobotMgr
go

select c_name,c_mobile,o_date,r_name,r_type,r_price
from customer c inner join orders o on c.c_id=o.c_id
            inner join robert r on r.r_id=o.r_id
            inner join ship s   on s.s_id=o.s_id
go
```

STEP 4 用 left outer join 将 customer、orders、robert、ship 四张表连接起来做一个多表查询。

```
use RobotMgr
go

select c_name,c_mobile,o_date,r_name,r_type,r_price
from customer c left outer join orders o on c.c_id=o.c_id
            left outer join robert r on r.r_id=o.r_id
            left outer join ship s   on s.s_id=o.s_id
go

insert into customer(c_id,c_name,c_sex,c_age,c_mobile,c_email)
            values('c00005','mike','F',35,'13812121916','mike@hotmail.com')
go

select c_name,c_mobile,o_date,r_name,r_type,r_price
from customer c left outer join orders o on c.c_id=o.c_id
            left outer join robert r on r.r_id=o.r_id
            left outer join ship s   on s.s_id=o.s_id
go
```

STEP 5 用 right outer join 将 customer、orders、robert、ship 四张表连接起来做一个多表查询。

```
use RobotMgr
go

select c_name,c_mobile,o_date,r_name,r_type,r_price
from customer c right outer join orders o on c.c_id=o.c_id
            right outer join robert r on r.r_id=o.r_id
            right outer join ship s   on s.s_id=o.s_id
go
```

STEP 6 用 full outer join 将 customer、orders、robert、ship 四张表连接起来做一个多表查询。

```
use RobotMgr
go

select c_name,c_mobile,o_date,r_name,r_type,r_price
from customer c full outer join orders o on c.c_id=o.c_id
            full outer join robert r on r.r_id=o.r_id
            full outer join ship s   on s.s_id=o.s_id
go
```

STEP 7 用 cross join 将 customer、orders、robert、ship 四张表连接起来做一个多表查询。

```
use RobotMgr
go

select c_name,c_mobile,o_date,r_name,r_type,r_price
from customer  cross join orders cross join robert cross join ship
go
```

STEP 8 用自连接将robot表连接起来做一个多表查询，要求显示类别相同的记录。

```
use RobotMgr
go

select*from robert
go

select r1.*,r2.*
from robert r1,robert r2
where r1.r_type=r2.r_type
go
```

任务小结

1. 用union可以将多张表联合起来显示。
2. where 主表.主键=从表.外键可将多表连接起来进行查询。
3. 用inner join、left outer join、right outer join、full outer join、cross join都可实现一个多表查询。

相关知识与技能

1. 用ANY、SOME或ALL修改的比较运算符

可以用ALL或ANY关键字修改引入子查询的比较运算符。SOME是SQL-92标准的ANY的等效物。

由带修改的比较运算符引入的子查询返回一列零值或更多值，并且可以包括GROUP BY或HAVING子句。这些子查询可通过EXISTS重新表述。

以 > 比较运算符为例，>ALL表示大于每一个值；换句话说，大于最大值。例如，>ALL(1, 2, 3)表示大于3。>ANY表示至少大于一个值，也就是大于最小值。因此 >ANY(1, 2, 3)表示大于1。

要使带有 >ALL的子查询中的某行满足外部查询中指定的条件，引入子查询的列中的值必须大于由子查询返回的值的列表中的每个值。

同样，>ANY表示要使某一行满足外部查询中指定的条件，引入子查询的列中的值必须至少大于由子查询返回的值的列表中的一个值。

2. =ANY 运算符与 IN 等效

例如，要查找与出版商住在同一个城市的作者，可以使用IN或=ANY。

```
USE pubs
SELECT au_lname, au_fname
FROM authors
WHERE city IN
(SELECT city
FROM publishers)

USE pubs
```

```
SELECT au_lname, au_fname
FROM authors
WHERE city=ANY
(SELECT city
FROM publishers)
```

下面是任一查询的结果集：

```
au_lname              au_fname
------------------------
Carson                Cheryl
Bennet                Abraham

(2 row(s) affected)
```

3. <>ANY 运算符与 NOT IN 有所不同

<>ANY 表示不等于a，或不等于b，或不等于c。而NOT IN 表示不等于a，且不等于b，且不等于c。但 <>ALL 与 NOT IN 意义相同。

例如，下面的查询查找在没有出版商的城市中居住的作者。

```
USE pubs
SELECT au_lname, au_fname
FROM authors
WHERE city<>ANY
(SELECT city
  FROM publishers)
```

下面是结果集：

```
au_lname                    au_fname
------------------------------------
White                       Johnson
Green                       Marjorie
Carson                      Cheryl
O'Leary                     Michael
Straight                    Dean
Smith                       Meander
Bennet                      Abraham
Della Buena                 Ann
Gringlesby                  Burt
Locksley                    Charlene
Greene                      Morningstar
Blotchet-Halls              Reginald
Yokomoto                    Akiko
del Covello                 Innes
DeFrance                    Michel
Stringer                    Dirk
MacFeather                  Stearns
Karsen                      Livia
Panteley                    Sylvia
Hunter                      Sheryl
McBadden                    Heather
```

```
Ringer                  Anne
Ringer                  Albert

(23 row(s) affected)
```

因为每个作者所在的城市中都有一个或多个出版商不在那里居住,所以结果包括所有23个作者。内部查询找出所有住有出版商的城市,然后对于每个城市,外部查询查找不住在该城市的作者。

但是,如果在该查询中使用NOT IN,那么结果将包括除了Cheryl Carson和Abraham Bennet以外的所有作者,因为他们住在Algodata Infosystems所处的Berkeley。

```
USE pubs
SELECT au_lname, au_fname
FROM authors
WHERE city NOT IN
(SELECT city
FROM publishers)
```

下面是结果集:

```
au_lname                au_fname
-----------------------------------
White                   Johnson
Green                   Marjorie
O'Leary                 Michael
Straight                Dean
Smith                   Meander
Della Buena             Ann
Gringlesby              Burt
Locksley                Charlene
Greene                  Morningstar
Blotchet-Halls          Reginald
Yokomoto                Akiko
del Covello             Innes
DeFrance                Michel
...                     ...

(21 row(s) affected)
```

4. 通过使用 <>ALL 运算符获得相同的结果,该运算符与 NOT IN 等效

```
USE pubs
SELECT au_lname, au_fname
FROM authors
WHERE city<>ALL
(SELECT city
FROM publishers)
```

5. 使用别名的相关子查询

相关子查询可以用于从外部查询引用的表中选择数据之类的操作中。在这种情况下,必须使用表的别名(又称相关名)明确指定要使用哪个表引用。例如,可以使用相关子查询查找已由多个出版商出版的书的类型。需要用别名来区分在其中出现titles表的两个不同角色。

```
USE pubs
SELECT DISTINCT t1.type
FROM titles t1
WHERE t1.type IN
(SELECT t2.type
FROM titles t2
WHERE t1.pub_id<>t2.pub_id)
```

下面是结果集:

```
type
----------
business
psychology

(2 row(s)affected)
```

上面的嵌套查询等同于下面的自连接:

```
USE pubs
SELECT DISTINCT t1.type
FROM titles t1 INNER JOIN titles t2 ON t1.type=t2.type
AND t1.pub_id<>t2.pub_id
```

6. 使用别名的子查询

许多其中的子查询和外部查询引用同一表的语句可被表述为自连接(将某个表与自身连接)。例如,通过使用子查询,可以找到与Livia Karsen住在同一城市的作者:

```
USE pubs
SELECT au_lname, au_fname, city
FROM authors
WHERE city IN
(SELECT city
FROM authors
WHERE au_fname='Livia'
AND au_lname='Karsen')
```

下面是结果集:

```
au_lname              au_fname              city
-----------------------------------------------------
Green                 Marjorie              Oakland
Straight              Dean                  Oakland
Stringer              Dirk                  Oakland
MacFeather            Stearns               Oakland
Karsen                Livia                 Oakland

(5 row(s)affected)
```

也可以使用自连接:

```
USE pubs
SELECT au1.au_lname, au1.au_fname, au1.city
FROM authors AS au1 INNER JOIN authors AS au2 ON au1.city=au2.city
```

```
AND au2.au_lname='Karsen'
AND au2.au_fname='Livia'
```

由于自连接的表会以两种不同的角色出现,所以必须有表别名。别名也可用于引用内部和外部查询中同一表的嵌套查询。

```
USE pubs
SELECT au1.au_lname, au1.au_fname, au1.city
FROM authors AS au1
WHERE au1.city in
(SELECT au2.city
FROM authors AS au2
WHERE au2.au_fname='Livia'
AND au2.au_lname='Karsen')
```

显式别名清楚地表明,对子查询中authors的引用并不等同于外部查询中的引用。

任务拓展

1. inner join与outer join有哪些区别?
2. left outer join与right outer join有哪些区别?
3. 自连接如何实现?
4. union与inner join有何区别?

任务六　实现Select高级查询

任务描述

上海御恒信息科技公司接到客户的一份订单,要求将一般查询和子查询结合起来实现高级查询。公司刚招聘了一名程序员小张,软件开发部经理要求他尽快熟悉SELECT的各种查询方法,小张按照经理的要求开始做以下任务分析。

任务分析

1. 用子查询查询信息。
2. 用group by实现分组查询。
3. 用group by和cube实现聚合查询。
4. 用group by和rollup实现聚合查询。
5. 用order by和compute by实现聚合查询。
6. 用compute实现聚合查询。
7. 用compute by和compute实现聚合查询。
8. 用group by和cube实现小计及总计查询。
9. 用group by和rollup实现小计及总计查询。
10. 用distinct区分不同的类别。

STEP 1 用子查询查询出机器人单价超过6 000元的货运信息。

```
use RobotMgr
go

select*from robert
go
select*from order
go
select*from ship
go

select r_id
from robert
where r_price>6000

select s_id
from orders
where r_id in('r00004')

select*
from ship
where s_id='s00003'

select*
from ship
where s_id in(select s_id
        from orders
        where r_id in(select r_id
                from robert
                where r_price>6000
                )
        )
go
```

STEP 2 查询机器人表中每个类别的机器人单价小计（简要小计，使用group by）。

```
select r_type,sum(r_price)
from robert
group by r_type
go
```

STEP 3 查询机器人表中每个类别的机器人单价小计和所有机器人单价总计（简要小计加总计，使用 group by 和 cube）。

```
select r_type,sum(r_price)
from robert
group by r_type with cube
```

go
```

**STEP 4** 查询机器人表中每个类别的机器人单价小计和所有机器人单价总计（简要小计加总计，使用group by和rollup）。

```
select r_type,sum(r_price)
from robert
group by r_type with rollup
go
```

STEP 5 查询机器人表中每个类别的机器人单价小计，并显示机器人名称、机器人出厂日期、机器人类别、机器人单价（详细小计，使用order by和compute by）。

```
select r_name,r_birth,r_type,r_price
from robert
order by r_type
compute sum(r_price)by  r_type
go
```

STEP 6 查询机器人表中的机器人名称、机器人出厂日期、机器人类别、机器人单价，并在最后显示机器人单价总计（详细信息加总计，使用compute）。

```
select r_name,r_birth,r_type,r_price
from robert
compute sum(r_price)
go
```

STEP 7 查询机器人表中的机器人名称、机器人出厂日期、机器人类别、机器人单价的按类别分类小计，并在最后显示机器人单价总计（详细小计加总计，使用compute by和compute）。

```
select r_name,r_birth,r_type,r_price
from robert
order by r_type
compute sum(r_price)by r_type
compute sum(r_price)
go
```

STEP 8 查询机器人表中的机器人出厂日期、机器人类别、机器人单价信息，先显示每个出厂日期各个类别的机器人详细情况及每个出厂日期小计，然后显示所有机器人单价总计，最后显示每个类别的机器人单价小计（详细小计加总计加简要小计，使用group by和cube）。

```
select r_birth,r_type,sum(r_price)
from robert
group by r_birth,r_type with cube
go
```

STEP 9 查询机器人表中的机器人出厂日期、机器人类别、机器人单价信息，先显示每个出厂日期各个类别的机器人详细情况及每个出厂日期小计，然后在最后显示所有机器人单价总计（详细小计加总计，使用group by和rollup）。

```
select r_birth,r_type,sum(r_price)As金额小计
from robert
group by r_birth,r_type with rollup
go
```
```

STEP 10 显示机器人表中每个类别的名称。

```
select  distinct r_type
from robert
go
```

任务小结

1．用子查询中的IN将主表的PK与从表的FK连接，从而实现多表查询。
2．group by可以实现分组简要小计。
3．简要小计加总计，使用group by和cube实现。
4．简要小计加总计，也可用group by和rollup实现。
5．详细小计，使用order by和compute by实现。
6．详细信息加总计，使用compute实现。
7．详细小计加总计，使用compute by和compute实现。
8．详细小计加总计加简要小计，使用group by和cube实现。
9．详细小计加总计，也可用group by和rollup实现。
10．显示每个类别的名称可以用DISTINCT去除冗余。

相关知识与技能

1. 创建子查询

可以使用一个查询的结果作为另一个查询的输入。一般情况下，使用子查询的结果作为搜索条件，且该搜索条件使用IN( )函数或EXISTS运算符。不过，也可以在FROM子句中使用子查询。

可以通过在网格窗格或SQL窗格中输入子查询来创建子查询。

1) 在网格窗格中定义EXIST子查询

● 创建主查询。

● 在网格窗格中第一个空行的"列"列中输入EXIST，EXIST后的圆括号内是子查询。

● 在包含子查询的行的"准则"列中，输入TRUE、FALSE、=TRUE或=FALSE。输入FALSE或=FALSE将产生NOT EXIST查询。

注意：若要创建NOT EXISTS查询，可按上面所列的步骤创建EXISTS查询，并将"准则"列设置为FALSE。如果在网格窗格内输入NOT EXISTS，查询设计器将显示错误。

2) 在SQL窗格中定义子查询

● 创建主查询。

● 在SQL窗格中选择SQL语句，然后使用"复制"命令将查询移到剪贴板上。

● 启动新的查询，然后使用"粘贴"命令将第一个查询移到新查询的WHERE子句或FROM子句中。

例如，假设有两个表：products表和suppliers表，要创建显示瑞典供货商所有产品的查询。在suppliers表上创建第一个查询以查找所有的瑞典供货商：

```
SELECT supplier_id
FROM supplier
WHERE(country='Sweden')
```

使用"复制"命令将该查询移到剪贴板上。用products表创建第二个查询，以列出需要的产品信息：

```
SELECT product_id, supplier_id, product_name
FROM products
```

在SQL窗格中,将WHERE子句添加到第二个查询,然后从剪贴板粘贴第一个查询。用圆括号将第一个查询括起来,于是最终结果如下:

```
SELECT product_id, supplier_id, product_name
FROM products
WHERE supplier_id IN
(SELECT supplier_id
FROM supplier
WHERE(country='Sweden'))
```

注意:将子查询添加到WHERE子句时,子查询出现在网格窗格的"准则"列中。可以在网格窗格和SQL窗格中进一步编辑子查询。但是,在子查询中引用的表以及表结构化对象、列和表达式不显示在关系图或网格窗格中。

2. 用于替代表达式的子查询

在T-SQL中,除了在ORDER BY列表中以外,在SELECT、UPDATE、INSERT和DELETE语句的任何可以使用表达式的地方都可以使用子查询来替代。

下面的示例将说明如何使用该增强功能。该查询查找热门计算机书籍的价格、全部书的平均价格,以及每本书的价格与全部书的平均价格之间的差价。

```
USE pubs
SELECT title, price,
(SELECT AVG(price)FROM titles)AS average,
price-(SELECT AVG(price)FROM titles)AS difference
FROM titles
WHERE type='popular_comp'
```

下面是结果集:

```
title                          price       average      difference
---------------------------------------------------------------------
But Is It User Friendly?       22.95       14.77        8.18
Secrets of Silicon Valley      20.00       14.77        5.23
Net Etiquette                  (null)      14.77        (null)

(3 row(s)affected)
```

任务拓展

1. cube与rollup的区别是什么?
2. order by与compute by的共同点是什么?
3. distinct一般什么情况下使用?
4. compuite与compute by如何结合起来使用?

◎ 项目综合实训　实现家庭管理系统中的高级查询

一、项目描述

上海御恒信息科技公司接到一个订单,需要用一般查询结合复杂查询来实现家庭管理系统中各表的综合查询,程序员小张根据以上要求进行相关查询的设计后,按照项目经理的要求开始做以下项目分析。

二、项目分析

1. 用联合分别显示家庭成员表中不同的信息。
2. 用 from 及 where 实现家庭管理系统中的多表查询。
3. 用 inner join 实现家庭管理系统中的多表查询。
4. 用 left outer join 实现家庭管理系统中的多表查询。
5. 用 right outer join 实现家庭管理系统中的多表查询。
6. 用 full outer join 实现家庭管理系统中的多表查询。
7. 用 cross join 实现家庭管理系统中的多表查询。
8. 用自连接实现家庭管理系统中的多表查询。
9. 用子查询实现家庭管理系统中的多表查询。
10. 用 group by 设计简要小计。
11. 用 group by 和 cube 设计简要小计加总计。
12. 用 group by 和 rollup 设计简要小计加总计。
13. 用 order by 和 compute by 设计详细小计。
14. 用 compute 设计详细信息加总计。
15. 用 compute by 和 compute 设计详细小计加总计。
16. 用 group by 和 cube 设计详细小计加总计加简要小计。
17. 用 group by 和 rollup 设计详细小计加总计。
18. 用 distinct 显示指定列的不重复信息。

三、项目实施

STEP 1　用联合将家庭成员表中成员类别为"客户"的姓名、类别、手机信息显示在上面,成员类别为"亲属"或"亲戚"的姓名、类别、手机信息显示在下面。

```
use FamilyMgr
go

select*
from familymember
go

select f_name,f_kind,f_mobile
into familyrelation
from familymember
where f_kind='亲戚'or f_kind='亲属'
go

select f_name,f_kind,f_mobile
into familycustomer
from familymember
```

```sql
where f_kind='客户'
go

--union必须是列数相同，数据类型相同才能使用联合

select*from familycustomer
union                              --有排序，无重复
select*from familyrelation
go

select*from familycustomer
union all                          --无排序，有重复
select*from familyrelation
go
```

STEP 2 用from及where将familymember、familymoney、familyout三张表连接起来做一个多表查询。

```sql
use FamilyMgr
go

select*from familymember
go
select*from familymoney
go
select*from familyout
go

select fr.f_id,f_name,f_mobile,fo.o_id,o_date,o_name,o_money
from familymember fr,familymoney fm,familyout fo
where fr.f_id=fm.f_id and fo.o_id=fm.o_id
go
```

STEP 3 用inner join将familymember、familymoney、familyout三张表连接起来做一个多表查询。

```sql
use FamilyMgr
go

select fr.f_id,f_name,f_mobile,fo.o_id,o_date,o_name,o_money
from familymember fr inner join familymoney fm on fr.f_id=fm.f_id
                inner join familyout fo  on fo.o_id=fm.o_id
go
```

STEP 4 用left outer join将familymember、familymoney、familyout三张表连接起来做一个多表查询。

```sql
use FamilyMgr
go

select fr.f_id,f_name,f_mobile,fo.o_id,o_date,o_name,o_money
from familymember fr left outer join familymoney fm on fr.f_id=fm.f_id
                left outer join familyout fo  on fo.o_id=fm.o_id
go
```

STEP 5 用right outer join将familymember、familymoney、familyout三张表连接起来做一个多表查询。

```
use FamilyMgr
go

select fr.f_id,f_name,f_mobile,fo.o_id,o_date,o_name,o_money
from familymember fr right outer join familymoney fm on fr.f_id=fm.f_id
                     right outer join familyout fo   on fo.o_id=fm.o_id
go
```

STEP 6 用full outer join将familymember、familymoney、familyout三张表连接起来做一个多表查询。

```
use FamilyMgr
go

select fr.f_id,f_name,f_mobile,fo.o_id,o_date,o_name,o_money
from familymember fr full outer join familymoney fm on fr.f_id=fm.f_id
                     full outer join familyout fo   on fo.o_id=fm.o_id
go
```

STEP 7 用cross join将familymember、familymoney两张表连接起来做一个多表查询。

```
use FamilyMgr
go

select fr.f_id,f_name,f_mobile,fm.m_id,fm.i_id,fm.o_id,fm.f_id
from familymember fr cross join familymoney fm

go
```

STEP 8 用自连接将familyin表连接起来做一个多表查询，要求显示支出类别相同的记录。

```
use FamilyMgr
go

select*from familyin
go

select f1.*
from familyin f1,familyin f2
where f1.i_kind=f2.i_kind
```

STEP 9 用子查询查询出支出金额超过200元的家庭成员的编号、姓名和手机。

```
use FamilyMgr
go

select*from familymember
go
select*from familymoney
go
select*from familyout
go
```

```sql
select f_id,f_name,f_mobile
from familymember
where f_id='f0001'

select f_id
from familymoney
where o_id in('o00001','o00004')

select o_id
from familyout
where o_money>200

select f_id,f_name,f_mobile
from familymember
where f_id in(select f_id
        from familymoney
        where o_id in( select o_id
                    from familyout
                    where o_money>200
                        )
            )
go
```

STEP 10 查询支出表中每个类别的支出金额小计（简要小计，使用group by）。

```sql
select o_kind,sum(o_money)
from familyout
group by o_kind
go
```

STEP 11 查询支出表中每个类别的支出金额小计和所有支出金额总计（简要小计加总计，使用group by和cube）。

```sql
select o_kind,sum(o_money)
from familyout
group by o_kind with cube
go
```

STEP 12 查询支出表中每个类别的支出金额小计和所有支出金额总计（简要小计加总计，使用group by和rollup）。

```sql
select o_kind,sum(o_money)
from familyout
group by o_kind with rollup
go
```

STEP 13 查询支出表中每个类别的支出金额小计，并显示支出名称、支出日期、支出类别、支出金额（详细小计，使用order by和compute by）。

```sql
select o_name,o_date,o_kind,o_money
from familyout
order by o_kind
compute sum(o_money)by o_kind
```

```
go
```

STEP 14 查询支出表中的支出名称、支出日期、支出类别、支出金额，并在最后显示支出金额总计（详细信息加总计，使用compute）。

```
select o_name,o_date,o_kind,o_money
from familyout
compute sum(o_money)
go
```

STEP 15 查询支出表中的支出名称、支出日期、支出类别、支出金额的按类别分类小计，并在最后显示支出金额总计（详细小计加总计，使用compute by 和 compute）

```
select o_name,o_date,o_kind,o_money
from familyout
order by o_kind
compute sum(o_money)by o_kind
compute sum(o_money)
go
```

STEP 16 查询支出表中的支出日期、支出类别、支出金额信息，先显示每天各个类别的支出详细情况及每天小计，然后显示所有支出金额总计，最后显示每个类别的支出金额小计（详细小计加总计加简要小计，使用group by 和 cube）。

```
select o_date,o_kind,sum(o_money)
from familyout
group by o_date,o_kind with cube
go
```

STEP 17 查询支出表中的支出日期、支出类别、支出金额信息，先显示每天各个类别的支出详细情况及每天小计，然后在最后显示所有的支出金额总计（详细小计加总计，使用group by 和 rollup）。

```
select o_date,o_kind,sum(o_money)As 金额小计
from familyout
group by o_date,o_kind with rollup
go
```

STEP 18 显示支出表中每个类别的名称。

```
select  distinct o_kind
from familyout
go
```

四、项目小结

1．union实现两张表的组合显示，不需要主键和外键连接。

2．inner join、outer join需要主键和外键连接。

3．子查询也需要主键和外键连接。

4．分类小计需要用到group by、cube、rollup。

5．详细统计需要用到compute、compute by。

6．distinct可以去除重复的信息。

◎ 项目评价表

能力	内容		评价		
	项目五 实现高级查询				
	学习目标	评价项目	3	2	1
职业能力	实现高级查询	任务一 实现DDL与DML			
		任务二 实现简单的子查询			
		任务三 实现复杂的子查询			
		任务四 实现Select多种查询			
		任务五 实现Select联合与连接查询			
		任务六 实现Select高级查询			
通用能力		动手能力			
		解决问题能力			
	综合评价				

评价等级说明表	
等级	说明
3	能高质、高效地完成此学习目标的全部内容，并能解决遇到的特殊问题
2	能高质、高效地完成此学习目标的全部内容
1	能圆满完成此学习目标的全部内容，不需任何帮助和指导

以上表格根据国家职业技能标准相关内容设定。

项目六

实 现 索 引

视频

实现索引

 核心概念

聚集索引、非聚焦索引、唯一索引、填充因子、复合索引、索引优化向导。

 项目描述

数据库中的索引与书籍中的索引类似。在一本书中，利用索引可以快速查找所需信息，无须阅读整本书。在数据库中，索引使数据库程序无须对整个表进行扫描，就可以在其中找到所需数据。书中的索引是一个词语列表，其中注明了包含各个词的页码。而数据库中的索引是一个表中所包含的值的列表，其中注明了表中包含各个值的行所在的存储位置。可以为表中的单个列建立索引，也可以为一组列建立索引。

索引采用B树结构。索引包含一个条目，该条目有来自表中每一行的一个或多个列（搜索关键字）。B树按搜索关键字排序，可以在搜索关键字的任何子词条集合上进行高效搜索。例如，对于一个A、B、C列上的索引，可以在A以及A、B和A、B、C上对其进行高效搜索。数据库则包含分别关于所选类型或数据列的索引。当创建数据库并优化其性能时，应该为数据查询所使用的列创建索引。

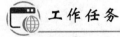 **技能目标**

用提出、分析、解决问题的方法来培养学生如何创建聚集索引和非聚焦索引，通过默认的填充因子来提供较好的性能，并在解决问题的同时熟练掌握索引优化向导，还要在设计和创建索引时，确保对性能的提高程度大于在存储空间和处理资源方面的代价。

工作任务

实现索引的基本操作，进阶操作及高级操作。

任务一 实现索引的基本操作

任务描述

上海御恒信息科技公司接到客户的一份订单，要求设计索引来提高查询效率。公司刚招聘了一名程序员小张，软件开发部经理要求他尽快熟悉索引的基本操作，小张按照经理的要求开始做以下任务分析。

任务分析

1. 创建聚集索引。
2. 创建非聚集索引。
3. 创建唯一性索引。
4. 创建组合索引。
5. 查看索引信息。
6. 使用强制查询优化器。
7. 删除无用的索引。
8. 使用全文索引。

任务实施

STEP 1 创建聚集索引。

```
use pubs
go

create clustered index CLINDX_titleid ON roysched(title_id)
go
```

STEP 2 创建非聚集索引。

```
use pubs
go

create nonclustered index NCLINDX_ordnum ON sales(ord_num)
go
```

STEP 3 创建唯一索引。

```
set nocount on
use pubs
if exists(select*from information_schema.tables
    where table_name='emp_pay')
DROP TABLE emp_pay
GO

use pubs
if exists(select name from sysindexes
where name='employeeID_ind')
```

```
        DROP INDEX emp_pay.employeeID_ind
GO

USE pubs
GO

create table emp_pay
(
   employeeID int NOT NULL,
   base_pay money NOT NULL,
   commission decimal(2,2)NOT NULL
)

INSERT emp_pay
   VALUES(1,500,.10)
INSERT emp_pay
   VALUES(2,1000,.05)
INSERT emp_pay
   VALUES(3,800,.07)
INSERT emp_pay
   VALUES(5,1500,.03)
INSERT emp_pay
   VALUES(9,750,.06)
GO

SET NOCOUNT OFF
CREATE UNIQUE CLUSTERED INDEX employeeID_ind
  ON emp_pay(employeeID)
GO
```

STEP 4 创建组合索引。

```
use pubs
go

create unique clustered index UPKCL_sales
ON sales(stor_id,ord_num,title_id)
go
```

STEP 5 查看索引信息。

```
use pubs
go

create nonclustered index indexViewTest on employee(fname)
go
exec sp_helpindex employee
go
```

STEP 6 使用强制查询优化器。

```
use pubs
```

```
go

select*from sales(INDEX=nclindx_ordnum)
  WHERE ord_num='P3087a'
go
```

STEP 7 删除无用的索引。

```
use pubs
go

DROP INDEX sales.NCLINDX_ordnum
go
```

STEP 8 使用全文索引。

```
use northwind
go

select description
from categories
where description like'%bean curd%'
go

use northwind
go

select description
from categories
where contains(description,'"bean curd"')
GO

use northwind
go

select categoryname
from categories
where freetext(Description,'sweetest candy bread and dry meat')
GO

use pubs
go

declare @SearchWord varchar(30)
SET @SearchWord='Moon'
SELECT pr_info FROM pub_info WHERE FREETEXT(pr_info,@SarchWord)
go
```

任务小结

1. 创建聚集索引的命令为：create clustered index 索引名 ON 表名(列名)。

2．创建非聚集索引的命令为：create nonclustered index 索引名 ON 表名(列名)。

3．创建唯一索引的命令为：create UNIQUE CLUSTERED INDEX 索引名 ON 表名(列名)。

4．创建组合索引的命令为：create UNIQUE CLUSTERED INDEX 索引名 ON 表名(列名1,列名2,...,列名n)。

5．查看索引信息的命令为：exec sp_helpindex 表名。

6．使用强制查询优化器的命令为：select * from 表名（INDEX=索引名）WHERE 列名='某值'。

7．删除无用的索引的命令为：DROP INDEX 表名.索引名。

8．使用全文索引的命令为：SELECT 列名 FROM 表名 WHERE FREETEXT(列名,搜索关键字的局部变量)。

相关知识与技能

1. 表索引

SQL Server 支持在表中任何列（包括计算列）上定义的索引。如果一个表没有创建索引，则数据行不按任何特定的顺序存储。这种结构称为堆集。在随 SQL Server 提供的 pubs 示例数据库中，employee 表在 emp_id 列上有一个索引。当 SQL Server 执行一个语句，在 employee 表中根据指定的 emp_id 值查找数据时，它能够识别 emp_id 列的索引，并使用该索引查找所需数据。如果该索引不存在，它会从表的第一行开始，逐行搜索指定的 emp_id 值。

SQL Server 为某些类型的约束（如 PRIMARY KEY 和 UNIQUE 约束）自动创建索引。可以通过创建不依赖于约束的索引，进一步对表定义进行自定义。

不过，索引为性能所带来的好处却是有代价的。带索引的表在数据库中会占据更多的空间。另外，为了维护索引，对数据进行插入、更新、删除操作的命令所花费的时间会更长。在设计和创建索引时，应确保对性能的提高程度大于在存储空间和处理资源方面的代价。

2. SQL Server 索引的两种类型——聚集与非聚集

聚集索引基于数据行的键值在表内排序和存储这些数据行。由于数据行按基于聚集索引键的排序次序存储，因此聚集索引对查找行很有效。每个表只能有一个聚集索引，因为数据行本身只能按一个顺序存储。数据行本身构成聚集索引的最低级别。只有当表包含聚集索引时，表内的数据行才按排序次序存储。如果表没有聚集索引，则其数据行按堆集方式存储。

非聚集索引具有完全独立于数据行的结构。非聚集索引的最低行包含非聚集索引的键值，并且每个键值项都有指针指向包含该键值的数据行。数据行不按基于非聚集键的次序存储。

在非聚集索引内，从索引行指向数据行的指针称为行定位器。行定位器的结构取决于数据页的存储方式是堆集还是聚集。对于堆集，行定位器是指向行的指针。对于有聚集索引的表，行定位器是聚集索引键。

只有在表上创建了聚集索引时，表内的行才按特定的顺序存储。这些行就基于聚集索引键按顺序存储。如果一个表只有非聚集索引，它的数据行将按无序的堆集方式存储。

索引可以是唯一的，这意味着不会有两行有相同的索引键值。另外，索引也可以不是唯一的，多个行可以共享同一键值。

3. 在 SQL Server 内定义索引

CREATE INDEX 语句创建并命名索引。CREATE TABLE 语句支持在创建索引时使用下列约束：

- PRIMARY KEY 创建唯一索引来强制执行主键。
- UNIQUE 创建唯一索引。
- CLUSTERED 创建聚集索引。
- NONCLUSTERED 创建非聚集索引。

当在 SQL Server 上创建索引时，可指定是按升序还是降序存储键。

SQL Server支持在计算列上定义的索引，只要为列定义的表达式满足某些限制，如仅引用包含计算列的表中的列、具有确定性等。

4. 填充因子

填充因子是SQL Server索引的一个属性，它控制索引在创建时的填充密度。默认的填充因子通常能够提供较好的性能，但在某些情况下，更改填充因子可能会有益。如果打算对表执行许多更新和插入，则可在创建索引时使用小填充因子，以便为后面的键留出更多的空间；如果是不会更改的只读表，则可在创建索引时使用大填充因子，以减小索引的物理大小，这样可以降低SQL Server浏览索引时的磁盘读取次数。只有在创建索引时才能应用填充因子。随着键的插入和删除，索引最终将稳定在某个密度上。

索引不仅可以提高选择行的检索速度，通常还可以提高更新和删除的速度。这是因为SQL Server在更新或删除行时必须先找到该行。使用索引定位行提高了效率，这通常可以弥补更新索引所需的额外开销，除非表中有很多索引。

5. 在表上创建索引的T-SQL语法

```
USE pubs
GO
CREATE TABLE emp_sample
(
  emp_id          int             PRIMARY KEY CLUSTERED,
  emp_name        char(50),
  emp_address     char(50),
  emp_title       char(25)        UNIQUE NONCLUSTERED
)
GO
CREATE NONCLUSTERED INDEX sample_nonclust ON emp_sample(emp_name)
GO
```

6. 索引集优化性能

对于具体什么样的索引集可优化性能这个问题，取决于系统中的查询混合。考查emp_sample.emp_id上的聚集索引。如果大多数引用emp_sample的查询在它们的WHERE子句中有关于emp_id的等式或范围比较，聚集索引将发挥很好的作用。如果大多数查询的WHERE子句引用的是emp_name而非emp_id，则通过将emp_name上的索引置为聚集索引可提高性能。

许多应用程序的查询混合都很复杂，单靠询问用户和程序员很难进行评估。SQL Server提供索引优化向导，帮助用户在数据库中设计索引。对具有复杂访问模式的大型架构，最简单的设计索引的方法是使用索引优化向导。

可以为索引优化向导提供一组SQL语句。这组语句可以是为反映系统中典型的语句混合而生成的语句脚本。不过，这组语句通常是SQL事件探查器的跟踪记录，记录在系统典型负载期间系统上实际处理的SQL语句。索引优化向导分析工作负荷和数据库，然后提出可提高工作负荷性能的索引配置建议。可以选择替换现有的索引配置，或者保留现有的索引配置并实现新的索引，以提高执行速度慢的查询子集的性能。

1. 如何创建索引？
2. 聚集索引与非聚集索引的区别是什么？
3. 唯一性索引如何创建？
4. 如何使用索引优化向导？

任务二　实现索引进阶操作

任务描述

上海御恒信息科技公司接到客户的一份订单,要求设计填充因子、全文索引来优化查询。公司刚招聘了一名程序员小张,软件开发部经理要求他尽快熟悉索引的进阶操作,小张按照经理的要求开始做以下任务分析。

任务分析

1. 创建一个非聚集索引,使索引页留有空白空间,并删除同名的现有索引。
2. 在已启用了全文索引的列中搜索相应的关键字。
3. 使用全文索引向导创建一个全文索引,并进行填充。
4. 使用CREATE INDEX语句创建一个聚集索引。
5. 创建一个非聚集索引。可设置填充因子值,确保索引页的中间级和叶级有空白空间。
6. 查看表中创建的全部索引。
7. 显示表中在相应列中包含指定关键字的所有记录。
8. 创建另一个非聚集索引,确保索引页的空白空间,并删除同名的现有索引。
9. 针对已创建好的索引使用强制查询优化器。

任务实施

STEP 1　在titles表的title_id和pub_id列上创建一个名为nclindx_titlepub的非聚集索引。请确保索引页留有20%的空白空间,并且删除具有相同名称的现有索引。

```
use pubs
go

create nonclustered index nclindx_titlepub
on titles(title_id,pub_id)
with fillactor=80,drop_existing
go
```

STEP 2　titles表的notes列上已启用了全文索引。找出其注释中含有technology和bestseller词语的title。

```
use pubs
go

select title from titles
where contains(notes,'"technology"or "bestseller"')
go

select title from titles
where FREETEXT(notes,'technology and bestseller')
go
```

STEP 3 使用全文索引向导在 titles 表的 notes 列上创建一个全文索引，并进行填充。

使用 pubs 数据库在查询分析器中执行下列操作：

（1）右击 titles 表→全文索引表→唯一索引 UPKCL_titleidind→选列名 notes→全文目录：Titles→完成。

（2）右击 titles 表→全文索引表→启动完全填充。

STEP 4 使用 CREATE INDEX 语句在 discounts 表的 stor_id 列上创建一个聚集索引。

```
USE pubs
GO

CREATE CLUSTERED INDEX CLINDX_storid ON discounts(stor_id)
GO

select name from sysindexes where name='CLINDX_storid'
GO
```

STEP 5 在 employee 表的 emp_id 列和 pub_id 列上创建一个非聚集索引。通过设置填充因子值，确保索引页的中间级和叶级有 25% 的空白空间。

```
USE pubs
GO

CREATE NONCLUSTERED INDEX NCLINDX_empid_pubid
ON employee(emp_id,pub_id)
WITH PAD_INDEX,FILLFACTOR=75
GO

select name from sysindexes where name='NCLINDX_empid_pubid'
GO
```

STEP 6 查看 sales 表中创建的全部索引。

```
USE pubs
GO

sp_helpindex sales
GO

sp_helpindex discounts
GO

sp_helpindex employee
GO
```

STEP 7 显示 titles 表中在 notes 列中包含 recipes 或 electronic 的所有记录的 title 列和 type 列。

```
use pubs
select title,type,notes from titles
where contains(notes,'"recipes"or "electronic"')

use pubs
go
select title,type,notes from titles
```

```
where freetext(notes,'recipes and electronic')
go
```

STEP 8 在suppliers表的Country列和city列上创建一个名为Country_index的非聚集索引。请确保索引页留有50%的空白空间，并且删除具有相同名称的现有索引。

```
USE northwind
GO

CREATE NONCLUSTERED INDEX Country_index ON Suppliers(Country,city)
WITH FILLFACTOR=50,DROP_EXISTING
GO
```

STEP 9 显示Country列值为France的公司的CompanyName，强制查询优化器使用名为Country_index的索引。

```
USE northwind
GO

SELECT CompanyName FROM Suppliers(INDEX=Country_index)
WHERE country='France'
```

任务小结

1. 填充因子使用with fillactor子句。
2. 全文索引可用contains子句或FREETEXT子句。
3. 全文索引向导要先设唯一索引、全文目录，然后再启动完全填充。
4. 聚集索引要使用CLUSTERED INDEX关键字。
5. 非聚集索引要使用NONCLUSTERED INDEX关键字。
6. 查看全部索引使用sp_helpindex存储过程，后面跟表名，而非索引名。
7. contains和freetext中要指明列及查询的关键字。
8. 删除同名的现有索引要用DROP_EXISTING关键字。
9. 强制查询优化器要在表名后使用（INDEX=索引名）。

相关知识与技能

1. 用CREATE INDEX 给表或视图创建索引

只有表或视图的所有者才能为表创建索引。表或视图的所有者可以随时创建索引，无论表中是否有数据。可以通过指定限定的数据库名称，为另一个数据库中的表或视图创建索引。

2. 创建索引的语法

```
CREATE[ UNIQUE ][ CLUSTERED|NONCLUSTERED ]INDEX index_name
   ON{table|view}( column[ ASC|DESC ][ ,...n ])
[ WITH<index_option>[ ,...n]]
[ ON filegroup ]
<index_option>::=
{
    PAD_INDEX |
    FILLFACTOR=fillfactor |
```

```
        IGNORE_DUP_KEY |
        DROP_EXISTING |
        STATISTICS_NORECOMPUTE |
        SORT_IN_TEMPDB
}
```

3. 参数 UNIQUE

为表或视图创建唯一索引（不允许存在索引值相同的两行）。视图上的聚集索引必须是 UNIQUE 索引。

在创建索引时，如果数据已存在，SQL Server 会检查是否有重复值，并在每次使用 INSERT 或 UPDATE 语句添加数据时进行这种检查。如果存在重复的键值，将取消 CREATE INDEX 语句，并返回错误信息，给出第一个重复值。当创建 UNIQUE 索引时，有多个 NULL 值被看作副本。

如果存在唯一索引，那么会产生重复键值的 UPDATE 或 INSERT 语句将回滚，SQL Server 将显示错误信息。即使 UPDATE 或 INSERT 语句更改了许多行但只产生了一个重复值，也会出现这种情况。如果在有唯一索引并且指定了 IGNORE_DUP_KEY 子句情况下输入数据，则只有违反 UNIQUE 索引的行才会失败。在处理 UPDATE 语句时，IGNORE_DUP_KEY 不起作用。

SQL Server 不允许为已经包含重复值的列创建唯一索引，无论是否设置了 IGNORE_DUP_KEY。如果尝试这样做，SQL Server 会显示错误信息；重复值必须先删除，才能为这些列创建唯一索引。

4. 参数 CLUSTERED

创建一个对象，其中行的物理排序与索引排序相同，并且聚集索引的最低一级（叶级）包含实际的数据行。一个表或视图只允许同时有一个聚集索引。

具有聚集索引的视图称为索引视图。必须先为视图创建唯一聚集索引，然后才能为该视图定义其他索引。

在创建任何非聚集索引之前创建聚集索引。创建聚集索引时重建表上现有的非聚集索引。

如果没有指定 CLUSTERED，则创建非聚集索引。

说明：因为按照定义，聚集索引的叶级与其数据页相同，所以创建聚集索引时使用 ON filegroup 子句实际上会将表从创建该表时所用的文件移到新的文件组中。在特定的文件组上创建表或索引之前，应确认哪些文件组可用并且有足够的空间供索引使用。文件组的大小必须至少是整个表所需空间的 1.2 倍，这一点很重要。

5. 参数 NONCLUSTERED

创建一个指定表的逻辑排序的对象。对于非聚集索引，行的物理排序独立于索引排序。非聚集索引的叶级包含索引行。每个索引行均包含非聚集键值和一个或多个行定位器（指向包含该值的行）。如果表没有聚集索引，行定位器就是行的磁盘地址。如果表有聚集索引，行定位器就是该行的聚集索引键。

每个表最多可以有 249 个非聚集索引（无论这些非聚集索引的创建方式如何：是使用 PRIMARY KEY 和 UNIQUE 约束隐式创建，还是使用 CREATE INDEX 显式创建）。每个索引均可以提供对数据的不同排序次序的访问。

对于索引视图，只能为已经定义了聚集索引的视图创建非聚集索引。因此，索引视图中非聚集索引的行定位器一定是行的聚集键。

6. index_name

index_name 是索引名。索引名在表或视图中必须唯一，但在数据库中不必唯一。索引名必须遵循标识符规则。

7. table

包含要创建索引的列的表。可以选择指定数据库和表所有者。

8. view

要建立索引的视图的名称。必须使用SCHEMABINDING定义视图才能在视图上创建索引。视图定义也必须具有确定性。如果选择列表中的所有表达式、WHERE和GROUP BY子句都具有确定性，则视图也具有确定性。而且，所有键列必须是精确的。只有视图的非键列可能包含浮点表达式（使用float数据类型的表达式），而且float表达式不能在视图定义的其他任何位置使用。

若要在确定性视图中查找列，可使用COLUMNPROPERTY函数（IsDeterministic属性）。该函数的IsPrecise属性可用来确定键列是否精确。

必须先为视图创建唯一的聚集索引，才能为该视图创建非聚集索引。

在SQL Server企业版或开发版中，查询优化器可使用索引视图加快查询的执行速度。要使用优化程序考虑将该视图作为替换，并不需要在查询中引用该视图。

在创建索引视图或对参与索引视图的表中的行进行操作时，有7个SET选项必须指派特定的值。SET选项ARITHABORT、CONCAT_NULL_YIELDS_NULL、QUOTED_IDENTIFIER、ANSI_NULLS、ANSI_PADDING和ANSI_WARNING必须为ON。SET选项NUMERIC_ROUNDABORT必须为OFF。

如果与上述设置有所不同，对索引视图所引用的任何表执行的数据修改语句（INSERT、UPDATE、DELETE）都将失败，SQL Server会显示一条错误信息，列出所有违反设置要求的SET选项。此外，对于涉及索引视图的SELECT语句，如果任何SET选项的值不是所需的值，则SQL Server在处理该SELECT语句时不考虑索引视图替换。在受上述SET选项影响的情况中，这将确保查询结果的正确性。

9. column

应用索引的列。指定两个或多个列名，可为指定列的组合值创建组合索引。在table后的圆括号中列出组合索引中要包括的列（按排序优先级排列）。

说明：由ntext、text或image数据类型组成的列不能指定为索引列。另外，视图不能包括任何text、ntext或image列，即使在CREATE INDEX语句中没有引用这些列。

当两列或多列作为一个单位搜索最好，或者许多查询只引用索引中指定的列时，应使用组合索引。最多可以有16个列组合到一个组合索引中。组合索引中的所有列必须在同一个表中。组合索引值允许的最大大小为900字节。也就是说，组成组合索引的固定大小列的总长度不得超过900字节。

10. ASC | DESC

确定具体某个索引列的升序或降序排序方向。默认设置为ASC。

11. n

n表示可以为特定索引指定多个columns的占位符。

12. PAD_INDEX

PAD_INDEX指定索引中间级中每个页（节点）上保持开放的空间。PAD_INDEX选项只有在指定了FILLFACTOR时才有用，因为PAD_INDEX使用由FILLFACTOR所指定的百分比。默认情况下，给定中间级页上的键集，SQL Server将确保每个索引页上的可用空间至少可以容纳一个索引允许的最大行。如果为FILLFACTOR指定的百分比不够大，无法容纳一行，SQL Server将在内部使用允许的最小值替代该百分比。

说明：中间级索引页上的行数永远都不会小于两行，无论FILLFACTOR的值有多小。

13. FILLFACTOR = fillfactor

指定在SQL Server创建索引的过程中，各索引页叶级的填满程度。如果某个索引页填满，SQL Server就必须花时间拆分该索引页，以便为新行腾出空间，这需要很大的开销。对于更新频繁的表，选择合适的FILLFACTOR值将比选择不合适的FILLFACTOR值获得更好的更新性能。FILLFACTOR的原始值将在

sysindexes 中与索引一起存储。

如果指定了 FILLFACTOR，SQL Server 会向上舍入每页要放置的行数。例如，发出 CREATE CLUSTERED INDEX ...FILLFACTOR = 33 将创建一个 FILLFACTOR 为 33% 的聚集索引。假设 SQL Server 计算出每页空间的 33% 为 5.2 行。SQL Server 将其向上舍入，这样，每页就放置 6 行。

说明：显式的 FILLFACTOR 设置只是在索引首次创建时应用。SQL Server 并不会动态保持页上可用空间的指定百分比。

用户指定的 FILLFACTOR 值可以从 1 到 100。如果没有指定值，默认值为 0。如果 FILLFACTOR 设置为 0，则只填满叶级页。可以通过执行 sp_configure 更改默认的 FILLFACTOR 设置。

只有不会出现 INSERT 或 UPDATE 语句时（如对只读表），才可以使用 FILLFACTOR 100。如果 FILLFACTOR 为 100，SQL Server 将创建叶级页 100% 填满的索引。如果在创建 FILLFACTOR 为 100% 的索引之后执行 INSERT 或 UPDATE，会对每次 INSERT 操作以及有可能每次 UPDATE 操作进行页拆分。

如果 FILLFACTOR 值较小（0除外），就会使 SQL Server 创建叶级页不完全填充的新索引。例如，如果已知某个表包含的数据只是该表最终要包含的数据的一小部分，那么为该表创建索引时，FILLFACTOR 为 10 会是合理的选择。FILLFACTOR 值较小还会使索引占用较多的存储空间。

任务拓展

1. 填充因子使用什么子句？
2. 全文索引向导如何使用？
3. contains 子句与 freetext 子句有何区别？
4. 聚集与非聚集索引有何区别？
5. 删除同名的现有索引该如何实现？
6. 如何使用强制查询优化器？

任务三　实现索引的高级操作

任务描述

上海御恒信息科技公司接到客户的一份订单，要求用索引的各种参数来优化查询。公司刚招聘了一名程序员小张，软件开发部经理要求他尽快熟悉索引的高级操作，小张按照经理的要求开始做以下任务分析。

任务分析

1. 查询表中的所有索引信息。
2. 为表在编号上创建聚集索引。
3. 为表在姓名上创建唯一索引。
4. 为表在密码上创建非聚集索引。
5. 为表在出厂日期、机器人名称、单价上创建组合索引（单价为降序）。
6. 使用上例的索引用强制优化查询。
7. 为表在出厂日期（降序）上创建非聚集索引，并设每个索引页的剩余空间。
8. 为表在机器人名称上创建非聚集索引，并设索引中间级及每个索引页的剩余空间。

9. 为表在单价上创建非聚集索引，要求同名覆盖原有内容。

STEP 1 查询客户表中的所有索引信息。

```
use RobotMgr
go

sp_help customer
go

sp_helpindex customer
go

select*from sysindexes
go

select*
from sysindexes
where name='PK__customer__7C8480AE'
go
```

STEP 2 为成员登录表在成员编号上创建名为CLINDX_id的聚集索引。

```
use RobotMgr
go

sp_helpindex users
go

create clustered index CLINDX_id
on users(u_id)
go

drop index users.PK_users_15502E78
go

alter table users
 drop constraint PK_users_15502E78
go

create clustered index CLINDX_id
on users(u_id)
go

sp_helpindex users
go
```

STEP 3 为成员登录表在成员姓名上创建名为UNINDX_name的唯一索引。

```
use RobotMgr
```

```
go

sp_helpindex users
go


create unique index UNINDX_name
on users(u_name)
go
```

STEP 4 为成员登录表在成员密码上创建名为NCINDX_password的非聚集索引。

```
use RobotMgr
go

sp_helpindex users
go


create nonclustered index NCINDX_password
on users(u_pwd)
go
```

STEP 5 为机器人表在出厂日期、机器人名称、单价上创建名为CONCLINDX_date_name_money的组合索引（单价为降序）。

```
use RobotMgr
go

sp_helpindex robert
go


create nonclustered index CONCLINDX_date_name_money
on robert(r_birth,r_name,r_price DESC)
go
```

STEP 6 使用上例的索引用强制优化查询实现，机器人表中单价超过5 000元的日期、名称、单价的查询。

```
select r_birth,r_name,r_price
from robert with(index=CONCLINDX_date_name_money)
where r_price>=5000
```

STEP 7 为机器人表在出厂日期（降序）上创建名为NCINDX_date的非聚集索引，并设每个索引页的剩余空间为30%。

```
create nonclustered index NCINDX_date
on robert(r_birth DESC)
with fillfactor=70
go


sp_helpindex robert
go
```

STEP 8 为机器人表在机器人名称上创建名为NCINDX_name的非聚集索引，并设索引中间级及每个索引页的剩余空间都为20%。

```
create nonclustered index NCINDX_name
on robert(r_name)
with pad_index,fillfactor=80
go

sp_helpindex robert
go
```

STEP 9 为机器人表在单价上创建名为NCINDX_name的非聚集索引，要求同名覆盖原有内容。

```
create nonclustered index NCINDX_name
on robert(r_price)
with drop_existing
Go

sp_helpindex robert
go
```

任务小结

1. sp_help与sp_helpindex及sysindexes之间是有关联的。
2. 用drop index删除索引与在修改表中删除约束之间是有关联的。
3. unique关键字是放在create与index之间的。
4. on后面是表名（需要建索引的列名）。
5. 组合索引要使用多个列，列的先后顺序有要求。
6. 强制优化查询所设置的列须先创建好索引。
7. fillfactor后面的值不能超过100，最好控制在70。
8. 索引中间级的关键字pad_index与fillfactor要一起使用。
9. 非聚集索引同名覆盖要求用with drop_existing子句。

相关知识与技能

1. 填充因子

在创建聚集索引时，表中的数据按照索引列中值的顺序存储在数据库的数据页中。在表中插入新的数据行或更改索引列中的值时，SQL Server可能必须重新组织表中的数据存储，以便为新行腾出空间，保持数据的有序存储。这同样适用于非聚集索引。添加或更改数据时，SQL Server可能不得不重新组织非聚集索引页中的数据存储。向一个已满的索引页添加某个新行时，SQL Server把大约一半的行移到新页中以便为新行腾出空间。这种重组称为页拆分。页拆分会降低性能并使表中的数据存储产生碎片。有关更多信息，请参见表和索引构架。

创建索引时，可以指定一个填充因子，以便在索引的每个叶级页上留出额外的间隙和保留一定百分比的空间，供将来表的数据存储容量进行扩充和减少页拆分的可能性。填充因子的值是从0到100的百分比数值，指定在创建索引后对数据页的填充比例。值为100时表示页将填满，所留出的存储空间量最小。只有当不会对数据进行更改时（如在只读表中）才会使用此设置。值越小则数据页上的空闲空间越大，这样可以减少在索引增长过程中对数据页进行拆分的需要，但需要更多的存储空间。当表中数据会发生更改时，这种设置更为适当。

提供填充因子选项是为了对性能进行微调。但是，使用sp_configure系统存储过程指定的服务器范围的默认填充因子，在大多数情况下都是最佳的选择。

说明：即使对于一个面向许多插入和更新操作的应用程序来说，数据库读取次数一般也超过数据库写入次数的5~10倍。因此，指定一个不同于默认设置的填充因子会降低数据库的读取性能，而降低量与填充因子设置值成反比。

只有当在表中根据现有数据创建新索引，并且可以精确预见将来会对这些数据进行哪些更改时，将填充因子选项设置为另一个值才有用。

填充因子只在创建索引时执行；索引创建后，当表中进行数据的添加、删除或更新时，不会保持填充因子。如果试图在数据页上保持额外的空间，则将有背于使用填充因子的本意，因为随着数据的输入，SQL Server必须在每个页上进行页拆分，以保持填充因子指定的空闲空间百分比。因此，如果表中的数据进行了较大变动，添加了新数据，可以填充数据页的空闲空间。在这种情况下，可以重新创建索引，重新指定填充因子，以重新分布数据。

2. 为索引指定填充因子

可标识填充因子来指定每个索引页的填满程度。索引页上的空余空间量很重要，因为当索引页填满时，系统必须花时间拆分它以便为新行腾出空间。

创建索引时很少需要指定填充因子。提供该选项是用于微调性能。在包含现有数据的表上创建新索引时，尤其是当能精确预测那些数据以后的改变时，该选项很有用。

3. 为表上的索引指定填充因子

- 在数据库关系图中，右击包含要为其指定填充因子的索引的表，在弹出的快捷菜单中选择"属性"命令。或为包含要为其指定填充因子的索引的表打开表设计器，在表设计器中右击，在弹出的快捷菜单中选择"属性"命令。
- 选择"索引/键"选项卡。
- 从"选定的索引"列表中选择索引。
- 在"填充因子"文本框中输入一个介于0~100的百分比。

4. 为视图上的索引指定填充因子

- 为包含要为其指定填充因子的索引的视图打开视图设计器，在视图设计器中右击，在弹出的快捷菜单中选择"管理索引"命令。
- 从"选定的索引"列表中选择索引。
- 在"填充因子"文本框中输入一个介于0~100的百分比。

5. fill factor 选项

使用fill factor选项指定当使用现有数据创建新索引时，SQL Server应使每一页填满的程度。由于SQL Server必须在填充时花费时间分隔这些页面，所以fill factor百分比会影响系统性能。

fill factor百分比仅在创建索引时使用。这些页面都不可能被维护在任何特定的饱满水平上。

fill factor的默认值为0；其有效值是0~100。fill factor的值为0并不表示页面的填满程度为0%。类似于fill factor设置为100的情况，SQL Server在fill factor值为0时，会用页面全部为数据的页来创建聚集索引，用页面全部为数据的叶子页来创建非聚集索引。与fill factor设置为100的情况不同的是，SQL Server在索引树的高层级别上预留空间。很少有理由去改变fill factor的默认值，因为可以使用CREATE INDEX命令覆盖它。

较小的fill factor值将导致SQL Server以不饱满的页面创建新索引。例如，将fill factor值设置为10对于想在一个最终将保持较少数据的表上创建索引是合适的。越小的fill factor值将导致每一个索引占用更多的存储空间，但同时也允许以后可不进行页面拆分进行插入操作。

如果设置 fill factor 值为 100，SQL Server 以 100% 的饱满度创建聚集和非聚集索引。设置 fill factor 的值为 100 仅对只读表是合适的，因为数据从来不被添加到此类表中。

fill factor 是一个高级选项。如果要用 sp_configure 系统存储过程改变该设置，必须把当 show advanced options 设置为 1 时仅能更改 fill factor，该选项在停止并重新启动服务器后生效。

6. 设置固定的填充因子（在企业管理器）
- 展开一个服务器组。
- 右击一个服务器，在弹出的快捷菜单中选择"属性"命令。
- 单击"数据库设置"选项卡。
- 在"设置"项下选择"固定"复选框，然后将填充因子滑块放在适当位置。

7. 索引优化向导

索引优化向导使用户得以为 SQL Server 数据库选择和创建优化的索引集和统计信息集，而不需要深入了解 SQL Server 的数据库结构、工作负荷或内部原理。

为了生成适用的优化索引集建议，该向导需要工作负荷。工作负荷包含一个保存在文件或表中的 SQL 脚本或 SQL 事件探查器跟踪，其中有 SQL 批处理或远程过程调用（RPC）事件类以及 Event Class 和 Text 数据列。有关更多信息，请参见 T-SQL 事件分类。

如果没有现有的工作负荷供索引优化向导进行分析，可以使用 SQL 事件探查器创建一个。可以使用 Sample 1 – T-SQL 跟踪定义创建工作负荷，也可以创建一个新跟踪，用来捕获默认事件和数据列。当确定跟踪已捕获了正常数据库活动的一个具有代表性的样本时，该向导即可分析工作负荷，推荐使用将会提高数据库性能的索引配置。

索引优化向导可以：
- 根据给定的工作负荷，通过使用查询优化器分析该工作负荷中的查询，为数据库推荐最佳索引组合。
- 分析所建议的更改将会产生的影响，包括索引的使用、查询在表之间的分布，以及查询在工作负荷中的性能。
- 推荐为执行一个小型的问题查询集而对数据库进行优化的方法。
- 允许通过指定磁盘空间约束等高级选项对推荐进行自定义。

建议由 SQL 语句构成，执行这些语句可以创建更有效的新索引，如果需要，还可以除去无效的现有索引。建议在支持索引视图的平台上使用索引视图。

8. 全文目录和索引

SQL Server 全文索引为在字符串数据中进行复杂的词搜索提供有效支持。全文索引存储关于重要词和这些词在特定列中的位置的信息。全文查询利用这些信息，可快速搜索包含具体某个词或一组词的行。

全文索引包含在全文目录中。每个数据库可以包含一个或多个全文目录。一个目录不能属于多个数据库，而每个目录可以包含一个或多个表的全文索引。一个表只能有一个全文索引，因此每个有全文索引的表只属于一个全文目录。

全文目录和索引不存储在它们所属的数据库中。目录和索引由 Microsoft 搜索服务分开管理。

全文索引必须在基表上定义，而不能在视图、系统表或临时表上定义。全文索引的定义包括：
- 能唯一标识表中各行的列（主键或候选键），而且不允许 NULL 值。
- 索引所覆盖的一个或多个字符串列。

全文索引由键值填充。每个键的项提供与该键相关联的重要词（干扰词或终止词除外）、它们所在的列和它们在列中的位置等有关信息。

格式化文本字符串（如 Word 文档文件或 HTML 文件）不能存储在字符串或 Unicode 列中，因为这些文件中的许多字节包含不构成有效字符的数据结构。数据库应用程序可能仍需要访问这些数据并对其应用全文检索。因为image列并不要求每一字节都构成一个有效字符,所以许多站点将这类数据存储在image列中。SQL Server引入了对存储在image列中的这些类型的数据执行全文检索的能力。SQL Server提供筛选,可从Office文件(.docx、.xlsx和.pptx文件)、文本文件(.txt文件)及HTML文件(.htm文件)中析取文本化数据。设计表时除包括保存数据的image列外,还需包括绑定列来保存存储在image列中的数据格式的文件扩展名。可以创建引用image列和绑定列的全文索引,以便在存储于image列中的文本化信息上启用全文检索。SQL Server全文检索引擎使用绑定列中的文件扩展名信息,选择从列中析取文本化数据的合适的筛选。

全文索引是用于执行两个T-SQL谓词的组件,以便根据全文检索条件对行进行测试:

```
CONTAINS
FREETEXT
```

T-SQL还包含两个返回符合全文检索条件的行集的函数:

```
CONTAINSTABLE
FREETEXTTABLE
```

SQL Server在内部将搜索条件发送给Microsoft搜索服务。Microsoft搜索服务查找所有符合全文检索条件的键并将它们返回给SQL Server。SQL Server随后使用键的列表来确定表中要处理的行。

1. 如何设置填充因子?
2. 索引优化向导如何使用?
3. 全文索引和全文目录的作用是什么?

◎ 项目综合实训　实现家庭管理系统中的索引

一、项目描述

上海御恒信息科技公司接到一个订单,需要为家庭管理系统中的多张表设计不同类型的索引来快速查询相关内容。程序员小张根据以上要求进行相关索引的设计后,按照项目经理的要求开始做以下项目分析。

二、项目分析

1. 查询表中的所有索引信息。
2. 在编号上创建聚集索引。
3. 在姓名上创建唯一索引。
4. 在密码上创建非聚集索引。
5. 在支出日期、支出名称、支出金额上创建组合索引(支出金额为降序)。
6. 使用上例的索引来强制优化查询。
7. 在支出日期(降序)上创建非聚集索引,并设置每个索引页的剩余空间为30%。
8. 在支出名称上创建非聚集索引,并设置索引中间级及每个索引页的剩余空间都为20%。
9. 在支出金额上创建非聚集索引,要求同名覆盖原有内容。

三、项目实施

STEP 1　查询家庭成员表中的所有索引信息。

```
use FamilyMgr
go
```

```
sp_help familymember
go

sp_helpindex familymember
go
```

STEP 2 为成员登录表在成员编号上创建名为CLINDX_id的聚集索引。

```
use FamilyMgr
go

sp_helpindex familyuser
go

create clustered index CLINDX_id
on familyuser(u_id)
go
```

STEP 3 为成员登录表在成员姓名上创建名为UNINDX_name的唯一索引。

```
use FamilyMgr
go

sp_helpindex familyuser
go

create unique index UNINDX_name
on familyuser(u_name)
go
```

STEP 4 为成员登录表在成员密码上创建名为NCINDX_password的非聚集索引。

```
use FamilyMgr
go

sp_helpindex familyuser
go

create nonclustered index NCINDX_password
on familyuser(u_password)
go
```

STEP 5 为familyout表在支出日期、支出名称、支出金额上创建名为CONCLINDX_date_name_money的组合索引（支出金额为降序）。

```
use FamilyMgr
go

sp_helpindex familyout
go

create nonclustered index CONCLINDX_date_name_money
```

```
on familyout(o_date,o_name,o_money DESC)
go
```

STEP 6 使用上例的索引用强制优化查询实现，支出表中金额超过400元的日期、名称、金额的查询。

```
select o_date,o_name,o_money
from familyout with(index=CONCLINDX_date_name_money)
where o_money>=400
```

STEP 7 为familyout表在支出日期（降序）上创建名为NCINDX_date的非聚集索引，并设置每个索引页的剩余空间为30%。

```
create nonclustered index NCINDX_date
on familyout(o_date DESC)
with fillfactor=70
go

sp_helpindex familyout
go
```

STEP 8 为familyout表在支出名称上创建名为NCINDX_name的非聚集索引，并设置索引中间级及每个索引页的剩余空间都为20%。

```
create nonclustered index NCINDX_name
on familyout(o_name)
with pad_index,fillfactor=80
go

sp_helpindex familyout
go
```

STEP 9 为familyout表在支出金额上创建名为NCINDX_name的非聚集索引，要求同名覆盖原有内容。

```
create nonclustered index NCINDX_name
on familyout(o_money)
with drop_existing
go

sp_helpindex familyout
go
```

四、项目小结

1．sp_helpindex可以查询表中所有索引。
2．create clustered index为创建聚集索引。
3．create unique index为创建唯一索引。
4．create nonclustered index为创建非聚集索引。
5．on 表名(列1,列2,…,列n)是在创建组合索引时要使用的。
6．with(index=索引名)可以实现强制优化查询。
7．with fillfactor=100-剩余空间，这个子句可以设置每个索引页的剩余空间。

8. with pad_index, fillfactor=100-剩余空间，这个子句可以设置索引中间级及每个索引页的剩余空间。
9. with drop_existing 可以删除已有的索引。

◎ 项目评价表

能力	内容		评价		
	学习目标	评价项目	3	2	1
职业能力	实现索引	任务一 实现索引的基本操作			
		任务二 实现索引的进阶操作			
		任务三 实现索引的高级操作			
通用能力		动手能力			
		解决问题能力			
		综合评价			

项目六 实现索引

评价等级说明表	
等级	说明
3	能高质、高效地完成此学习目标的全部内容，并能解决遇到的特殊问题
2	能高质、高效地完成此学习目标的全部内容
1	能圆满完成此学习目标的全部内容，不需任何帮助和指导

以上表格根据国家职业技能标准相关内容设定。

项目七

实现视图

 核心概念

创建视图、修改视图、删除视图。

 项目描述

视图可以被看成是虚拟表或存储查询。可通过视图访问的数据不作为独特的对象存储在数据库内。数据库内存储的是SELECT语句。SELECT语句的结果集构成视图所返回的虚拟表。用户可以用引用表时所使用的方法,在T-SQL语句中通过引用视图名称来使用虚拟表。使用视图可以实现下列任一或所有功能:将用户限定在表中的特定行上。例如,只允许雇员看见工作跟踪表内记录其工作的行。将用户限定在特定列上。例如,对于那些不负责处理工资单的雇员,只允许他们看见雇员表中的姓名列、办公室列、工作电话列和部门列,而不能看见任何包含工资信息或个人信息的列。将多个表中的列连接起来,使它们看起来像一个表。聚合信息而非提供详细信息。

视频

实现视图

 技能目标

用提出、分析、解决问题的思路来培养学生进行视图的编程,同时考虑通过视图与SELECT的比较来熟练掌握不同操作的语法。能掌握常用视图的创建、修改、删除的基本语法。

 工作任务

实现视图的基本操作、进阶操作和高级操作。

任务一　实现视图的基本操作

任务描述

上海御恒信息科技公司接到客户的一份订单,要求用视图向导工具来实现对表的相应查询。公司刚招聘了一名程序员小张，软件开发部经理要求他尽快熟悉视图向导工具，小张按照经理的要求开始做以下任务分析。

任务分析

1. 在工具菜单的向导中使用视图向导为表创建视图。
2. 在视图中使用设计视图。
3. 为视图重命名。
4. 用CREATE VIEW命令创建视图。
5. 查询视图中的内容。
6. 删除前面创建的视图。
7. 创建能实现折扣表和商店表共同查询的视图。
8. 创建能实现雇员表和上级领导表共同查询的视图。
9. 修改视图后并删除该视图。
10. 用企业管理器创建视图并包含titleauthor、sales和titles表的数据。

任务实施

STEP 1 创建视图向导。

操作：工具->向导->数据库->创建视图向导->选择Northwind的Orders,OrderDetails表->定义限制，输入以下代码：

```
where[order details].orderid=Orders.orderid
and productid between 11 and 20
and customerid='BONAP'
```

STEP 2 设计视图。

右击视图->设计视图

STEP 3 重命名视图。

右击视图->重命名视图

STEP 4 用create view创建视图。

```
USE pubs
GO

create view NewMoon_employee as
select emp_id,fname,minit,lname,hire_date
  from employee e,publishers p
    where e.pub_id=p.pub_id
      and pub_name='New Moon Books'
GO

SELECT*FROM NewMoon_employee
GO
```

STEP 5 查询视图。

```
use pubs
```

```
go

Select*from NewMoon_employee
go
```

STEP 6 删除视图。

```
DROP VIEW NewMoon_employee
go
```

STEP 7 基于pubs库中的表Discounts和Stores创建名为Store_Discount的视图。视图应包括存储ID、存储名和提供的折扣类型。

```
use pubs
go

CREATE VIEW Store_Discount AS
    SELECT d.stor_id,stor_name,discounttype
      FROM discounts d,stores s
        where d.stor_id=s.stor_id
go
```

STEP 8 基于Northwind库employees表创建一个名为EmpHierarchy的视图。视图应包含雇员ID、名、姓及其上级领导的姓。

```
use northwind
go
create view emphierarchy as
select

employeeid,employeefirstname,employeelastname,lead

erlastname
from employee a,leader b
where a.employeeid=b.employeeid
go
```

STEP 9 在视图EmpHierarchy中，将雇员ID为4的雇员的姓改为"Jones"。使用修改表数据的UPDATE语句，最后将EmpHierarchy删除。

```
update emphierarchy
   set employeelastname='Jones' where employeeid='4'
go

drop view emphierarchy
go
```

STEP 10 用企业管理器创建一个名为Sales_View的视图，其中包括titleauthor、sales和titles表的数据。视图应包含ID为724-80-9391的作者的作者ID、标题ID、版权费、存储ID和销售量。

操作：向导->PUBS库->titleauthor,sales,titles表->au_id,titleauthor,title_id,royaltyper,stor_id字段
  ->定义限制: where titleauthor.title_id=sales.title_id
         and sales.title_id=titles.title_id and au_id='724-80-9391'

->视图名:Sales_view
->修改Select列表,添加以下列:qty*price amount

任务小结

1. 通过创建视图向导在限制输入中输入查询的整体过滤条件。
2. 在视图的右键菜单中选择设计视图。
3. 在视图的右键菜单中选择重命名视图。
4. 创建视图的命令格式为:CREATE VIEW 视图名 AS 查询子句。
5. 查询视图的命令格式为:SELECT * FROM 视图名。
6. 删除视图的命令格式为:DROP VIEW 视图名。
7. 在视图中用 where 子句可以连接多表实现多表查询。
8. 在视图中实现多表查询中连接条件格式为:WHERE 主表.主键=从表.外键。
9. 更新视图的格式为:UPDATE 视图名 SET 列名=新值 WHERE 条件。
10. 在企业管理器的视图已有代码中可以修改 SELECT 列表。

相关知识与技能

1. SQL Server 中的视图

通过定义SELECT语句以检索将在视图中显示的数据来创建视图。SELECT语句引用的数据表称为视图的基表。在下例中,pubs数据库中的titleview是一个视图,该视图选择三个基表中的数据来显示包含常用数据的虚拟表:

```
CREATE VIEW titleview
AS
SELECT title, au_ord, au_lname, price, ytd_sales, pub_id
FROM authors AS a
JOIN titleauthor AS ta ON(a.au_id=ta.au_id)
JOIN titles AS t ON(t.title_id=ta.title_id)
```

之后,可以用引用表时所使用的方法在语句中引用titleview。

```
SELECT*
FROM titleview
```

2. 视图引用另一个视图

例如,titleview显示的信息对管理人员很有用,但公司通常只在季度或年度财务报表中才公布本年度截止到现在的财政数字。可以建立一个视图,在其中包含除au_ord和ytd_sales外的所有titleview列。使用这个新视图,客户可以获得已上市的书籍列表而不会看到财务信息:

```
CREATE VIEW Cust_titleview
AS
SELECT title, au_lname, price, pub_id
FROM titleview
```

3. 分区视图

视图可用于在多个数据库或SQL Server实例间对数据进行分区。分区视图可用于在整个服务器组内分布数据库处理。服务器组具有与服务器聚集相同的性能优点,并可用于支持最大的Web站点或公司数据中心的处理需求。原始表被细分为多个成员表,每个成员表包含原始表的行子集。每个成员表可放置在不同服务器的数据库中。每个服务器也可得到分区视图。分区视图使用 T-SQL 的 UNION 运算符，将在所有成员表上选择的结果合并为单个结果集，该结果集的行为与整个原始表的副本完全一样。例如在三个服务器间进行表分区。在第一个服务器上定义如下分区视图：

```
CREATE VIEW PartitionedView AS
SELECT*
FROM MyDatabase.dbo.PartitionTable1
UNION ALL
SELECT*
FROM Server2.MyDatabase.dbo.PartitionTable2
UNION ALL
SELECT*
FROM Server3.MyDatabase.dbo.PartitionTable3
```

在其他两个服务器上定义类似的分区视图。利用这三个视图，三个服务器上任何引用 PartitionedView 的 T-SQL 语句都将看到与原始表中相同的行为。似乎每个服务器上都存在原始表的副本一样，而实际上每个表只有一个成员表和分区视图。

4．更新视图

只要所做的修改只影响视图所引用的其中一个基表，就可以更新所有 SQL Server 版本内的视图（可以对其执行 UPDATE、DELETE 或 INSERT 语句）。

```
--Increase the prices for publisher'0736'by 10%
UPDATE titleview
SET price=price*1.10
WHERE pub_id='0736'
GO
```

SQL Server 支持可引用视图的更复杂的 INSERT、UPDATE 和 DELETE 语句。可在视图上定义 INSTEAD OF 触发器，指定必须对基表执行的个别更新以支持 INSERT、UPDATE 或 DELETE 语句。另外，分区视图还支持 INSERT、UDPATE 和 DELETE 语句修改视图所引用的多个成员表。

5．索引视图

索引视图是 SQL Server 具有的功能，可显著提高复杂视图类型的性能，这些视图类型通常在数据仓库或其他决策支持系统中出现。视图的结果集通常不保存在数据库中，因此视图又称虚拟表。视图的结果集动态包含在语句逻辑中并在运行时动态生成。

复杂的查询（如决策支持系统中的查询）可引用基表中的大量行，并将大量信息聚集在相对较简洁的聚合中，如总和或平均值。SQL Server 支持在执行此类复杂查询的视图上创建聚集索引。当执行 CREATE INDEX 语句时，视图 SELECT 的结果集将永久存储在数据库中。SQL 语句此后若引用该视图，响应时间将会显著缩短。对基本数据的修改将自动反映在视图中。

CREATE VIEW 语句支持 SCHEMABINDING 选项，以防止视图所引用的表在视图未被调整的情况下发生改变。必须为任何创建索引的视图指定 SCHEMABINDING。

任务拓展

1．如何在视图中实现多表查询？请举例说明。
2．一个视图是否可以引用另一个视图？
3．分区视图的作用是什么？
4．视图上可以进行 INSERT、UPDATE、DELETE 操作吗？

5. 索引视图的作用是什么？

任务二　实现视图的进阶操作

任务描述

上海御恒信息科技公司接到客户的一份订单，要求用视图来实现多表查询。公司刚招聘了一名程序员小张，软件开发部经理要求他尽快熟悉使用视图来进行表的查询，小张按照经理的要求开始做以下任务分析。

任务分析

1. 用视图查询titles表中的单价超过20元的所有信息。
2. 用视图查询titles、titleauthor、authors表的相关信息。
3. 设计视图能用子查询来统计仓库的发货数量。
4. 设计视图时使用内部连接。
5. 使用企业管理器和查询分析器修改和删除上面创建的视图。

任务实施

STEP 1　创建视图，用于显示所有价格超过20元的书籍信息。

```
CREATE VIEW v_Title_Price
AS
SELECT title_id, title, type, pub_id, price, advance, royalty, ytd_sales, notes, pubdate
FROM titles
WHERE(price>20)
GO
SELECT*FROM v_Title_Price
```

STEP 2　创建视图，显示所有书籍的书籍名称、作者名称以及书籍价格。

```
CREATE VIEW v_Title_Authors
AS
SELECT title,au_lname, au_fname, price
FROM titles INNER JOIN
titleauthor ON titles.title_id=titleauthor.title_id INNER JOIN
authors ON titleauthor.au_id=authors.au_id
GO
SELECT*FROM v_Title_Authors
```

STEP 3　创建视图，用于显示所有仓库的名称和仓库内发出的书籍数量。

```
CREATE VIEW v_Stores_Sales
AS
SELECT stor_name, SUM(sales.qty)AS qty
FROM stores INNER JOIN sales ON stores.stor_id=sales.stor_id
WHERE stor_name IN
(SELECT distinct stor_name
```

```
FROM stores )group by stor_name
GO
SELECT*FROM v_Stores_Sales
```

STEP 4 创建视图，用于显示所有作者的作者名、作者ID，以及所著书籍ID。

```
CREATE VIEW v_authors
AS
SELECT au_lname, au_fname, authors.au_id,
titleauthor.title_id
FROM authors INNER JOIN
titleauthor ON authors.au_id=titleauthor.au_id
GO
SELECT*FROM v_authors
```

STEP 5 创建视图，用于显示年销售量超过10000的出版商名称。

```
CREATE VIEW v_Pub_Sales
AS
SELECT ytd_sales, pub_name
FROM publishers INNER JOIN
titles ON publishers.pub_id=titles.pub_id
WHERE(titles.ytd_sales>10000)
GO
SELECT*FROM v_Pub_Sales
```

--使用企业管理器和查询分析器修改和删除上面创建的视图

任务小结

1. CREATE VIEW视图名 AS SELECT列名FROM表名 WHERE整体过滤条件。
2. 在视图中可用INNER JOIN和别名实现多表的连接。
3. 在视图中可以使用子查询SELECT...WHERE 列名IN(SELECT子句)。
4. 主表INNER JOIN 从表ON主表.主键=从表.外键。
5. 企业管理器和查询分析器可结合起来实现视图的进阶操作。

相关知识与技能

1. CREATE VIEW 的基本语法格式

创建一个虚拟表，该表以另一种方式表示一个或多个表中的数据。CREATE VIEW必须是查询批处理中的第一条语句。

语法：

```
CREATE VIEW[<database_name>.][<owner>.]view_name[( column[ ,...n ])]
[ WITH<view_attribute>[ ,...n ]]
AS
select_statement
[ WITH CHECK OPTION ]


<view_attribute>::=
```

```
    { ENCRYPTION|SCHEMABINDING|VIEW_METADATA }
```

参数：

view_name：视图的名称。视图名称必须符合标识符规则。可以选择是否指定视图所有者名称。

column：视图中的列名。只有在下列情况下，才必须命名CREATE VIEW中的列：当列是从算术表达式、函数或常量派生的；两个或更多的列可能会具有相同的名称（通常是因为连接）；视图中的某列被赋予了不同于派生来源列的名称。还可以在SELECT语句中指派列名。

如果未指定column，则视图列将获得与SELECT语句中的列相同的名称。

说明：在视图的各列中，列名的权限在CREATE VIEW或ALTER VIEW语句间均适用，与基础数据源无关。例如，如果在CREATE VIEW语句中授予了title_id列上的权限，则ALTER VIEW语句可以将title_id列改名（如改为qty），但权限仍与使用title_id的视图上的权限相同。

n：表示可以指定多列的占位符。

AS：视图要执行的操作。

select_statement：定义视图的SELECT语句。该语句可以使用多个表或其他视图。若要从创建视图的SELECT子句所引用的对象中选择，必须具有适当的权限。

视图不必是具体某个表的行和列的简单子集。可以用具有任意复杂性的SELECT子句，使用多个表或其他视图创建视图。

在索引视图定义中，SELECT语句必须是单个表的语句或带有可选聚合的多表JOIN。

对于视图定义中的SELECT子句有几个限制。CREATE VIEW语句不能：

- 包含COMPUTE或COMPUTE BY子句。
- 包含ORDER BY子句，除非在SELECT语句的选择列表中也有一个TOP子句。
- 包含INTO关键字。
- 引用临时表或表变量。

因为select_statement使用SELECT语句，所以在FROM子句中指定 <join_hint> 和 <table_hint> 提示是有效的。有关更多信息，请参见FROM和SELECT。

在select_statement中可以使用函数。

select_statement可使用多个由UNION或UNION ALL分隔的SELECT语句。

WITH CHECK OPTION：强制视图上执行的所有数据修改语句都必须符合由select_statement设置的准则。通过视图修改行时，WITH CHECK OPTION可确保提交修改后，仍可通过视图看到修改的数据。

WITH ENCRYPTION：表示SQL Server加密包含CREATE VIEW语句文本的系统表列。使用WITH ENCRYPTION可防止将视图作为SQL Server复制的一部分发布。

SCHEMABINDING：将视图绑定到架构上。指定SCHEMABINDING时，select_statement必须包含所引用的表、视图或用户定义函数的两部分名称（owner.object）。

不能除去参与用架构绑定子句创建的视图中的表或视图，除非该视图已被除去或更改，不再具有架构绑定。否则，SQL Server会产生错误。另外，如果对参与具有架构绑定的视图的表执行ALTER TABLE语句，而这些语句又会影响该架构绑定视图的定义，则这些语句将会失败。

VIEW_METADATA：指定为引用视图的查询请求浏览模式的元数据时，SQL Server将向DB-LIB、ODBC和OLE DB API返回有关视图的元数据信息，而不是返回基表或表。浏览模式的元数据是由SQL Server向客户端DB-LIB、ODBC和OLE DB API返回的附加元数据，它允许客户端API实现可更新的客户端游标。浏览模式的元数据包含有关结果集内的列所属的基表信息。

对于用VIEW_METADATA选项创建的视图，当描述结果集中视图内的列时，浏览模式的元数据返回与基表名相对的视图名。

当用VIEW_METADATA创建视图时，如果该视图具有INSERT或UPDATE INSTEAD OF触发器，则视图的所有列（timestamp除外）都是可更新的。

2．创建视图的注释

只能在当前数据库中创建视图。视图最多可以引用1 024列。

通过视图进行查询时，SQL Server将检查以确定语句中任意位置引用的所有数据库对象是否都存在，这些对象在语句的上下文中是否有效，以及数据修改语句是否没有违反任何数据完整性规则。如果检查失败，将返回错误信息。如果检查成功，则将操作转换成对基础表的操作。

如果某个视图依赖于已除去的表（或视图），则当有人试图使用该视图时，SQL Server将产生错误信息。如果创建了新表或视图（该表的结构与以前的基表没有不同之处）以替换除去的表或视图，则视图将再次可用。如果新表或视图的结构发生更改，则必须除去并重新创建该视图。

创建视图时，视图的名称存储在sysobjects表中。有关视图中所定义的列的信息添加到syscolumns表中，而有关视图相关性的信息添加到sysdepends表中。另外，CREATE VIEW语句的文本添加到syscomments表中。这与存储过程相似，当首次执行视图时，只有其查询树存储在过程高速缓存中。每次访问视图时，都重新编译其执行计划。

在通过numeric或float表达式定义的视图上使用索引所得到的查询结果，可能不同于不在视图上使用索引的类似查询所得到的结果。这种差异可能是由对基础表进行INSERT、DELETE或UPDATE操作时的舍入错误引起的。

创建视图时，SQL Server保存SET QUOTED_IDENTIFIER和SET ANSI_NULLS的设置。使用视图时，将还原这些最初的设置。因此，当访问视图时，将忽略SET QUOTED_IDENTIFIER和SET ANSI_NULLS的所有客户端会话设置。

说明：SQL Server是将空字符串解释为单个空格还是真正的空字符串取决于sp_dbcmptlevel的设置。如果兼容级别小于或等于65，SQL Server就将空字符串解释为单个空格。如果兼容级别等于或大于70，则SQL Server就将空字符串解释为空字符串。有关更多信息，请参见sp_dbcmptlevel。

任务拓展

1．可以在视图中使用具有任意复杂性的SELECT子句吗？
2．在CREATE VIEW语句中可以包含COMPUTE或COMPUTE BY子句吗？
3．在CREATE VIEW语句中可以包含WITH ENCRYPTION子句吗？

任务三　实现视图的高级操作

任务描述

上海御恒信息科技公司接到客户的一份订单，要求为视图实现加密及解密等高级操作。公司刚招聘了一名程序员小张，软件开发部经理要求他尽快熟悉视图的加密、解密等高级操作，小张按照经理的要求开始做以下任务分析。

任务分析

1．创建一个视图，能查询所有客户订购的机器人的详细信息及货运情况。

2. 通过查看视图的源代码来检查代码的语法格式。
3. 查看视图的输出结果。
4. 为视图加密后通过查看源代码验证加密是否成功。
5. 为视图解密后通过查看源代码验证解密是否成功。
6. 创建一个视图,能查看所有登录用户的信息。
7. 在视图中插入一条记录。
8. 在视图中修改一条记录。
9. 在视图中删除一条记录。
10. 删除不用的视图。
11. 为customer表创建一个视图索引。
12. 为库中的customer表与orders表创建一个视图并加密。

任务实施

STEP 1 创建一个名为cors_view的视图,能查询所有客户订购的机器人的详细信息及货运情况。

```
use RobotMgr
go

--以下为不用视图的多表查询方法
use RobotMgr
go

select c_name,c_mobile,o_date,r_name,r_type,r_price
from customer c inner join orders o on c.c_id=o.c_id
            inner join robert r on r.r_id=o.r_id
            inner join ship s   on s.s_id=o.s_id
go


--以下为用视图的多表查询方法
use RobotMgr
go
create view cors_view
as
    select c_name,c_mobile,o_date,r_name,r_type,r_price
    from customer c inner join orders o on c.c_id=o.c_id
        inner join robert r on r.r_id=o.r_id
        inner join ship s   on s.s_id=o.s_id
go
```

STEP 2 查看名为cors_view视图的源代码。

```
use RobotMgr
go
sp_helptext cors_view
go
```

STEP 3 查看名为cors_view视图的输出结果。

```
use RobotMgr
```

```
go
select*from cors_view
go
```

STEP 4 为名为cors_view的视图加密，加密后查看源代码。

```
use RobotMgr
go
alter view cors_view
with encryption
as
  select c_name,c_mobile,o_date,r_name,r_type,r_price
  from customer c inner join orders o on c.c_id=o.c_id
          inner join robert r on r.r_id=o.r_id
          inner join ship s   on s.s_id=o.s_id
go

sp_helptext cors_view
go
```

STEP 5 为名为cors_view的视图解密，解密后查看源代码。

```
use RobotMgr
go
alter view cors_view
as
  select c_name,c_mobile,o_date,r_name,r_type,r_price
  from customer c inner join orders o on c.c_id=o.c_id
          inner join robert r on r.r_id=o.r_id
          inner join ship s   on s.s_id=o.s_id
go

sp_helptext cors_view
go
```

STEP 6 创建一个名为user_view的视图，里面包括登录用户的所有信息。

```
use RobotMgr
go

create view user_view
as
 select*from users
go


select*from user_view
go
```

STEP 7 在user_view视图中插入一条记录，登录名为gates，密码为gates。

```
use RobotMgr
go
insert into user_view(u_name,u_pwd)
        values('gates','gates')
```

```
go

select*from user_view
go

select*from users
go
```

STEP 8 在user_view视图中修改一条记录，将登录名为gates的密码改为123456。

```
use RobotMgr
go

select*from users
go

update user_view
  set u_pwd='123456'
      where u_name='gates'
go

select*from users
go
```

STEP 9 将user_view视图中名为'gates'的登录删除。

```
use RobotMgr
go

select*from users
go

delete
   from user_view
       where u_name='gates'
go

select*from users
go
```

STEP 10 将名为cors_view的视图删除。

```
use RobotMgr
go

drop view cors_view
go
```

STEP 11 为customer表创建一个视图索引，能查询客户编号。

```
use RobotMgr
go
drop view member_view
```

```
create view member_view
 with schemabinding
      As
           select c_id
           from dbo.customer
go

create  unique clustered index member_view_index
on member_view(c_id)
go

sp_helpindex member_view
go
```

STEP 12 为mydb库中的customer表与orders表创建一个视图并加密。

```
use mydb
go

create view view_orders
as
select c.c_id,c.c_name,o.o_id,o.o_date,i.i_id,i.i_name,i.i_qty,i.i_price
from customer c inner join orders o
 on c.c_id=o.c_id    inner join item i
 on o.o_id=i.o_id
go

select*from view_orders
go

alter view view_orders
with encryption
as
select c.c_id,c.c_name,o.o_id,o.o_date,i.i_id,i.i_name,i.i_qty,i.i_price
from customer c inner join orders o
 on c.c_id=o.c_id    inner join item i
 on o.o_id=i.o_id
go

sp_helptext view_orders
go

alter view view_orders
as
select c.c_id,c.c_name,o.o_id,o.o_date,i.i_id,i.i_name,i.i_qty,i.i_price
from customer c inner join orders o
 on c.c_id=o.c_id    inner join item i
 on o.o_id=i.o_id
go
```

```
sp_helptext view_orders
go
```

任务小结

1. 视图中三表连接查询的格式：from 表1 inner join 表2 on 子句 inner join 表3 on 子句。
2. 查看视图源代码的格式为：sp_helptext 视图名。
3. 查看视图的输出结果的格式为：SELECT * FROM 视图名。
4. 视图加密的格式为：ALTER VIEW 视图名 with encryption AS SELECT 子句。
5. 视图解密的格式为：ALTER VIEW 视图名 AS SELECT 子句。
6. 查询结果集在内存中，关机即消失，而视图代码可以存储的外存中，关机不消失。
7. 在视图中插入记录的格式为：insert into 视图名(列名) values(值)。
8. 在视图中修改记录的格式为：update 视图名 set 列名=新值 where 条件。
9. 在视图中删除记录的格式为：delete from 视图名 where 条件。
10. 删除视图的格式为：drop view 视图名。
11. 创建视图索引的格式为：

```
create view 视图名 with schemabinding  As select 子句
create unique clustered index 索引名 on 视图名 (列名)
```

12. 先创建视图再通过修改视图来加密，然后再修改视图解密来比较其不同。

相关知识与技能

1．使用分区视图

分区视图允许将大型表中的数据拆分成较小的成员表。根据其中一列中的数据值范围，将数据在各个成员表之间进行分区。每个成员表的数据范围都在为分区列指定的 CHECK 约束中定义。然后定义一个视图，以使用 UNION ALL 将选定的成员表组合成单个结果集。引用该视图的 SELECT 语句为分区列指定搜索条件后，查询优化器将使用 CHECK 约束定义确定哪个成员表包含这些行。

分区视图返回正确的结果并不一定非要 CHECK 约束。但是，如果未定义 CHECK 约束，则查询优化器必须搜索所有表，而不是只搜索符合分区列上的搜索条件的表。如果不使用 CHECK 约束，则视图的操作方式与带有 UNION ALL 的任何其他视图相同。查询优化器不能对存储在不同表中的值作出任何假设，也不能跳过对参与视图定义的表的搜索。

如果分区视图所引用的所有成员表都在同一服务器上，则该视图是本地分区视图。如果成员表在多台服务器上，则该视图是分布式分区视图。分布式分区视图可用于在一组服务器间分布系统的数据库处理工作量。

分区视图使独立地维护成员表变得更容易。例如，在某个阶段结束时：

可以更改当前结果的分区视图定义以添加最新的阶段和除去最早的阶段。

可以更改以前结果的分区视图定义以添加刚从当前结果视图中除去的阶段。也可以更新以前的结果视图以删除或存档该视图所包含的最早阶段。

将数据插入到分区视图中后，就可以使用 sp_executesql 系统存储过程创建 INSERT 语句，该语句带有在有许多并发用户的系统中重新使用概率较高的执行计划。

2．视图解析

SQL Server 查询处理器处理索引视图和非索引视图的方式不同：

索引视图以与表相同的格式存储在数据库中。查询处理器处理索引视图的方式与基表相同。

只存储非索引视图的源。查询优化器将视图源中的逻辑纳入执行计划，而该执行计划是它为引用非索引视图的SQL语句生成的。

SQL Server查询优化器用于决定何时使用索引视图的逻辑与用于决定何时在表上使用索引的逻辑相似。如果索引视图中的数据包括SQL语句，且查询优化器确定视图上的某个索引是低成本的访问路径，则不论WHERE子句中是否引用了该视图，查询优化器都将选择此索引。有关更多信息，请参见解析视图上的索引。

SQL语句引用非索引视图时，语法分析器和查询优化器分析SQL语句的源和视图的源，并将它们解析为单个执行计划。没有单独用于SQL语句或视图的计划。

3. DROP VIEW

从当前数据库中删除一个或多个视图。可对索引视图执行DROP VIEW。

语法：

```
DROP VIEW{view}[ ,...n ]
```

参数：

view：要删除的视图名称。视图名称必须符合标识符规则。有关更多信息，请参见使用标识符。可以选择是否指定视图所有者名称。若要查看当前创建的视图列表，请使用sp_help。

n：表示可以指定多个视图的占位符。

注释：

除去视图时，将从sysobjects、syscolumns、syscomments、sysdepends和sysprotects系统表中删除视图的定义及其他有关视图的信息。还将删除视图的所有权限。

已除去的表（使用DROP TABLE语句除去）上的任何视图必须通过使用DROP VIEW显式除去。

对索引视图执行DROP VIEW时，将自动除去视图上的所有索引。使用sp_helpindex可显示视图上的所有索引。

默认情况下，将DROP VIEW权限授予视图所有者，该权限不可转让。然而，db_owner和db_ddladmin固定数据库角色成员和sysadmin固定服务器角色成员可以通过在DROP VIEW内显式指定所有者除去任何对象。

4. 如何显示视图的相关性（企业管理器）

展开服务器组，然后展开服务器。

展开"数据库"文件夹，展开该视图所属的数据库，然后单击"视图"。

在详细信息窗格中，右击视图，在弹出的快捷菜单中选择"所有任务"→"显示相关性"命令。

CHECK_CONSTRAINTS

当前数据库的每个CHECK约束在该视图中占一行。该信息架构视图返回当前用户对其拥有权限的对象的有关信息。INFORMATION_SCHEMA.CHECK_CONSTRAINTS视图以sysobjects和syscomments系统表为基础。

5. ALTER VIEW

更改一个先前创建的视图（用CREATE VIEW创建），包括索引视图，但不影响相关的存储过程或触发器，也不更改权限。有关ALTER VIEW语句中所用参数的更多信息，请参见CREATE VIEW。

语法：

```
ALTER VIEW[<database_name>.][<owner>.]view_name[( column[ ,...n ])]
[ WITH<view_attribute>[ ,...n ]]
AS
```

```
    select_statement
[ WITH CHECK OPTION ]

<view_attribute>::=
    { ENCRYPTION|SCHEMABINDING|VIEW_METADATA}
```

参数：

view_name：要更改的视图。

column：一列或多列的名称，用逗号分开，将成为给定视图的一部分。

注意：只有在ALTER VIEW执行前后列名称不变的情况下，列上的权限才会保持不变。

说明：在视图的各列中，列名的权限在CREATE VIEW或ALTER VIEW语句间均适用，与基础数据源无关。例如，如果授予了CREATE VIEW语句中title_id列上的权限，那么ALTER VIEW语句可以将title_id列改名（如改为qty），但权限仍与使用title_id的视图上的权限相同。

n：表示column可重复n次的占位符。

WITH ENCRYPTION：加密syscomments表中包含ALTER VIEW语句文本的条目。使用WITH ENCRYPTION可防止将视图作为SQL Server复制的一部分发布。

SCHEMABINDING：将视图绑定到架构上。指定SCHEMABINDING时，select_statement必须包含由所引用的表、视图或用户定义函数组成的两部分名称（owner.object）。

不能除去参与到用架构绑定子句创建的视图中的视图或表，除非该视图已被除去或更改而不再具有架构绑定。否则，SQL Server会产生错误。另外，对于参与具有架构绑定的视图的表，如果其上的ALTER TABLE语句影响了该视图的定义，则这些语句将会失败。

VIEW_METADATA：在为引用视图的查询请求浏览模式元数据时，指定SQL Server将向DB-LIB、ODBC和OLE DB API返回有关视图的元数据信息，而不是返回基表或表。浏览模式元数据是由SQL Server向客户端DB-LIB、ODBC和OLE DB API返回的附加元数据，它允许客户端API实现可更新的客户端游标。浏览模式元数据包含有关结果集内的列所属基表的信息。

对于用VIEW_METADATA选项创建的视图，当在结果集中描述视图内的列时，浏览模式元数据返回相对于基表名的视图名。

当用VIEW_METADATA创建视图时，如果该视图具有INSERT或UPDATE INSTEAD OF触发器，则视图的所有列（timestamp除外）都是可更新的。

任务拓展

1．如何使用分区视图？
2．查询处理器处理索引视图和非索引视图的方式有哪些不同？
3．DROP VIEW的语法格式是什么？
4．ALTER VIEW的语法格式是什么？

◎ 项目综合实训　实现家庭管理系统中的视图操作

一、项目描述

上海御恒信息科技公司接到一个订单，需要为家庭管理系统中的多张表设计不同类型的视图来查询相关的内容。程序员小张根据以上要求进行相关视图的设计后，按照项目经理的要求开始做以下项目分析。

二、项目分析

1. 创建能查询所有家庭成员的收入支出详细情况的视图。
2. 查看视图的源代码。
3. 查看视图的输出结果。
4. 为视图加密并查看源代码。
5. 为视图解密，解密后查看源代码。
6. 创建能查询所有登录用户的视图。
7. 在视图中插入一条记录。
8. 在视图中修改一条记录。
9. 将视图中的指定行删除。
10. 删除无用的视图。
11. 创建一个视图索引，能查询相关信息。

三、项目实施

STEP 1 创建一个名为inout_view的视图，能查询所有家庭成员的收入支出详细情况。

```
use FamilyMgr
go

--以下为不用视图的多表查询方法
select fm.f_id,f_name,f_mobile,i_date,i_name,i_money,i_kind,o_date,o_name,o_money,o_kind
from familymember fm,familymoney fy,familyin fi,familyout fo
where fm.f_id=fy.f_id and fi.i_id=fy.i_id and fo.o_id=fy.o_id
go

--以下为用视图的多表查询方法
use FamilyMgr
go
create view inout_view
as
  select fm.f_id,f_name,f_mobile,i_date,i_name,i_money,i_kind,o_date,o_name,o_money,o_kind
    from familymember fm,familymoney fy,familyin fi,familyout fo
    where fm.f_id=fy.f_id and fi.i_id=fy.i_id and fo.o_id=fy.o_id
go
```

STEP 2 查看名为inout_view视图的源代码。

```
use FamilyMgr
go
sp_helptext inout_view
go
```

STEP 3 查看名为inout_view视图的输出结果。

```
use FamilyMgr
go
select*from inout_view
go
```

STEP 4 为名为inout_view的视图加密,加密后查看源代码。

```
use FamilyMgr
go
alter view inout_view
with encryption
as
  select fm.f_id,f_name,f_mobile,i_date,i_name,i_money,i_kind,o_date,o_name,o_money,o_kind
   from familymember fm,familymoney fy,familyin fi,familyout fo
   where fm.f_id=fy.f_id and fi.i_id=fy.i_id and fo.o_id=fy.o_id
go

sp_helptext inout_view
go
```

STEP 5 为名为inout_view的视图解密,解密后查看源代码。

```
use FamilyMgr
go
alter view inout_view
as
  select fm.f_id,f_name,f_mobile,i_date,i_name,i_money,i_kind,o_date,o_name,o_money,o_kind
   from familymember fm,familymoney fy,familyin fi,familyout fo
   where fm.f_id=fy.f_id and fi.i_id=fy.i_id and fo.o_id=fy.o_id
go

sp_helptext inout_view
go
```

STEP 6 创建一个名为user_view的视图,其中包括登录用户的所有信息。

```
use FamilyMgr
go

create view user_view
as
 select*from familyuser
go

select*from user_view
go
```

STEP 7 在user_view视图中插入一条记录,登录名为gates,密码为gates。

```
use FamilyMgr
go
insert into user_view(u_name,u_password)
         values('gates','gates')
go

select*from user_view
```

```
go

select*from familyuser
go
```

STEP 8 在user_view视图中修改一条记录，将登录名为gates的密码改为123456。

```
use FamilyMgr
go

select*from familyuser
go

update user_view
  set u_password='123456'
    where u_name='gates'
go

select*from familyuser
go
```

STEP 9 将user_view视图中的名为'gates'的登录删除。

```
use FamilyMgr
go

select*from familyuser
go

delete
  from user_view
    where u_name='gates'
go

select*from familyuser
go
```

STEP 10 将名为inout_view的视图删除。

```
use FamilyMgr
go

drop view inout_view
go
```

STEP 11 为familymember表创建一个视图索引，能查询家庭成员编号。

```
use FamilyMgr
go
drop view member_view

create view member_view
 with schemabinding
```

```
        As
            select f_id
            from dbo.familymember
go

create   unique clustered index member_view_index
on member_view(f_id)
go
```

四、项目小结

1. 查询所有要创建视图的表并了解这些表中的信息。
2. 创建视图并验证查询结果。
3. 修改视图实现加密和解密。
4. 在视图中实现INSERT、UPDATE、DELETE操作。
5. 删除无用视图。
6. 为加快查询速度，可创建视图索引。

◎ 项目评价表

能力	内容		评价		
	学习目标	评价项目	3	2	1
项目七 实现视图					
职业能力	实现视图	任务一 实现视图的基本操作			
		任务二 实现视图的进阶操作			
		任务三 实现视图的高级操作			
通用能力		动手能力			
		解决问题能力			
		综合评价			

评价等级说明表	
等级	说明
3	能高质、高效地完成此学习目标的全部内容，并能解决遇到的特殊问题
2	能高质、高效地完成此学习目标的全部内容
1	能圆满完成此学习目标的全部内容，不需任何帮助和指导

以上表格根据国家职业技能标准相关内容设定。

项目八

实现游标

 核心概念

游标的声明、打开、定位、关闭与释放。

 项目描述

游标实际上是一种能从包括多条数据记录的结果集中每次提取一条记录的机制。游标提供了一种对从表中检索出的数据进行操作的灵活手段。使用游标，可以实现以下目标：允许定位到结果集中的特定行。从结果集的当前位置检索一行或多行数据。支持对结果集中当前位置的行进行修改。对于其他用户对结果集包含的数据库数据所做的修改，支持不同的可见性级别。

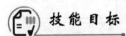

用提出、分析、解决问题的思路来培养学生进行游标程序的设计，同时考虑通过不同的案例来熟练掌握不同游标的语法。

 工作任务

实现游标的基本操作、进阶操作、高级操作和综合操作。

任务一　实现游标的基本操作

 任务描述

上海御恒信息科技公司接到客户的一份订单，要求用游标来灵活查询表中的相关信息。公司刚招聘了一名程序员小张，软件开发部经理要求他尽快熟悉游标的基本操作，小张按照经理的要求开始做以下任务分析。

任务分析

1. 声明游标来查询类别为psychology的信息。
2. 打开游标。
3. 提取当前游标。
4. 将游标指向第一条。
5. 将游标指向下一条。
6. 将游标指向最后一条。
7. 将游标指向绝对定位第二条。
8. 将游标指向相对定位下移一条。
9. 关闭并释放游标。
10. 重新声明和使用前向游标。
11. 重新声明和使用只读游标。

任务实施

STEP 1 声明游标titlecursor来实现type为'psychology'的信息查询。

```
use pubs
go

declare titlecursor cursor
scroll
for
select title_id,title,price,ytd_sales from titles
 where type='psychology'
go
```

STEP 2 打开游标titlecursor。

```
use pubs
go

open titlecursor
```

STEP 3 提取titlecursor的当前游标。

```
use pubs
go

fetch titlecursor
GO
```

STEP 4 指向titlecursor游标的第一条。

```
use pubs
go

fetch first from titlecursor
GO
```

STEP 5 指向titlecursor游标的下一条。

```
use pubs
go

fetch next from titlecursor
GO
```

STEP 6 指向titlecursor游标的最后一条。

```
use pubs
go

fetch last from titlecursor
GO
```

STEP 7 指向titlecursor游标的绝对定位第二条。

```
use pubs
go

fetch absolute 2 from titlecursor
GO
```

STEP 8 指向titlecursor游标的相对定位下移一条。

```
use pubs
go

fetch relative 1 from titlecursor
GO
```

STEP 9 关闭并释放游标titlecursor。

```
use pubs
go

close titlecursor
deallocate titlecursor
GO
```

STEP 10 重新声明和使用前向游标jobscursor实现update操作。

```
use pubs
go

declare jobscursor cursor forward_only
for
select*from jobs where min_lvl=75
for update
open jobscursor
fetch jobscursor
update jobs
   set max_lvl=100 where current of jobscursor
select*from jobs where min_lvl=75
```

```
close jobscursor
deallocate jobscursor
```

STEP 11 重新声明和使用只读游标pubinfocursor来查询pub_id介于1000~2000的信息。

```
use pubs
go

declare pubinfocursor cursor read_only
for
select*from pub_info
  where pub_id between 1000 and 2000
open pubinfocursor
fetch pubinfocursor
delete from pub_info
  where current of pubinfocursor
close pubinfocursor
deallocate pubinfocursor
go
```

任务小结

1. 声明游标的格式为：declare 游标名 cursor scroll for select 子句。
2. 打开游标的格式为：open 游标名。
3. 提取当前游标的格式为：fetch 游标名。
4. 将游标指向第一条的格式为：fetch first from 游标名。
5. 将游标指向下一条的格式为：fetch next from 游标名。
6. 将游标指向最后一条的格式为：fetch last from 游标名。
7. 将游标指向绝对定位第n条的格式为：fetch absolute n from 游标名。
8. 将游标指向相对定位下移n条的格式为：fetch relative n from 游标名。
9. 关闭游标的格式为：close 游标名。
10. 释放游标的格式为：deallocate 游标名。
11. 重新声明和使用前向游标的格式为：declare 游标名 cursor forward_only for select 子句。
12. 重新声明和使用只读游标的格式为：declare 游标名 cursor read_only for select 子句。

相关知识与技能

1. API 服务器游标

OLE DB、ODBC、ADO 和 DB-Library API 支持将游标映射至已执行 SQL 语句的结果集。SQL Server OLE DB 提供程序、SQL Server ODBC 驱动程序和 DB-Library 动态链接库（DLL）通过使用 API 服务器游标执行这些操作。API 服务器游标在服务器上实现，并由 API 游标函数进行管理。当应用程序调用 API 游标函数时，游标操作由 OLE DB 提供程序、ODBC 驱动程序或 DB-Library DLL 传递给服务器。

当在 OLE DB、ODBC 和 ADO 中使用 API 服务器游标时，使用 API 函数和方法实现如下功能：

（1）打开一个连接。
（2）设置定义游标特征的特性或属性，API 自动将游标映射到每个结果集。
（3）执行一条或多条 T-SQL 语句。

(4) 使用API函数和方法提取结果集中的行。

在DB-Library中,与API服务器游标一起使用特殊的DB-Library游标库函数。

当API游标特性或属性设为其默认值时,SQL Server OLE DB提供程序和SQL Server ODBC驱动程序使用默认结果集。虽然从技术上说API要求游标,但默认游标特征与默认结果集的行为是匹配的。因此,OLE DB提供程序和ODBC驱动程序利用默认结果集实现默认游标选项,这是从服务器中检索行最有效的方法。使用默认结果集时,应用程序可执行任何T-SQL语句和批处理,但是它在一个连接中只能有一个未完成的语句。这意味着在连接上执行下一个语句之前,应用程序必须处理或者取消由一个语句返回的所有结果集。

当API游标特性或属性没有按默认值进行设置时,SQL Server OLE DB提供程序和SQL Server ODBC驱动程序将使用API服务器游标代替默认结果集。每次对提取行的API函数的调用都会产生到服务器的一次往返,以从API服务器游标中提取行。

DB-Library应用程序使用DB-Library游标库函数请求游标。如果DBCLIENTCURSOR没有设置,那么DB-Library游标库函数将采用与SQL Server OLE DB提供程序和SQL Server ODBC驱动程序相同的方法来使用API服务器游标。

2. API服务器游标约束

使用API服务器游标时,应用程序不能执行下列语句:

- 服务器游标中SQL Server不支持的T-SQL语句。
- 返回多个结果集的批处理或存储过程。
- 包含COMPUTE、COMPUTE BY、FOR BROWSE或INTO子句的SELECT语句。
- 引用远程存储过程的EXECUTE语句。

3. API服务器游标实现

SQL Server OLE DB提供程序、SQL Server ODBC驱动程序和DB-Library DLL使用这些特殊的系统存储过程向服务器示意游标操作。

sp_cursoropen定义与游标和游标选项相关的SQL语句,然后生成游标。

sp_cursorfetch从游标中提取一行或多行。

sp_cursorclose关闭并释放游标。

sp_cursoroption设置各种游标选项。

sp_cursor用于请求定位更新。

sp_cursorprepare把与游标有关的T-SQL语句或批处理编译成执行计划,但并不创建游标。

sp_cursorexecute从由sp_cursorprepare创建的执行计划中创建并填充游标。

sp_cursorunprepare废弃由sp_cursorprepare生成的执行计划。

这些系统存储过程将在使用API服务器游标的ADO、OLE DB、ODBC和DB-Library应用程序的SQL Server事件探查器跟踪中显示。这些记录仅供SQL Server OLE DB提供程序、SQL Server ODBC驱动程序和DB-Library DLL内部使用。应用程序可通过数据库API的游标功能使用这些过程的完整功能。在应用程序中直接指定过程的做法不受支持。

当SQL Server在某连接上执行语句时,只有在来自第一个语句的所有结果处理完毕或被取消时,才能在连接上执行其他语句。在使用API服务器游标时,这个规则仍然成立,但是从应用程序的角度来看,好像SQL Server在一个连接上已经开始支持多个活动语句。这是因为完整的结果集存储在服务器游标中,而仅有的传递给SQL Server的语句是对sp_cursor系统存储过程的执行。SQL Server执行这些存储过程,且一旦客户端检索该结果集,它就可以开始执行其他语句。OLE DB提供程序和ODBC驱动程序则在把控制返回给应用程序之前始终检索来自sp_cursor存储过程的所有结果集。这使应用程序可以插空在多级活动服务器游标中进行提取操作。

由于在所有sp_cursor存储过程的调用之后连接中不再留有未决结果,那么在假设全部使用API服务器游标执行的前提下，就可以在单个连接上并行执行多个T-SQL语句。

4. 指定API服务器游标

下面是有关在API中如何使用API服务器游标的摘要：

1）OLE DB

（1）打开会话对象，打开命令对象，并指定命令文本。

（2）设置行集属性（如DBPROP_OTHERINSERT、DBPROP_OTHERUPDATEDELETE、DBPROP_OWNINSERT、DBPROP_OWNUPDATEDELETE等）以控制游标行为。

（3）执行命令对象。

（4）使用下列方法提取结果集中的行，如IRowset::GetNextRows、IRowsetLocate::GetRowsAt、IRowsetLocate::GetRowsAtBookmark和IRowsetScroll::GetRowsAtRatio。

2）ODBC

（1）打开一个连接并调用SQLAllocHandle分配语句句柄。

（2）调用SQLSetStmtAttr以设置SQL_ATTR_CURSOR_TYPE、SQL_ATTR_CONCURRENCY和SQL_ATTR_ROW_ARRAY_SIZE的特性。作为选择，可通过设置SQL_ATTR_CURSOR_SCROLLABLE和SQL_ATTR_CURSOR_SENSITIVITY特性指定游标的行为。

（3）使用SQLExecDirect或SQLPrepare和SQLExecute执行T-SQL语句。

（4）使用SQLFetch或SQLFetchScroll提取行或行块。

3）ADO

（1）定义连接对象和记录集对象，然后对连接对象执行Open方法。

（2）指定CursorType和/或LockType参数以对记录集执行Open方法。

（3）使用Move、MoveFirst、MoveLast、MoveNext和MovePrevious记录集方法提取行。

4）DB-Library

（1）DB-Library核心函数总是使用默认结果集。

（2）使用DB-Library游标库函数来使用API服务器游标，无须设置DBCLIENTCURSOR。

5. DECLARE CURSOR

定义T-SQL服务器游标的特性，例如游标的滚动行为和用于生成游标对其进行操作的结果集的查询。DECLARE CURSOR接受基于SQL-92标准的语法和使用一组T-SQL扩展的语法。

SQL-92语法：

```
DECLARE cursor_name[ INSENSITIVE ][ SCROLL ]CURSOR
FOR select_statement
[ FOR{READ ONLY|UPDATE[ OF column_name[ ,...n ]]}]
```

Transact-SQL扩展语法：

```
DECLARE cursor_name CURSOR
[ LOCAL|GLOBAL ]
[ FORWARD_ONLY|SCROLL ]
[ STATIC|KEYSET|DYNAMIC|FAST_FORWARD ]
[ READ_ONLY|SCROLL_LOCKS|OPTIMISTIC ]
[ TYPE_WARNING ]
FOR select_statement
[ FOR UPDATE[ OF column_name[ ,...n ]]]
```

SQL-92参数：

cursor_name：是所定义的T-SQL服务器游标名称。cursor_name必须遵从标识符规则。有关标识符规则的更多信息，请参见使用标识符。

INSENSITIVE：定义一个游标，以创建将由该游标使用的数据的临时副本。对游标的所有请求都从tempdb的该临时表中得到应答；因此，在对该游标进行提取操作时返回的数据中不反映对基表所做的修改，并且该游标不允许修改。使用SQL-92语法时，如果省略INSENSITIVE，（任何用户）对基表提交的删除和更新都反映在后面的提取中。

SCROLL：指定所有的提取选项（FIRST、LAST、PRIOR、NEXT、RELATIVE、ABSOLUTE）均可用。如果在SQL-92的DECLARE CURSOR中未指定SCROLL，则NEXT是唯一支持的提取选项。如果指定SCROLL，则不能同时指定FAST_FORWARD。

select_statement：定义游标结果集的标准SELECT语句。在游标声明的select_statement内不允许使用关键字COMPUTE、COMPUTE BY、FOR BROWSE和INTO。

如果select_statement中的子句与所请求的游标类型的功能发生冲突，则SQL Server隐式地将游标转换为另一种类型。有关更多信息，请参见隐式游标转换。

READ ONLY：READ ONLY的功能是在游标中阻止更新，在UPDATE或DELETE语句的WHERE CURRENT OF子句中不能引用游标。该选项替代要更新的游标的默认功能。

```
UPDATE[OF column_name[,...n]]
```

定义游标内可更新的列。如果指定OF column_name [,...n] 参数，则只允许修改所列出的列。如果在UPDATE中未指定列的列表，则可以更新所有列。

任务拓展

1．什么是API服务器游标？
2．API服务器游标如何实现？
3．OLE DB、ODBC、ADO、DB-Library是分别如何使用API游标的？
4．写出DECLARE CURSOR的语法格式。

任务二　实现游标的进阶操作

任务描述

上海御恒信息科技公司接到客户的一份订单，要求用游标变量来灵活查询表格信息。公司刚招聘了一名程序员小张，软件开发部经理要求他尽快熟悉游标变量，小张按照经理的要求开始做以下任务分析。

任务分析

1．声明游标来查询Products中的ProductID。
2．使用游标变量来存储Employees中的LastName。
3．在游标中使用全局变量@@FETCH_STATUS来控制循环读取信息。
4．用不同的游标定位方法输出表中的相关信息。

任务实施

 使用游标定位Products中的默认结果集。

```
use northwind
go

declare abc CURSOR FOR
SELECT ProductID FROM Northwind.dbo.Products
go
```

STEP 2 使用游标变量灵活存储Employees表中的信息。

```
/*Use DECLARE @local_variable,DECLARE CURSOR and SET.*/
DECLARE @MyVariable CURSOR

DECLARE MyCursor CURSOR FOR
SELECT LastName FROM Northwind.dbo.Employees

SET @MyVariable=MyCursor

/*Use DECLARE @local_variable and SET

DECLARE @MyVariable CURSOR

SET @MyVariable=CURSOR SCROLL KEYSET FOR
SELECT LastName FROM Northwind.dbo.Employees

*/
use pubs
go

DECLARE JobCursor CURSOR
FOR
SELECT*FROM job
go
```

STEP 3 创建和使用游标来提取已按pub_name升序排列的publishers表中的信息。

```
use pubs
go

DECLARE Pub_Cursor CURSOR SCROLL
 FOR SELECT*FROM publishers ORDER BY pub_name

OPEN Pub_Cursor

FETCH FIRST FROM Pub_Cursor

WHILE @@FETCH_STATUS=0

BEGIN
 FETCH NEXT FROM Pub_Cursor
END
```

```
close Pub_Cursor

deallocate Pub_Cursor

go
```

STEP 4 重新声明滚动游标并使用不同的定位方法提取item表中的指定行的信息。

```
DECLARE cur_item CURSOR SCROLL FOR
 SELECT*FROM item

OPEN cur_item

FETCH NEXT FROM cur_item

WHILE @@FETCH_STATUS=0
BEGIN
FETCH NEXT FROM cur_item
END

FETCH FIRST FROM cur_item
FETCH relative 5 FROM cur_item
FETCH relative-3 FROM cur_item
FETCH LAST FROM cur_item
FETCH PRIOR FROM cur_item

CLOSE cur_item

DEALLOCATE cur_item
```

任务小结

1. declare游标名cursor可将表中信息提取至游标中。
2. 游标变量可以灵活存储表中某一列的内容。
3. 全局变量@@FETCH_STATUS可以用作循环判断的条件。
4. FETCH语句之后可以指明定位的具体位置。

相关知识与技能

1. 游标变量

游标变量可以是游标类型或另一个游标变量的目标。参见SET @local_variable。可以在EXECUTE语句中作为输出游标参数的目标引用（如果当前没有给游标变量指派游标）。游标变量也应被看作指向游标的指针。

2. 使用DECLARE声明单个变量

下例使用名为@find的局部变量检索所有姓以Ring开头的作者信息。

```
USE pubs
DECLARE @find varchar(30)
SET @find='Ring%'
SELECT au_lname, au_fname, phone
```

```
FROM authors
WHERE au_lname LIKE @find
```

下面是结果集：

```
au_lname          au_fname          phone
------------------------------------------------
Ringer            Anne              801 826-0752
Ringer            Albert            801 826-0752

(2 row(s)affected)
```

3. 在 DECLARE 中使用两个变量

下例从 Binnet & Hardley(pub_id = 0877)的雇员中检索从1993年1月1日起所雇佣的雇员名称。

```
USE pubs
SET NOCOUNT ON
GO
DECLARE @pub_id char(4), @hire_date datetime
SET @pub_id='0877'
SET @hire_date='1/01/93'
--Here is the SELECT statement syntax to assign values to two local
--variables.
--SELECT @pub_id='0877', @hire_date='1/01/93'
SET NOCOUNT OFF
SELECT fname, lname
FROM employee
WHERE pub_id=@pub_id and hire_date>= @hire_date
```

下面是结果集：

```
fname             lname
------------------------------
Anabela           Domingues
Paul              Henriot

(2 row(s)affected)
```

任务拓展

1. 游标变量的作用都有哪些？
2. 游标变量和一般的变量有何区别？
3. 全局变量@@FETCH_STATUS 如何使用？
4. FETCH 语句之后如何使用游标定位？

任务三 实现游标的高级操作

任务描述

上海御恒信息科技公司接到客户的一份订单，要求在游标中使用子查询和多个局部变量来灵活处理查询需求。公司刚招聘了一名程序员小张，软件开发部经理要求他尽快熟悉子查询和多个局部变量的声明，小张按照经理的要求开始做以下任务分析。

任务分析

1. 使用CURSOR SCROLL FOR子句在表中顺序提取行中内容。
2. 将游标中的内容提取至局部变量保存。
3. 使用多个局部变量分别存储游标中的相应字段。
4. 在游标中使用子查询实现多表操作提取。
5. 通过局部变量和游标更新表中的内容。

任务实施

STEP 1 使用游标从Authors表中读取数据并显示。

```
DECLARE cur_authors CURSOR SCROLL FOR
 SELECT*FROM authors
OPEN cur_authors

FETCH NEXT FROM cur_authors
WHILE @@FETCH_STATUS=0
BEGIN
     FETCH NEXT FROM cur_authors
END
CLOSE cur_authors
DEALLOCATE cur_authors
```

STEP 2 声明变量，接收上题的游标在Authors中读取的au_id并显示。

```
DECLARE @au_id VARCHAR(20)
DECLARE cur_authors CURSOR SCROLL FOR
 SELECT au_id FROM authors
OPEN cur_authors
FETCH NEXT FROM cur_authors INTO @au_id
WHILE @@FETCH_STATUS=0
BEGIN
SELECT @au_id AS AU_ID
FETCH NEXT FROM cur_authors INTO @au_id

END
CLOSE cur_authors
DEALLOCATE cur_authors
GO
```

STEP 3 使用游标，读取出指定用户所著书籍信息。

```
DECLARE @name VARCHAR(80), @au_id VARCHAR(40), @title VARCHAR(80)
PRINT'author ID :274-80-9391'
DECLARE cur_title CURSOR FOR
SELECT title FROM titles WHERE title_id IN(
 SELECT title_id FROM titleauthor
```

```
    WHERE au_id='274-80-9391')
OPEN cur_title
FETCH NEXT FROM cur_title INTO @title
IF @@FETCH_STATUS<>0
 PRINT'HAVEN''T BOOKS'
WHILE @@FETCH_STATUS=0
BEGIN
 PRINT'TITLE NAME:'+@title
 FETCH NEXT FROM cur_title INTO @title
END
CLOSE cur_title
DEALLOCATE cur_title
GO
```

STEP 4 使用游标创建一个报表，列出所有作者姓名以及所著书籍名称。

```
--方法一
DECLARE @name VARCHAR(80), @au_id VARCHAR(40), @title VARCHAR(80)
DECLARE au_cursor CURSOR SCROLL FOR
 SELECT au_id, au_lname+''+au_fname AS name FROM authors ORDER BY name
OPEN au_cursor
FETCH FIRST FROM au_cursor INTO @au_id, @name
WHILE @@FETCH_STATUS=0
BEGIN
    PRINT'NAME :'+@name
    DECLARE tit_cursor CURSOR SCROLL FOR
     SELECT title FROM titles WHERE title_id IN(
        SELECT title_id FROM titleauthor
            WHERE au_id=@au_id )

    OPEN tit_cursor
    FETCH NEXT FROM tit_cursor INTO @title
    IF @@FETCH_STATUS<>0
    BEGIN
    PRINT'HAVE NOT BOOKS'
    PRINT''
    END
    WHILE @@FETCH_STATUS=0
    BEGIN
    PRINT'TITLE :'+@title
    PRINT''
     FETCH NEXT FROM tit_cursor INTO @title
    END
    CLOSE tit_cursor
    DEALLOCATE tit_cursor
    FETCH NEXT FROM au_cursor INTO @au_id, @name
END
CLOSE au_cursor
DEALLOCATE au_cursor
GO
```

```
--方法二
DECLARE  c_title CURSOR FOR
 SELECT dbo.authors.au_lname+''+dbo.authors.au_fname AS name,dbo.titles.title
    FROM dbo.titles INNER JOIN dbo.titleauthor ON
    dbo.titles.title_id=dbo.titleauthor.title_id
        RIGHT OUTER JOIN dbo.authors ON
        dbo.titleauthor.au_id=dbo.authors.au_id
            ORDER BY name
OPEN c_title

FETCH NEXT FROM c_title
WHILE @@fetch_status=0
 FETCH NEXT FROM c_title
CLOSE c_title
DEALLOCATE c_title
```

STEP 5 使用游标修改titles表，从最便宜的书开始计数，每逢单数本书则将书价增加20%，每逢双数本书则将书价增加10%。

```
DECLARE @count INT
SET @count=1
DECLARE title_cursor  CURSOR SCROLL FOR
SELECT price FROM titles ORDER BY price
OPEN title_cursor
FETCH NEXT FROM title_cursor
WHILE @@FETCH_STATUS=0
BEGIN
    IF(@count % 2!=0)
        UPDATE titles SET price=price*1.2 WHERE CURRENT OF title_cursor
    ELSE
        UPDATE titles SET price=price*1.1 WHERE CURRENT OF title_cursor
    SET @count=@count+1

    PRINT'修改完成'
    FETCH NEXT FROM title_cursor
END
CLOSE title_cursor
DEALLOCATE title_cursor
GO
```

任务小结

1．CURSOR SCROLL FOR子句可以按顺序向下提取表中的行。
2．将游标内容写入局部变量的格式为：FETCH NEXT FROM游标名into局部变量。
3．声明多个局部变量的格式为：DECLARE局部变量1数据类型，... 局部变量n数据类型。
4．游标中的子查询格式为：CURSOR SCROLL FOR SELECT... IN(SELECT...)。
5．根据游标来修改表中内容的格式为：UPDATE表名SET列名 = 新的值WHERE CURRENT OF游标名。

1. 游标和事务

SQL Serve支持设置连接或数据库选项,以控制在提交和回滚时是将游标关闭还是保持打开状态。若将此选项设为在提交或回滚时关闭游标,则当游标关闭时,所有滚动锁都自动释放。若将此选项设为在提交时游标仍保持打开,则所有活动的滚动锁将一直保持到下次提取或游标关闭。所有事务锁(包括游标中的行事务锁)在提交或回滚时都被释放,不论游标是否为打开状态。

2. 删除结果集中的行

ADO、OLE DB和ODBC应用程序接口(API)支持删除结果集中应用程序所处的当前行。应用程序执行某个语句,然后从结果集中提取行。应用程序提取行后,就可以使用以下函数或方法删除该行:

- ADO应用程序使用Recordset对象的Delete方法。
- OLE DB应用程序使用IRowsetChange接口的DeleteRows方法。
- ODBC应用程序使用带SQL_DELETE选项的SQLSetPos函数。
- DB-library应用程序使用dbcursor执行CRS_DELETE操作。
- T-SQL脚本、存储过程和触发器可以使用DELETE语句中的WHERE CURRENT OF子句删除它们当前所处的游标行,例如:

```
DECLARE abc CURSOR FOR
SELECT*FROM MyTable
OPEN abc
FETCH NEXT FROM abc
DELETE MyTable WHERE CURRENT OF abc
CLOSE abc
DEALLOCATE abc
```

3. 使用定位操作更新行

可更新游标支持通过游标更新行的数据修改语句。当定位在可更新游标中的某行上时,用户可以执行更新或删除操作,这些操作针对用于在游标中建立当前行的基表行。这些称为定位更新。定位更新在打开游标的同一个连接上执行。这就允许数据修改共享与游标相同的事务空间,并且使游标保持的锁不会阻止更新。有两种方法在游标中执行定位更新:

- UPDATE或DELETE语句中的WHERE CURRENT OF子句。
- 数据库API定位更新函数或方法,如ODBC SQLSetPos函数。

4. 使用T-SQL执行定位更新

WHERE CURRENT OF子句典型用于T-SQL存储过程、触发器以及脚本(当需要根据游标中特定行进行修改时)。存储过程、触发器、或脚本将:

- DECLARE和OPEN游标。
- 用FETCH语句在游标中定位于一行。
- 用WHERE CURRENT OF子句执行UPDATE或DELETE语句。用DECLARE语句中的cursor_name作为WHERE CURRENT OF子句中的cursor_name。

5. 使用API执行定位更新

因为通过OLE DB、ADO和DB-Library API函数和方法创建的游标没有名称,所以它们不能在WHERE CURRENT OF子句中使用。然而,ODBC支持使用SQLGetCursorName函数为API服务器游标得到名称。在设置游标特性并通过执行T-SQL语句打开游标后,可使用SQLGetCursorName函数得到游标的名称。在游标中定位后,引用由SQLGetCursorName返回的名称执行带有WHERE CURRENT OF子句的UPDATE或

DELETE语句。但不建议使用此方法。最好使用ODBC API中的定位更新函数。

数据库API支持两种不同的方法对API服务器游标执行定位操作。ODBC和DB-Library共享一个模型，OLE DB和ADO共享另一个。

在ODBC和DB-Library中，将游标中的列与程序变量绑定，然后在游标中定位到特定行。如果执行定位更新，在程序变量中将数据值更改为新值。调用这些函数以执行定位操作：

- ODBC：SQLSetPos函数。
- DB-Library：dbcursor函数。

6. OLE DB 和 ADO 使用不同模型支持定位更新

在OLE DB中，当定位于行集中的某行时，调用IRowsetChange::SetData或IRowsetChange::DeleteRows方法进行定位更新。如果OLE DB提供程序支持IRowsetUpdate::Update，则使用IRowsetChange方法所做的改变将被高速缓存至调用IRowsetUpdate::Update。如果OLE DB提供程序不支持IRowsetUpdate::Update，则使用IRowsetChange方法所做的更新会立即完成。

在ADO中，当定位于行集中的某行时，调用Recordset对象的Update或Delete方法来执行定位更新。如果OLE DB提供程序支持IRowsetUpdate::Update，则使用Recordset对象的Update或Delete方法所做的改变将被高速缓存至调用Recordset对象的UpdateBatch方法时。如果OLE DB提供程序不支持IRowsetUpdate::Update，则使用Recordset对象的Update或Delete方法所做的更新会立即完成。

7. 使用游标更改数据

ADO、OLE DB 和 ODBC 应用程序接口（API）支持对结果集内应用程序所处的当前行进行更新。其基本过程如下：

（1）将结果集的各列绑定到程序变量上。
（2）执行查询。
（3）执行API函数或方法，将应用程序定位在结果集的某一行上。
（4）使用要更新的列的新数据值填充绑定的程序变量。
（5）执行以下函数或方法之一插入行：

- 在ADO中，调用Recordset对象的Update方法。
- 在OLE DB中，调用IRowsetChange接口的SetData方法。
- 在ODBC中，调用带SQL_UPDATE选项的SQLSetPos函数。

使用T-SQL服务器游标时，可以使用包含WHERE CURRENT OF子句的UPDATE语句更新当前行。使用此子句所做的更新只影响游标所在行。如果游标基于某个连接，则只修改UPDATE语句中指定的table_name。而不影响其他参与该游标的表。

```
USE Northwind
GO
DECLARE abc CURSOR FOR
SELECT CompanyName
FROM Shippers

OPEN abc
GO


FETCH NEXT FROM abc
GO


UPDATE Shippers SET CompanyName=N'Speedy Express, Inc.'
```

```
WHERE CURRENT OF abc
GO

CLOSE abc
DEALLOCATE abc
GO
```

任务拓展

1. 所有事务锁在提交或回滚时是否都被释放？
2. 删除结果集中的行有哪些方法？
3. 如何删除游标当前行？
4. 如何使用定位操作更改行？

任务四　实现游标的综合操作

任务描述

上海御恒信息科技公司接到客户的一份订单，要求使用游标的绝对或相对定位来灵活指向所要操作的行。公司刚招聘了一名程序员小张，软件开发部经理要求他尽快熟悉游标的绝对定位和相对定位，小张按照经理的要求开始做以下任务分析。

任务分析

1. 定位游标中第一条记录。
2. 使用循环语句遍历查询中每一条记录。
3. 定位游标第二条和最后一条。
4. 修改游标所指向记录要指明当前游标位置。
5. 定位游标的相对第3条并删除。
6. 将游标绝对定位和局部变量相结合。

任务实施

STEP 1 声明一个游标，存放客户表中的所有记录，并显示第一条记录。

```
use RobotMgr
go

declare member_cursor cursor
 scroll for
    Select*from customer
open member_cursor
fetch first from member_cursor
close member_cursor
deallocate member_cursor
```

```
go
```

STEP 2 声明一个游标，存放客户表中的所有记录，并显示所有记录。

```
use RobotMgr
go

declare member_cursor cursor
 scroll for
    Select*from customer

open member_cursor

fetch next from member_cursor

while @@fetch_status=0
 begin
    fetch next from member_cursor
 end

close member_cursor

deallocate member_cursor
go
```

STEP 3 声明一个游标，存放客户表中的所有记录，并显示第二条及最后一条记录。

```
use RobotMgr
go

declare member_cursor cursor
 scroll for
    Select*from customer

open member_cursor

fetch absolute 2 from member_cursor

fetch last from member_cursor

close member_cursor

deallocate member_cursor
go
```

STEP 4 利用游标修改用户登录表中第三条记录，将其密码改为654321。

```
use RobotMgr
go

select*from users
go
```

```
declare user_cursor cursor
 scroll for
    Select*from users
for update

open user_cursor

fetch relative 3 from user_cursor

update users
 set u_pwd='654321'
    where current of user_cursor

close user_cursor

deallocate user_cursor
go

select*from users
go
```

STEP 5 利用游标删除用户登录表中第三条记录。

```
use RobotMgr
go

select*from users
go

declare user_cursor cursor
 scroll for
    Select*from users
for update

open user_cursor

fetch relative 3 from user_cursor

delete from users
    where current of user_cursor

close user_cursor

deallocate user_cursor
go

select*from users
go
```

STEP 6 利用游标变量输出客户表中第四行的姓名和手机。

```
use RobotMgr
go
select*from customer
declare member_cursor cursor
 scroll for
    Select c_name,c_mobile from customer
 declare @name varchar(20)
 declare @mobile varchar(11)

open member_cursor

fetch absolute 4 from member_cursor into @name,@mobile

select @name As 姓名,@mobile As 手机

close member_cursor

deallocate member_cursor
go

declare member_cursors cursor
 scroll for
    Select count(*)from customer
 declare @mycount int
open member_cursors

fetch next from member_cursors into @mycount

select @mycount As 总数

close member_cursors

deallocate member_cursors
go
```

任务小结

1．定位游标第一条的格式：FETCH FIRST FROM 游标名。

2．循环遍历的实现要由 WHILE @@FETCH_STATUS=0 循环条件与 FETCH NEXT FROM 游标名这条语句相结合。

3．游标绝对定位的格式要使用关键字 absolute。

4．指明当前游标位置要用 where current of 游标名。

5．删除当前游标行也要使用 where current of 游标名。

6．将游标的绝对定位内容写入局部变量的格式为：FETCH absolute n from 游标名 into 局部变量。

1. FETCH 的语法格式

从 T-SQL 服务器游标中检索特定的一行。

语法：

```
FETCH
    [[ NEXT|PRIOR|FIRST|LAST
        | ABSOLUTE{n|@nvar}
        | RELATIVE{n|@nvar}
      ]
      FROM
    ]
{ {[ GLOBAL ]cursor_name}|@cursor_variable_name}
[ INTO @variable_name[ ,...n ]]
```

参数：

NEXT：返回紧跟当前行之后的结果行，并且当前行递增为结果行。如果 FETCH NEXT 为对游标的第一次提取操作，则返回结果集中的第一行。NEXT 为默认的游标提取选项。

PRIOR：返回紧临当前行前面的结果行，并且当前行递减为结果行。如果 FETCH PRIOR 为对游标的第一次提取操作，则没有行返回并且游标置于第一行之前。

FIRST：返回游标中的第一行并将其作为当前行。

LAST：返回游标中的最后一行并将其作为当前行。

ABSOLUTE {n|@nvar}：如果 n 或 @nvar 为正数，返回从游标头开始的第 n 行并将返回的行变成新的当前行。如果 n 或 @nvar 为负数，返回游标尾之前的第 n 行并将返回的行变成新的当前行。如果 n 或 @nvar 为 0，则没有行返回。n 必须为整型常量且 @nvar 必须为 smallint、tinyint 或 int。

RELATIVE {n|@nvar}：如果 n 或 @nvar 为正数，返回当前行之后的第 n 行并将返回的行变成新的当前行。如果 n 或 @nvar 为负数，返回当前行之前的第 n 行并将返回的行变成新的当前行。如果 n 或 @nvar 为 0，返回当前行。如果对游标的第一次提取操作时将 FETCH RELATIVE 的 n 或 @nvar 指定为负数或 0，则没有行返回。n 必须为整型常量且 @nvar 必须为 smallint、tinyint 或 int。

GLOBAL：指定 cursor_name 为全局游标。

cursor_name：要从中进行提取的开放游标的名称。如果同时有以 cursor_name 作为名称的全局和局部游标存在，若指定为 GLOBAL 则 cursor_name 对应于全局游标，未指定 GLOBAL 则对应于局部游标。

@cursor_variable_name：游标变量名，引用要进行提取操作的打开的游标。

INTO @variable_name[,...n]：允许将提取操作的列数据放到局部变量中。列表中的各个变量从左到右与游标结果集中的相应列相关联。各变量的数据类型必须与相应的结果列的数据类型匹配或是结果列数据类型所支持的隐式转换。变量的数目必须与游标选择列表中列的数目一致。

2. FETCH 的注释

如果 SCROLL 选项未在 SQL-92 样式的 DECLARE CURSOR 语句中指定，则 NEXT 是唯一受支持的 FETCH 选项。如果在 SQL-92 样式的 DECLARE CURSOR 语句中指定了 SCROLL 选项，则支持所有的 FETCH 选项。

如果使用 T_SQL DECLARE 游标扩展，以下规则适用：

- 如果指定了 FORWARD-ONLY 或 FAST_FORWARD，NEXT 是唯一受支持的 FETCH 选项。
- 如果未指定 DYNAMIC、FORWARD-ONLY 或 FAST_FORWARD 选项，并且指定了 KEYSET、

STATIC 或 SCROLL 中的某一个，则支持所有 FETCH 选项。
- DYNAMIC SCROLL 支持除 ABSOLUTE 之外的所有 FETCH 选项。
- @@FETCH_STATUS 函数报告上一个 FETCH 语句的状态。相同的信息记录于由 sp_describe_cursor 返回的游标中的 fetch_status 列中。这些状态信息应该用于在对由 FETCH 语句返回的数据进行任何操作之前，以确定这些数据的有效性。有关更多信息，请参见 @@FETCH_STATUS。

权限：FETCH 的默认权限为任何合法用户。

3. FETCH 的示例

1）在简单的游标中使用 FETCH

下例为 authors 表中姓以字母 B 开头的行声明了一个简单的游标，并使用 FETCH NEXT 逐个提取这些行。FETCH 语句以单行结果集形式返回由 DECLARE CURSOR 指定的列的值。

```
USE pubs
GO
DECLARE authors_cursor CURSOR FOR
SELECT au_lname FROM authors
WHERE au_lname LIKE "B%"
ORDER BY au_lname

OPEN authors_cursor
--Perform the first fetch.
FETCH NEXT FROM authors_cursor
--Check @@FETCH_STATUS to see if there are any more rows to fetch.
WHILE @@FETCH_STATUS=0
BEGIN
    --This is executed as long as the previous fetch succeeds.
    FETCH NEXT FROM authors_cursor
END
CLOSE authors_cursor
DEALLOCATE authors_cursor
GO

au_lname
---------------
Bennet
au_lname
---------------
Blotchet-Halls
au_lname
---------------
```

2）使用 FETCH 将值存入变量

下例与上例相似，但 FETCH 语句的输出存储于局部变量而不是直接返回给客户端。PRINT 语句将变量组合成单一字符串并将其返回到客户端。

```
USE pubs
GO

--Declare the variables to store the values returned by FETCH.
```

```
DECLARE @au_lname varchar(40), @au_fname varchar(20)

DECLARE authors_cursor CURSOR FOR
SELECT au_lname, au_fname FROM authors
WHERE au_lname LIKE "B%"
ORDER BY au_lname, au_fname
OPEN authors_cursor
--Perform the first fetch and store the values in variables.
--Note: The variables are in the same order as the columns
--in the SELECT statement.
FETCH NEXT FROM authors_cursor
INTO @au_lname, @au_fname

--Check @@FETCH_STATUS to see if there are any more rows to fetch.
WHILE @@FETCH_STATUS=0
BEGIN

   --Concatenate and display the current values in the variables.
    PRINT "Author: "+@au_fname+""+ @au_lname

   --This is executed as long as the previous fetch succeeds.
    FETCH NEXT FROM authors_cursor
     INTO @au_lname, @au_fname
END

CLOSE authors_cursor
DEALLOCATE authors_cursor
GO


Author: Abraham Bennet
Author: Reginald Blotchet-Halls
```

3) 声明SCROLL游标并使用其他FETCH选项

下例创建一个SCROLL游标，使其通过LAST、PRIOR、RELATIVE和ABSOLUTE选项支持所有滚动能力。

```
USE pubs
GO
--Execute the SELECT statement alone to show the
--full result set that is used by the cursor.
SELECT au_lname, au_fname FROM authors
ORDER BY au_lname, au_fname

--Declare the cursor.
DECLARE authors_cursor SCROLL CURSOR FOR
SELECT au_lname, au_fname FROM authors
ORDER BY au_lname, au_fname

OPEN authors_cursor
```

```
--Fetch the last row in the cursor.
FETCH LAST FROM authors_cursor

--Fetch the row immediately prior to the current row in the cursor.
FETCH PRIOR FROM authors_cursor

--Fetch the second row in the cursor.
FETCH ABSOLUTE 2 FROM authors_cursor

--Fetch the row that is three rows after the current row.
FETCH RELATIVE 3 FROM authors_cursor

--Fetch the row that is two rows prior to the current row.
FETCH RELATIVE-2 FROM authors_cursor

CLOSE authors_cursor
DEALLOCATE authors_cursor
GO
```

```
au_lname                        au_fname
------------------------------------------
Bennet                          Abraham
Blotchet-Halls                  Reginald
Carson                          Cheryl
DeFrance                        Michel
del Castillo                    Innes
Dull                            Ann
Green                           Marjorie
Greene                          Morningstar
Gringlesby                      Burt
Hunter                          Sheryl
Karsen                          Livia
Locksley                        Charlene
MacFeather                      Stearns
McBadden                        Heather
O'Leary                         Michael
Panteley                        Sylvia
Ringer                          Albert
Ringer                          Anne
Smith                           Meander
Straight                        Dean
Stringer                        Dirk
White                           Johnson
Yokomoto                        Akiko


au_lname                        au_fname
------------------------------------------
```

```
Yokomoto              Akiko
au_lname              au_fname
------------------------------------

White                 Johnson
au_lname              au_fname
------------------------------------

Blotchet-Halls        Reginald
au_lname              au_fname
------------------------------------

del Castillo          Innes
au_lname              au_fname
------------------------------------

Carson                Cheryl
```

4. FETCH 的提取和滚动

从游标中检索行的操作称为提取。提取选项如下：

```
FETCH FIRST          --提取游标中的第一行
FETCH NEXT           --提取上次提取行之后的行
FETCH PRIOR          --提取上次提取行之前的行
FETCH LAST           --提取游标中的最后一行
FETCH ABSOLUTE n     --如果n为正整数，则提取游标中从第1行开始的第n行。如果n为负整数，则提取游标中的
倒数第n行；如果n为0，则没有行被提取
FETCH RELATIVE n     --提取上次所提取行之后的第n行。如果n为正数，则提取上次所提取行之后的第n行；如果
n为负数，则提取上次所提取行之前的第n行。如果n为0，则同一行被再次提取
```

打开游标时，游标中当前行的位置逻辑上应位于第一行之前。这使不同的提取选项具有下列行为，如果这是打开游标后的第一次提取操作：

```
FETCH FIRST          --提取游标中的第一行
FETCH NEXT           --提取游标中的第一行
FETCH PRIOR          --不提取行
FETCH LAST           --提取游标中的最后一行
FETCH ABSOLUTE n     --如果n为正整数，则提取游标中从第1行开始的第n行。如果n为负整数，则提取游标中倒
数的第n行（例如，n = -1返回游标中的最后一行）；如果n为0，则没有行被提取
FETCH RELATIVE n     --如果n为正数，则提取游标中的第n行；如果n为负数或0，则没有行被提取。
```

T-SQL游标限于一次只能提取一行。API服务器游标则支持每次提取时提取一批行。支持一次提取多行的游标称为块状游标。

5. 游标的分类

游标可以按照它所支持的提取选项进行分类：

1）只进

必须按照从第一行到最后一行的顺序提取行。FETCH NEXT 是唯一允许的提取操作。

2）可滚动性

可以在游标中任何地方随机提取任意行。允许所有的提取操作（但动态游标不支持绝对提取）。

可滚动游标对支持联机应用程序特别有用。可将游标映射为应用程序中的表格或列表框。随着用户向上、向下和在整个表格中滚动，应用程序使用滚动提取从游标中检索用户想要查看的行。

3）用API提取行

实际使用的语句、函数或方法的API都有不同的名称来提取行：

T-SQL游标使用FETCH FIRST、FETCH LAST、FETCH NEXT、FETCH PRIOR、FETCH ABSOLUTE(n)和FETCH RELATIVE(n)语句。

OLE DB使用如下方法：IRowset::GetNextRows、IRowsetLocate::GetRowsAt、IRowsetLocate::GetRowsAtBookmark和IRowsetScroll::GetRowsAtRatio。

ODBC使用SQLFetch函数，它与用于一行的FETCH NEXT或SQLFetchScroll相同。SQLFetchScroll支持块状游标和所有提取选项（第一、最后、下一个、前一个、绝对、相对）。

ADO使用Move、MoveFirst、MoveLast、MoveNext和MovePrevious Recordset方法获取游标的位置。然后使用GetRows记录集方法在那个位置检索一行或多行。也可直接调用GetRows，将其中的Start参数设为想要提取的行数。

DB-Library使用dbcursorfetch和dbcursorfetchex函数。

任务拓展

1．FETCH的写法有哪几种？
2．FETCH的参数应该如何使用？
3．FETCH提取游标的选项有哪些？
4．游标分为哪几种类别？它们都有哪些区别？

◎ 项目综合实训　实现家庭管理系统中的游标

一、项目描述

上海御恒信息科技公司接到一个订单，需要为家庭成员表设计不同类型的游标来查询相关的内容。程序员小张根据以上要求进行相关游标的设计后，按照项目经理的要求开始做以下项目分析。

二、项目分析

1．声明一个游标，显示家庭成员表中的第一条信息。
2．声明一个游标，用循环遍历家庭成员表中的所有记录。
3．声明一个游标，显示家庭成员表中的第二条及最后一条记录。
4．声明一个游标来修改用户登录表中第三条记录。
5．使用游标定位删除用户登录表中的第三条记录。
6．使用游标变量来存储家庭成员表中第四行的姓名和手机。

三、项目实施

STEP 1　声明一个游标，存放家庭成员表中的所有记录，并显示第一条记录。

```
use FamilyMgr
go

declare member_cursor cursor
 scroll for
    Select*from familymember

open member_cursor
fetch next from member_cursor
close member_cursor
```

```
deallocate member_cursor
go
```

STEP 2 声明一个游标，存放家庭成员表中的所有记录，并遍历所有记录。

```
use FamilyMgr
go

declare member_cursor cursor
 scroll for
    Select*from familymember

open member_cursor
fetch next from member_cursor
while @@fetch_status=0
 begin
    fetch next from member_cursor
 end

close member_cursor
deallocate member_cursor
go
```

STEP 3 声明一个游标，存放家庭成员表中的所有记录，并显示第二条及最后一条记录。

```
use FamilyMgr
go

declare member_cursor cursor
 scroll for
    Select*from familymember

open member_cursor
fetch absolute 2 from member_cursor
fetch last from member_cursor
close member_cursor
deallocate member_cursor
go
```

STEP 4 利用游标修改用户登录表中第三条记录，将其密码改为654321。

```
use FamilyMgr
go

select*from familyuser
go

declare user_cursor cursor
 local for
    Select*from familyuser
for update
```

```
open user_cursor

fetch absolute 3 from user_cursor

update familyuser
 set u_pwd='654321'
    where current of user_cursor

close user_cursor

deallocate user_cursor
go

select*from familyuser
go
```

STEP 5 利用游标删除用户登录表中第三条记录。

```
use FamilyMgr
go

select*from familyuser
go

declare user_cursor cursor
 local for
    Select*from familyuser
for update

open user_cursor

fetch absolute 3 from user_cursor

delete from familyuser
    where current of user_cursor

close user_cursor

deallocate user_cursor
go

select*from familyuser
go
```

STEP 6 利用游标变量输出家庭成员表中第四行的姓名和手机。

```
use FamilyMgr
go
select*from familymember
declare member_cursor cursor
 scroll for
```

```
        Select f_name,f_mobile from familymember

    declare @name varchar(20)
    declare @mobile varchar(11)

open member_cursor
fetch absolute 4 from member_cursor into @name,@mobile
select @name As 姓名,@mobile As 手机
close member_cursor
deallocate member_cursor
go
```

四、项目小结

1. 声明游标并存储familymember的所有结果集。
2. 打开游标。
3. 定位当前游标的信息并进行查看、修改或删除。
4. 关闭游标。
5. 释放游标。

◎ 项目评价表

能力	内容		评价		
	学习目标	评价项目	3	2	1
职业能力	实现游标	任务一 实现游标的基本操作			
		任务二 实现游标的进阶操作			
		任务三 实现游标的高级操作			
		任务四 实现游标的综合操作			
通用能力		动手能力			
		解决问题能力			
	综合评价				

项目八 实现游标

评价等级说明表	
等级	说明
3	能高质、高效地完成此学习目标的全部内容，并能解决遇到的特殊问题
2	能高质、高效地完成此学习目标的全部内容
1	能圆满完成此学习目标的全部内容，不需任何帮助和指导

以上表格根据国家职业技能标准相关内容设定。

项目九

实现存储过程

 核心概念

实现存储过程来返回数据有四种方式：输出参数、返回代码、SELECT语句的结果集、从存储过程外引用的全局游标。

视频

实现存储过程

项目描述

存储过程是一组编译在单个执行计划中的T-SQL语句。它帮助在不同的应用程序之间实现一致的逻辑。在一个存储过程内，可以设计、编码和测试执行某个常用任务所需的SQL语句和逻辑。之后，每个需要执行该任务的应用程序只须执行此存储过程即可。将业务逻辑编入单个存储过程还提供了单个控制点，以确保业务规则正确执行。它还可以提高性能。许多任务以一系列SQL语句来执行。对前面SQL语句的结果所应用的条件逻辑决定后面执行的SQL语句。如果将这些SQL语句和条件逻辑写入一个存储过程，它们就成为服务器上一个执行计划的一部分。工作都可在服务器上完成。

技能目标

用提出、分析、解决问题的思路来培养学生进行存储过程的编程，同时考虑通过多种方式返回数据的比较来熟练掌握不同的语法。

 工作任务

实现存储过程的基础、进阶、高级和综合操作。

任务一　实现存储过程的基本操作

 任务描述

上海御恒信息科技公司接到客户的一份订单，要求用存储过程来实现查询的灵活性。公司刚招聘了一名程序员小张,软件开发部经理要求他尽快熟悉存储过程,小张按照经理的要求开始做以下任务分析。

任务分析

1. 设计存储过程能显示出版商信息。
2. 执行存储过程进行验证。
3. 修改存储过程后能加密源代码。
4. 在存储过程中使用参数来灵活改变查询内容。
5. 通过输入参数实现条件过滤。
6. 通过输出参数返回查询结果。
7. 在参数中指定默认值来防止遗忘传递实际参数。

任务实施

STEP 1 创建存储过程。

```
use pubs
go

create procedure titles_1389
AS
print'此代码显示出版商1389出版的标题'
select*from titles where pub_id='1389'
go
```

STEP 2 执行存储过程。

```
use pubs
go

EXECUTE Titles_1389
go
```

STEP 3 重新定义存储过程。

```
--下例创建名称为Oakland_authors的存储过程
--默认情况下,该存储过程包含所有来自加利福尼亚州奥克兰市的作者。随后授予了权限。
--然后,当该过程需更改为能够检索所有来自加利福尼亚州的作者时,用ALTER PROCEDURE重新定义了该存储过程
USE pubs
GO
IF EXISTS(SELECT name FROM sysobjects WHERE name='Oakland_authors'AND type='P')
   DROP PROCEDURE Oakland_authors
GO
--Create a procedure from the authors table that contains author
--information for those authors who live in Oakland, California.
USE pubs
GO
CREATE PROCEDURE Oakland_authors
AS
SELECT au_fname, au_lname, address, city, zip
FROM pubs..authors
```

```
WHERE city='Oakland'
and state='CA'
ORDER BY au_lname, au_fname
GO
--Here is the statement to actually see the text of the procedure.
SELECT o.id, c.text
FROM sysobjects o INNER JOIN syscomments c ON o.id=c.id
WHERE o.type='P'and o.name='Oakland_authors'
--Here, EXECUTE permissions are granted on the procedure to public.
GRANT EXECUTE ON Oakland_authors TO public
GO
--The procedure must be changed to include all
--authors from California, regardless of what city they live in.
--If ALTER PROCEDURE is not used but the procedure is dropped
--and then re-created, the above GRANT statement and any
--other statements dealing with permissions that pertain to this
--procedure must be re-entered.
ALTER PROCEDURE Oakland_authors
WITH ENCRYPTION
AS
SELECT au_fname, au_lname, address, city, zip
FROM pubs..authors
WHERE state='CA'
ORDER BY au_lname, au_fname
GO
--Here is the statement to actually see the text of the procedure.
SELECT o.id, c.text
FROM sysobjects o INNER JOIN syscomments c ON o.id=c.id
WHERE o.type='P'and o.name='Oakland_authors'
GO
```

STEP 4 在存储过程中使用参数。

```
use pubs
go

create procedure titles_pub
@v_pubid char(4)
AS
    select*from titles where pub_id=@v_pubid
go


--EXECUTE Titles_Pub'0877'
```

STEP 5 指定参数的方向。

```
use pubs
go


create procedure get_sales_for_title1
@title varchar(80)                              --这是一个输入参数
```

```
AS

--为销售情况设定一个特定的标题
Select "YTD_SALES"=ytd_sales
FROM titles
WHERE title=@title
RETURN
GO

EXEC get_sales_for_title1'Sushi, Anyone?'
```

STEP 6 指定输出参数。

```
use pubs
go

create procedure get_sales_for_title
@title varchar(80)=NULL,              --默认值为空
@ytd_sales int OUTPUT
AS

--确认参数，@title是否为空
IF @title IS NULL
   BEGIN
      PRINT'ERROR: You must specify a title value.'
      RETURN
   END

--获取图书的销售额
--分配一个输出参数
SELECT @ytd_sales=ytd_sales
FROM titles
WHERE title=@title

RETURN
GO
```

STEP 7 指定默认值。

--下例显示三个参数 @first、@second和 @third，均有默认值的过程my_proc，以及在用其他参数值执行该存储过程时所显示的值

```
CREATE PROCEDURE my_proc
@first int=NULL,                --空的默认值
@second int=2,                  --默认值为2
@third int=3                    --默认值为3
AS

--显示值
SELECT @first, @second, @third
GO
```

```
EXECUTE my_proc                      --没有提供参数
GO

--显示:
NULL    2    3

EXECUTE my_proc 10, 20, 30    --提供了所有参数
GO

--显示:
10    20    30

EXECUTE my_proc @second=500    --只提供第一个参数
GO

--显示:
NULL    500    3

EXECUTE my_proc 40, @third=50 --只提供第一和第三个参数
GO

--显示:
40    2    50
```

任务小结

1. 创建存储过程的语法格式为：CREATE PROCEDURE 存储过程名 AS 子句。
2. 执行存储过程的语法格式为：EXECUTE 存储过程名。
3. 修改存储过程的语法格式为：ALTER PROCEDURE 存储过程名 AS 修改后的子句。
4. 在存储过程中可加入局部变量。
5. 输入参数是在 AS 子句前加入：@局部变量 数据类型。
6. 输出参数是在 AS 子句前加入：@局部变量 数据类型 OUTPUT。
7. 默认值是在 AS 子句前加入：@局部变量 数据类型=相对应的默认值。

相关知识与技能

1. SQL 存储过程

存储过程是一组编译在单个执行计划中的 T-SQL 语句。它以四种方式返回数据：
- 输出参数，既可以返回数据（整型值或字符值等），也可以返回游标变量（游标是可以逐行检索的结果集）。
- 返回代码，始终是整型值。
- SELECT 语句的结果集，这些语句包含在该存储过程内或该存储过程所调用的任何其他存储过程内。
- 可从存储过程外引用的全局游标。

2. 存储过程的特性

存储过程帮助在不同的应用程序之间实现一致的逻辑。在一个存储过程内，可以设计、编码和测试执行某个常用任务所需的 SQL 语句和逻辑。之后，每个需要执行该任务的应用程序只须执行此存储过程即可。

将业务逻辑编入单个存储过程还提供了单个控制点,以确保业务规则正确执行。

存储过程还可以提高性能。许多任务以一系列SQL语句来执行。对前面SQL语句的结果所应用的条件逻辑决定后面执行的SQL语句。如果将这些SQL语句和条件逻辑写入一个存储过程,它们就成为服务器上一个执行计划的一部分。不必将结果返回给客户端以应用条件逻辑,所有工作都可以在服务器上完成。下例中的IF语句显示了在一个过程中嵌入条件逻辑,以防止给应用程序发送结果集:

```
IF(@QuantityOrdered<(SELECT QuantityOnHand
FROM Inventory
WHERE PartID=@PartOrdered))
  BEGIN
    --用SQL语句更新表并对内容进行排序
  END
ELSE
  BEGIN
    --使用select语句显示不同的内容
    --建议有选择地替换客户信息
  END
```

应用程序不必传输存储过程中的所有SQL语句;它们只须传输包含过程名和参数值的EXECUTE或CALL语句。

存储过程还可以使用户不必知道数据库内的表的详细信息。如果一组存储过程支持用户需要执行的所有业务功能,则用户永远不必直接访问表,他们可以只执行特定的存储过程,这些过程为他们所熟悉的业务进程建立了模型。

存储过程的这个用途的一个例证是SQL Server系统存储过程,它将用户从系统表中隔离出来。SQL Server中包含一组系统存储过程,这些过程的名称通常以sp_开头。这些系统存储过程支持运行SQL Server系统所需的所有管理任务。可以使用T-SQL中与管理相关的语句(如CREATE TABLE)或系统存储过程来管理SQL Server系统,永远不必直接更新系统表。

1. 什么是存储过程?
2. 存储过程的特性是什么?
3. 存储过程通过哪几种方式来返回数据?

任务二　实现存储过程的进阶操作

任务描述

上海御恒信息科技公司接到客户的一份订单,要求在存储过程中检测执行时的错误。公司刚招聘了一名程序员小张,软件开发部经理要求他尽快熟悉存储过程中的错误处理,小张按照经理的要求开始做以下任务分析。

任务分析

1. 在创建存储过程中设计输入参数与输出参数。

2. 在执行存储过程中使用输出参数。
3. 通过错误返回代码来检测和处理执行时的错误。
4. 处理从存储过程中返回的不同代码。
5. 用RAISERROR指定用户定义的错误信息。
6. 设计存储过程在下次运行时重新编译。

任务实施

STEP 1 使用OUTPUT参数返回数据1。

```
USE pubs
GO


CREATE PROCEDURE get_sales_for_title
@title varchar(80),      --输入参数
@ytd_sales int OUTPUT    --输出参数
AS


--获取指定销售的产品名称
--分配给指定的参数
SELECT @ytd_sales=ytd_sales
FROM titles
WHERE title=@title


RETURN
GO
```

STEP 2 使用OUTPUT参数返回数据2。

```
--声明一个变量用来接收图书的销售信息
DECLARE @ytd_sales_for_title int


--在执行存储过程时传递实参
--在一个局部变量中保存输出的参数的值


EXECUTE get_sales_for_title
"Sushi, Anyone?", @ytd_sales=@ytd_sales_for_title OUTPUT


--显示存储过程的返回值
PRINT'Sales for "Sushi, Anyone?":'+  convert(varchar(6),@ytd_sales_for_title)
GO
```

STEP 3 使用返回代码返回数据1。

```
CREATE PROCEDURE get_sales_for_title
--这是一个具有默认值的输入参数
@title varchar(80)=NULL,
--这是一个输出参数
@ytd_sales int OUTPUT
AS
```

```
--判断图书标题是否为空
IF @title IS NULL
  BEGIN
    PRINT'ERROR: You must specify a title value.'
    RETURN(1)
  END
ELSE
  BEGIN
    --确认标题的有效性
    IF(SELECT COUNT(*)FROM titles
      WHERE title=@title)=0
      RETURN(2)
  END

--获取图书销量,将结果传递给输出参数
SELECT @ytd_sales=ytd_sales
FROM titles
WHERE title=@title

--检查SQL错误
IF @@ERROR<>0
  BEGIN
    RETURN(3)
  END
ELSE
  BEGIN
    --检查销售情况是否为空
    IF @ytd_sales IS NULL
      RETURN(4)
    ELSE
      --SUCCESS!!
      RETURN(0)
  END
GO
--以这种方法使用返回代码,将使调用程序得以检测和处理执行存储过程时发生错误
```

STEP 4 使用返回代码返回数据2。

```
--处理从存储过程返回的不同返回代码
--下例创建处理从get_sales_for_title过程返回的返回代码的程序

--声明局部变量来接收输入变量和返回代码
DECLARE @ytd_sales_for_title int, @ret_code INT

--执行存储过程,保存输出值和返回代码
EXECUTE @ret_code=get_sales_for_title
'Sushi, Anyone?',
@ytd_sales=@ytd_sales_for_title OUTPUT
```

```
--检查返回代码
IF @ret_code=0
  BEGIN
    PRINT'Procedure executed successfully'
    --显示存储过程的返回值
    PRINT'Sales for "Sushi, Anyone?":'+CONVERT(varchar(6),@ytd_sales_for_title)
  END
ELSE IF @ret_code=1
  PRINT'ERROR: No title_id was specified.'
ELSE IF @ret_code=2
  PRINT'ERROR: An invalid title_id was specified.'
ELSE IF @ret_code=3
  PRINT'ERROR: An error occurred getting the ytd_sales.'

GO
```

STEP 5 使用RAISERROR语句显示出错信息。

```
CREATE PROCEDURE Myproc
AS
  DECLARE @v_ctr INT
  SELECT @v_ctr=5
  WHILE @v_ctr>0
  BEGIN
    SELECT @v_ctr*@v_ctr
    SELECT @v_ctr=@v_ctr-1
    IF @v_ctr=2
      BEGIN
        RAISERROR('计数器已小于3',1,2)
        BREAK
      END
  END

/*输出
25
16
9
*/
EXEC Myproc
```

STEP 6 重新编译存储过程。

```
--下例将导致使用titles表的触发器和存储过程在下次运行时重新编译


EXEC sp_recompile titles


--如果为过程提供的参数不是典型的参数,并且新的执行计划不应高速缓存或存储在内存中,WITH RECOMPILE
子句会很有帮助


USE pubs
IF EXISTS(SELECT name FROM sysobjects
```

```
    WHERE name='titles_by_author'AND type='P')
  DROP PROCEDURE titles_by_author
GO
CREATE PROCEDURE titles_by_author @@LNAME_PATTERN varchar(30)='%'
WITH RECOMPILE
AS
SELECT RTRIM(au_fname)+''+RTRIM(au_lname)AS'Authors full name',
  title AS Title
FROM authors a INNER JOIN titleauthor ta
  ON a.au_id=ta.au_id INNER JOIN titles t
  ON ta.title_id=t.title_id
WHERE au_lname LIKE @@LNAME_PATTERN
GO

EXECUTE titles_by_author WITH RECOMPILE
```

任务小结

1．输出参数有关键字OUPUT，输入参数没有。
2．将输出值保存在局部变量中。
3．@@ERROR是全局变量，用来存储表示错误代码。
4．使用IF分支结构可以根据错误代码显示不同的提示信息。
5．错误信息的严重级别可用来表明SQL Server所遇到问题的类型。
6．运行时重新编译的语法是：EXEC sp_recompile 表名。

相关知识与技能

1. SQL 的临时存储过程

SQL Server还支持临时存储过程，这些过程与临时表一样，在连接断开时自动被除去。临时存储过程存储在tempdb内，如果应用程序生成需要多次执行的动态T-SQL语句，就可以使用临时存储过程。无须每次重新编译T-SQL语句，而可以创建临时存储过程，在第一次执行时编译该过程，然后多次执行预先编译好的计划。不过，大量使用临时存储过程会导致在tempdb内争夺系统表。

2. 存储过程示例

下面通过简单的存储过程示例说明存储过程返回数据的三个方法：
首先发出SELECT语句，要求返回汇总了sales表中销售点（store）订购活动的结果集。
然后发出SELECT语句填写输出参数。
最后通过带SELECT语句的RETURN语句返回整数。返回代码通常是用来传回错误检查信息的。此过程的执行没有错误，因此返回了另一个值说明所返回代码的填写方式。

```
USE Northwind
GO
DROP PROCEDURE OrderSummary
GO
CREATE PROCEDURE OrderSummary @MaxQuantity INT OUTPUT AS
--查询返回最后的销售汇总，按照雇员编号进行分组和排序
SELECT Ord.EmployeeID, SummSales=SUM(OrDet.UnitPrice*OrDet.Quantity)
```

```
FROM Orders AS Ord
    JOIN[Order Details]AS OrDet ON(Ord.OrderID=OrDet.OrderID)
GROUP BY Ord.EmployeeID
ORDER BY Ord.EmployeeID

--设置输出参数
--存储最大的数量
SELECT @MaxQuantity=MAX(Quantity)FROM[Order Details]

--返回订单数量总计
RETURN(SELECT SUM(Quantity)FROM[Order Details])
GO

--测试存储过程

--声明一个变量存储返回值
--声明一个输出参数存储结果
DECLARE @OrderSum INT
DECLARE @LargestOrder INT

--执行一个存储过程
--在执行时带参数
EXEC @OrderSum=OrderSummary @MaxQuantity=@LargestOrder OUTPUT

--使用返回代码和输出参数
PRINT'The size of the largest single order was:'+
            CONVERT(CHAR(6), @LargestOrder)
PRINT'The sum of the quantities ordered was:'+
            CONVERT(CHAR(6), @OrderSum)
GO
```

执行后的输出结果是：

```
EmployeeID   SummSales
-----------------------
1            202,143.71
2            177,749.26
3            213,051.30
4            250,187.45
5            75,567.75
6            78,198.10
7            141,295.99
8            133,301.03
9            82,964.00
The size of the largest single order was: 130
The sum of the quantities ordered was: 51317
```

3. 存储过程与其他编程语言的函数的相似点

在使用SQL Server创建应用程序时，T-SQL编程语言是应用程序和SQL Server数据库之间的主要编程接口。使用T-SQL程序时，可用两种方法存储和执行程序。可以在本地存储程序，并创建向SQL Server发送命令并处理结果的应用程序；也可以将程序在SQL Server中存储为存储过程，并创建执行存储过程并处理结果的应用程序。SQL Server中的存储过程与其他编程语言中的过程类似，原因是存储过程可以：

- 接受输入参数并以输出参数的形式将多个值返回至调用过程或批处理。
- 包含执行数据库操作（包括调用其他过程）的编程语句。
- 向调用过程或批处理返回状态值，以表明成功或失败（以及失败原因）。
- 可使用EXECUTE语句运行存储过程。存储过程与函数不同，因为存储过程不返回取代其名称的值，也不能直接用在表达式中。

4. 使用SQL Server中的存储过程而不使用存储在客户计算机本地的T-SQL程序的优势

1) 允许模块化程序设计

只需创建过程一次并将其存储在数据库中，以后即可在程序中调用该过程任意次。存储过程可由在数据库编程方面有专长的人员创建，并可独立于程序源代码而单独修改。

2) 允许更快执行

如果某操作需要大量T-SQL代码或需重复执行，存储过程将比T-SQL批代码的执行要快。将在创建存储过程时对其进行分析和优化，并可在首次执行该过程后使用该过程的内存中版本。每次运行T-SQL语句时，都要从客户端重复发送，并且在SQL Server每次执行这些语句时，都要对其进行编译和优化。

3) 减少网络流量

一个需要数百行T-SQL代码的操作由一条执行过程代码的单独语句就可实现，而不需要在网络中发送数百行代码。

4) 可作为安全机制使用

对于没有直接执行存储过程中语句的权限的用户，也可授予他们执行该存储过程的权限。

SQL Server存储过程是用T-SQL语句CREATE PROCEDURE创建的，并可用ALTER PROCEDURE语句进行修改。存储过程定义包含两个主要组成部分：过程名称及其参数说明，以及过程的主体（其中包含执行过程操作的T-SQL语句）。

5. 存储过程和触发器

存储过程是一组T-SQL语句，在一次编译后可以执行多次。因为不必重新编译T-SQL语句，所以执行存储过程可以提高性能。

触发器是一种特殊类型的存储过程，不由用户直接调用。创建触发器时会对其进行定义，以便在对特定表或列作特定类型的数据修改时执行。

CREATE PROCEDURE或CREATE TRIGGER语句不能跨越批处理。即存储过程或触发器始终只能在一个批处理中创建并编译到一个执行计划中。

几乎任何可写成批处理的T-SQL代码都可用于创建存储过程。

可在存储过程中创建其他数据库对象。可以引用在同一存储过程中创建的对象，前提是在创建对象后再引用对象。

可以在存储过程内引用临时表。

如果在存储过程内创建本地临时表，则该临时表仅为该存储过程而存在；退出该存储过程后，临时表即会消失。

如果执行调用其他存储过程的存储过程，那么被调用存储过程可以访问由第一个存储过程创建的、包括临时表在内的所有对象。

6. 错误信息的严重级别

严重级别为10的信息为信息消息，表明问题是由于输入信息时发生错误而产生的。严重级别为11~16的错误是由用户产生的，可以由用户修正。

严重级别从 17~25 的错误表明软件或硬件错误。当所发生的问题产生严重级别为 17 或更高的错误时，应通知系统管理员。系统管理员必须解析这些错误，并跟踪错误发生的频率。当发生级别为 17、18 或 19 的错误时，尽管某个特定的语句无法执行，但仍可继续。

系统管理员应对能生成严重级别从 17~25 的所有问题进行监视，并打印包含信息的错误日志，回找发生错误的位置。

如果问题影响了整个数据库，可以使用 DBCC CHECKDB（数据库）确定损坏的程度。DBCC 可以对必须删除的一些对象进行标识，并有选择地修复损坏。如果损坏范围大，则必须对数据库进行还原。

用 RAISERROR 指定用户定义的错误信息时，使用大于 50 000 的错误信息号以及从 0~18 的严重级别。只有系统管理员可以发出严重级别从 19~25 的 RAISERROR 错误。

1）严重级别 0 到 19

严重级别为 10 的错误信息为信息错误。严重级别从 11~16 的错误信息由用户生成并可以由用户修正。严重级别为 17 和 18 的错误信息是由资源或系统错误产生的；用户会话不会中断。

使用 sp_addmessage，可以将严重级别从 1~25 的用户定义消息添加到 sysmessages。只有系统管理员可以添加严重级别从 19~25 的消息。

对于严重级别为 17 和更高的错误信息，应向系统管理员报告。

2）严重级别 10：状态信息

这是信息消息，表明问题是由于用户输入信息有误而产生的。严重级别 0 在 SQL Server 中是见不到的。

3）严重级别 11~16

这些消息表明错误可由用户修正。

4）严重级别 17：资源不足

这些消息表明语句导致 SQL Server 用尽资源（如数据库的锁或磁盘空间）或超出了系统管理员设置的一些限制。

5）严重级别 18：检测到非严重内部错误

这些消息表明存在某种类型的内部软件问题，但语句执行完毕，并且到 SQL Server 的连接还保持着。例如，当 SQL Server 查询处理器在进行查询优化时检测到一个内部错误，则出现严重级别为 18 的消息。每次出现严重级别为 18 的消息时，都应告知系统管理员。

6）严重级别 19：资源中发生 SQL Server 错误

这些消息表明已超出了 nonconfigurable 内部限制，并且当前批处理终止。严重级别 19 错误很少发生；但是，一旦发生，必须由系统管理员或主要支持提供者修正。每次出现严重级别为 19 的消息时，都应告知系统管理员。

7）严重级别 20~25

严重级别从 20~25 表明有系统问题。这是些严重错误，意味着进程（完成语句中指定任务的程序代码）将不再运行。进程在停止前先冻结，记录有关发生内容的信息，然后终止。到 SQL Server 的客户连接将关闭，并且根据存在问题的不同，客户端有可能无法重新连接。

严重级别为 19 或更高的错误信息将停止当前的批处理。严重级别为 20 或更高的错误信息被认为是严重错误，将终止客户连接。此范围的错误信息可能影响数据库中的所有进程，并可能表明数据库或对象损坏。严重级别从 19~25 的错误信息均写入错误日志。

8）严重级别 20：当前进程中的 SQL Server 严重错误

这些消息表明语句遇到了问题。由于该问题所影响的只是当前进程，数据库本身损坏的可能性不大。

9）严重级别 21：数据库(dbid)进程中的 SQL Server 严重错误

这些消息表明遇到了影响当前数据库中所有进程的问题；但数据库本身损坏的可能性不大。

10）严重级别22：SQL Server严重错误：表的完整性置疑

这些消息表明消息中所指定的表或索引已因软件或硬件问题而损坏。

严重级别22错误很少发生；但是，如果遇到该错误，请运行DBCC CHECKDB确定数据库中是否有其他对象也受损坏。问题有可能只存在于超速缓存中，而不是存在于磁盘本身。如果是这样，重新启动SQL Server将修正该问题。要继续工作，必须重新连接到SQL Server。否则，用DBCC修复该问题。有些情况下，有必要还原数据库。

如果重新启动帮助不大，则问题存在于磁盘上。有时，摧毁在错误信息中指定的对象可以解决该问题。例如，如果消息说SQL Server在非聚集索引中发现长度为0的行，删除该索引然后重建。

11）严重级别23：SQL Server严重错误：数据库完整性置疑

这些消息表明由于硬件或软件问题，整个数据库完整性存在问题。

严重级别23错误很少发生；但是，如果遇到，请运行DBCC CHECKDB确定损坏的程度。问题有可能只存在于超速缓存中，而不是存在于磁盘本身。如果是这样，重新启动SQL Server将修正该问题。要继续工作，必须重新连接到SQL Server。否则，用DBCC修复该问题。有些情况下，有必要重新启动数据库。

12）严重级别24：硬件错误

这些消息表明某些类型的媒体失败。系统管理员可能必须重新装载数据库。可能还有必要给硬件厂商打电话。

任务拓展

1．存储过程返回数据有哪三个方法？
2．存储过程与其他编程语言的函数的相似点有哪些？
3．系统管理员可以发出严重级别的范围是多少？

任务三　实现存储过程的高级操作

任务描述

上海御恒信息科技公司接到客户的一份订单，要求用存储过程完善多表查询。公司刚招聘了一名程序员小张，软件开发部经理要求他尽快熟悉如何完善存储过程，小张按照经理的要求开始做以下任务分析。

任务分析

1．在创建存储过程中同时设计输入参数和局部变量。
2．在执行存储过程中传递实参。
3．在创建存储过程的AS子句中设计多表查询。
4．在执行存储过程中实施重编译并传递实参进入主程序。
5．显示存储过程的信息。
6．查看主程序源代码。
7．修改存储过程能对错误进行记录。
8．执行修改过的存储过程并用局部变量作为实参。

STEP 1 创建一个名为CheckGender的存储过程，该过程接受一个名称作为其参数并检查名称的前缀为"Ms."还是"Mr."。如果前缀为"Ms."，则显示信息"您输入的是女性的姓名。"如果前缀为"Mr."，则显示信息"您输入的是男性的姓名。"

```
use pubs
go

CREATE PROCEDURE checkGender
@v_name VARCHAR(25)
AS
  DECLARE @v_prefix VARCHAR(3)
  SET @v_prefix=SUBSTRING(@v_name,1,3)
  IF @v_prefix='Ms.'
    PRINT('您输入的是女性的姓名。')
  ELSE IF @v_prefix='Mr.'
    PRINT('您输入的是男性的姓名。')
```

STEP 2 执行存储过程CheckGender，以参数的形式传递字符串"Ms.Olive Oyl"。

```
use pubs
go
EXECUTE CheckGender'Ms.Olive Oyl'
go
```

STEP 3 创建一个名为Get_Sales_Avg的存储过程，该过程接受作者ID作为参数。该过程应显示到目前为止该作者所写作品的平均年销售量。

```
USE pubs
GO

CREATE PROCEDURE Get_Sales_Avg
@v_auid VARCHAR(11)
AS
 SELECT AVG(ytd_sales)'Sales Average'
   FROM titleauthor a,titles b
     WHERE a.title_id=b.title_id AND a.au_id=@v_auid
GO
```

STEP 4 执行Get_Sales_Avg过程，确保对其进行重新编译。将作者ID 267-41-2394传递给过程。

```
USE pubs
GO
EXECUTE Get_Sales_Avg'267-41-2394'WITH RECOMPILE
GO
```

STEP 5 显示pubs数据库中定义的所有存储过程的名称。

```
USE pubs
GO


sp_stored_procedures
GO
```

STEP 6 显示Get_Sales_Avg存储过程的代码。

```
USE pubs
GO

sp_helptext Get_Sales_Avg
GO
```

STEP 7 修改以上创建的存储过程Get_Sales_Avg。如果输入的作者ID无效，该过程应对错误进行记录。如果作者ID有效，则返回该作者所著图书的平均年销售量。

```
USE pubs
GO

ALTER PROCEDURE Get_Sales_Avg
@v_auid VARCHAR(11),
@v_avg INT OUTPUT
AS
 DECLARE @v_count INT
 SELECT @v_count=COUNT(*)FROM titleauthor a,titles b
  WHERE a.title_id=b.title_id AND a.au_id=@v_auid
IF @v_count=0
 BEGIN
  RAISERROR('作者ID无效',1,2)
  RETURN
 END
SELECT @v_avg=AVG(ytd_sales)FROM titleauthor a,titles b
  WHERE a.title_id=b.title_id AND a.au_id=@v_auid
  RETURN @v_avg
GO
```

STEP 8 对作者ID 267-41-2394执行修改后的存储过程为Get_Sales_Avg，如果过程返回的值大于5000，则显示消息"年销售量较高"。否则，显示消息"年销售量较低"。如果作者ID无效，则不显示销售量信息。

```
USE pubs
GO

DECLARE @v_average INT
EXECUTE Get_Sales_Avg'267-41-2394',@v_avg=@v_average OUTPUT
BEGIN
  IF @v_average>5000
    PRINT('年销售量较高')
  ELSE IF @v_average<=5000 AND @v_average>=0
    PRINT('年销售量较低')
END
```

任务小结

1. 存储过程中的输入参数无DECLARE关键字，局部变量声明有DECLARE关键字。

2．传递实参的格式为：EXECUTE 存储过程名 实参。
3．创建存储过程时的局部变量放在 CREATE 与 AS 关键字中间。
4．执行时重编译需在语句尾加 WITH RECOMPILE 子句。
5．sp_stored_procedures 系统存储过程可以查看库中所有存储过程的名称。
6．sp_helptext 系统存储过程可以查看存储过程的源代码。
7．ALTER PROCEDURE 可以修改存储过程。
8．创建与执行存储过程中的输入与输出参数要相对应。

相关知识与技能

1．存储过程中的指定参数

存储过程通过其参数与调用程序通信。当程序执行存储过程时，可通过存储过程的参数向该存储过程传递值。这些值可作为 T-SQL 编程语言中的标准变量使用。存储过程也可通过 OUTPUT 参数将值返回至调用程序。一个存储过程可有多达 2 100 个参数，每个参数都有名称、数据类型、方向和默认值。

2．参数的分类

参数用于在存储过程和调用存储过程的应用程序或工具之间交换数据：

（1）输入参数允许调用方将数据值传递到存储过程。

（2）输出参数允许存储过程将数据值或游标变量传递回调用方。

每个存储过程向调用方返回一个整数返回代码。如果存储过程没有显式设置返回代码的值，则返回代码为 0。执行存储过程时，输入参数既可以将它们的值设置为常量也可以使用变量的值。输出参数和返回代码必须将其值返回变量。参数和返回代码可以与 T-SQL 变量或应用程序变量交换数据值。如果从批处理或脚本调用存储过程，则参数和返回代码值可以使用在同一个批处理中定义的 T-SQL 变量。应用程序可以通过绑定到程序变量的参数标记在应用程序变量、参数和返回代码之间交换数据。

3．使用 OUTPUT 参数返回数据

如果在过程定义中为参数指定 OUTPUT 关键字，则存储过程在退出时可将该参数的当前值返回至调用程序。若要用变量保存参数值以便在调用程序中使用，则调用程序必须在执行存储过程时使用 OUTPUT 关键字。执行存储过程时，也可为 OUTPUT 参数指定输入值。这样将允许存储过程从调用程序中接收一个值，更改该值或对该值执行操作，然后将新值返回至调用程序。如果在执行存储过程时对参数指定 OUTPUT，而在存储过程中该参数又不是用 OUTPUT 定义的，那么将收到一条错误信息。在执行带有 OUTPUT 参数的存储过程时，可以不指定 OUTPUT。这样不会返回错误，但将无法在调用程序中使用该输出值。

任务拓展

1．存储过程中的参数都包含哪些内容？
2．参数分为哪两个类别？
3．使用 OUTPUT 参数返回数据时要注意什么？

任务四　实现存储过程的综合操作 1

任务描述

上海御恒信息科技公司接到客户的一份订单，要求用统计函数、参数、子查询、强制转换及错误处理来设计存储过程。公司刚招聘了一名程序员小张，软件开发部经理要求他尽快熟悉以上客户提出的相关命令，小张按照经理的要求开始做以下任务分析。

任务分析

1. 在存储过程中使用统计函数。
2. 在创建存储过程中使用形参，在执行存储过程中使用实参。
3. 在存储过程中使用子查询。
4. 在存储过程中使用数据类型强制转换。
5. 在存储过程中使用错误处理函数。

任务实施

STEP 1 创建一个存储过程，用于显示当前出版商的数量。

```
use pubs
go
create proc mao
as
select count(*)as'出版商数量'from publishers
go
exec mao
drop proc mao
```

STEP 2 创建一个存储过程，接收一个参数——出版商ID，返回此出版商出版书籍数量。

method1:

```
select * from titles
use pubs
go
create proc mao
@id varchar(20)
as
select count(title)as'出版书籍数量'from titles where pub_id=@id
go
exec mao'1389'
drop proc mao
```

method2:

```
use pubs
go
create proc mao
@id varchar(20),
@result int output
as
select @result=count(title)from titles where pub_id=@id
return
```

```
go

DECLARE @finals int
EXECUTE mao'1389', @result=@finals OUTPUT
PRINT'出版商出版的书籍数量:'+   convert(varchar(6),@finals)
GO
```

STEP 3 创建一个存储过程，接收一个参数——出版商ID，显示此出版商出版的书籍列表，并返回销量最高一本书的名称。

```
use pubs
go
create proc mao
@id varchar(20)
as
begin
  select title as'出版书籍'from titles where pub_id=@id
  select title as'出版量最高的书籍',ytd_sales as'销量'from titles where ytd_sales=
(select max(ytd_sales)from titles where pub_id=@id)
end
go
exec mao'1389'
drop proc mao
go
```

STEP 4 创建一个存储过程，实现instr函数，可以得到一个字符串中另一个字符串第一次出现的位置。

```
create proc mao
@str varchar(20),
@chr varchar(5)
as
print @chr+'在 '+@str+'中第一次出现的位置是:'+cast(charindex(@chr,@str)as char(10))
go
exec mao'hello,world','o'
drop proc mao
go
--通过不同的重编译手段，重编译上面创建的存储过程
```

STEP 5 在Account表外创建一个Trans表，记录交易信息，表内包括4个字段：inAccount、outAccount、amount、transdate，用来实现转账操作，并将转账记录保存在Trans表中。

```
create table Account(a_id int primary key,balance money check(balance>0)not null)
create table Trans(inAccount int not null,outAccount int not null,ammount
money check(ammount>0)not null,transdate datetime not null)
go
insert into Account values(1,5000)
insert into Account values(2,12000)
insert into Account values(3,7500)
go
create proc mao
```

```
@out_id int,
@in_id int,
@money money,
@date datetime
as
set nocount on
if not exists(select*from Account where a_id=@out_id)
 begin
    raiserror('转出账户不存在',1,1)
    return-1
 end
if not exists(select*from Account where a_id=@in_id)
 begin
    raiserror('转入账户不存在',1,1)
    return-2
 end
if exists(select*from Account where a_id=@out_id and balance<@money)
 begin
    raiserror('余额不足,转账失败!',2,2)
    return-3
 end
begin tran
 update Account set balance=balance+@money where a_id=@in_id
 update Account set balance=balance-@money where a_id=@out_id
 insert into Trans values(@in_id,@out_id,@money,@date)
 if @@error<>0
    begin
        raiserror('发生故障,转账失败!',10,2)
        rollback tran
        return-3
    end
commit tran
print'转账成功!'
go
exec mao 1,2,1000,'2005-12-2'

select*from account
select*from trans
```

任务小结

1. CREATE、EXEC、DROP存储过程名,可分别实现存储过程的创建、执行与删除。
2. @局部变量在AS子句之上声明,在AS子句之后使用,在EXEC语句中赋值。
3. 存储过程中可以使用子查询进行多表连接综合查询。
4. 可以在存储过程中使用cast(局部变量as新的数据类型)进行强制转换。
5. raiserror()函数可以在存储过程中用来生成错误提示信息。

1. RAISERROR 语句

该语句返回用户定义的错误信息并设置系统标志，记录发生错误。通过使用 RAISERROR 语句，客户端可以从 sysmessages 表中检索条目，或者使用用户指定的严重度和状态信息动态地生成一条消息。这条消息在定义后就作为服务器错误信息返回给客户端。

语法：

```
RAISERROR({msg_id|msg_str}{, severity , state}
  [ , argument[ ,...n ]])
  [ WITH option[ ,...n ]]
```

参数：

msg_id：存储于 sysmessages 表中的用户定义的错误信息。用户定义错误信息的错误号应大于 50 000。由特殊消息产生的错误是第 50 000 号。

msg_str：是一条特殊消息，其格式与 C 语言中使用的 PRINTF 格式样式相似。此错误信息最多可包含 400 个字符。如果该信息包含的字符超过 400 个，则只能显示前 397 个并将添加一个省略号以表示该信息已被截断。所有特定消息的标准消息 ID 是 14 000。

severity：用户定义的与消息关联的严重级别。用户可以使用从 0~18 之间的严重级别。19~25 之间的严重级别只能由 sysadmin 固定服务器角色成员使用。若要使用 19~25 之间的严重级别，必须选择 WITH LOG 选项。

state：从 1~127 的任意整数，表示有关错误调用状态的信息。state 的负值默认为 1。

argument：是用于取代在 msg_str 中定义的变量或取代对应于 msg_id 的消息的参数。可以有 0 或更多的替代参数；然而，替代参数的总数不能超过 20 个。每个替代参数可以是局部变量或这些任意数据类型：int1、int2、int4、char、varchar、binary 或 varbinary。不支持其他数据类型。

option：错误的自定义选项。

当使用 RAISERROR 返回一个用户定义的错误信息时，在每个引用该错误的 RAISERROR 中使用不同的状态号码。这可以在发生错误时帮助进行错误诊断。RAISERROR 可以帮助用户发现并解决 T-SQL 代码中的问题、检查数据值或返回包含变量文本的消息。

2. 错误信息

SQL Server 在遇到问题时，根据严重级别，将把 sysmessages 系统表中的消息写入 SQL Server 错误日志和 Windows 应用程序日志，或者将消息发送到客户端。

可以在遇到问题时由 SQL Server 返回错误信息，也可以使用 RAISERROR 语句手工生成错误信息。

RAISERROR 语句提供集中错误信息管理。RAISERROR 可以从 sysmessages 表检索现有条目，也可以使用硬编码（用户定义）消息。RAISERROR 返回用户定义的错误信息时，还设置系统变量记录所发生的错误。消息可以包括 C PRINTF 样式的格式字符串，该格式字符串可在运行时由 RAISERROR 指定的参数填充。这条消息在定义后就作为服务器错误信息发送回客户端。

无论是从 SQL Server 返回，还是通过 RAISERROR 语句返回，每条消息都包含：

- 唯一标识该错误信息的消息号。
- 表明问题类型的严重级别。
- 标识发出错误的来源的错误状态号（如果错误可以从多个位置发出）。
- 声明问题（有时还有可能的解决方法）的消息正文。

例如，如果访问的表不存在：

```
SELECT*
FROM bogus
```

发送到客户端的错误信息类似下面所示：

```
服务器：错误信息208，级别16，状态1
对象名 'bogus' 无效。
```

查询master数据库中的sysmessages表可以查看SQL Server错误信息列表。

3. 错误信息严重级别

严重级别为10的信息为信息消息，表明问题是由于输入信息时发生错误而产生的。严重级别为11~16的错误是由用户产生的，可以由用户修正。严重级别从17~25的错误表明软件或硬件错误。当所发生的问题产生严重级别为17或更高的错误时，应通知系统管理员。系统管理员必须解析这些错误，并跟踪错误发生的频率。当发生级别为17、18或19的错误时，尽管某个特定的语句无法执行，但仍可继续。

任务拓展

1．返回用户定义的错误信息并设置系统标志，记录发生错误的语句是什么？
2．severity是用户定义的与消息关联的严重级别，用户可以使用的级别范围是多少？
3．state表示有关错误调用状态的信息，其范围是多少？

任务五　实现存储过程的综合操作2

任务描述

上海御恒信息科技公司接到客户的一份订单，要求为robot表设计存储过程。公司刚招聘了一名程序员小张，软件开发部经理要求他尽快熟悉存储过程的各种命令及函数，小张按照经理的要求开始做以下任务分析。

任务分析

1．设计可存储查询信息的存储过程之前先进行查询验证。
2．根据查询的范围动态修改存储过程以适应变化。
3．通过默认值来应对客户执行存储过程时遗忘传递实参的情况。
4．设计输入参数来分类，输出参数来汇总。
5．在sysobjects系统表中查询存储过程。
6．设计存储过程代码的加密。
7．设计存储过程如何解密。
8．设计三种不同的重编译方式。
9．设计存储过程在服务器启动时自动执行。

任务实施

STEP 1　为robert表创建一个自定义存储过程robot_proc，能查询出家庭机器人的所有信息，并执行该存储过程。

```
use RobotMgr
go

select*from robert
go

create procedure robot_proc
as
 select*
 from robert
 where r_type='home'
go

sp_helptext robot_proc
go

execute robot_proc
go
```

STEP 2 修改存储过程robot_proc，用输入参数让其能查询出单价在3 000~6 000元的所有信息，并执行该存储过程。

```
use RobotMgr
go

alter procedure robot_proc
@price1 smallmoney,
@price2 smallmoney
as
 select*
 from robert
 where r_price between @price1 and @price2
go

execute robot_proc @price1=3000,@price2=6000
go
execute robot_proc @price1=4000,@price2=10000
go
execute robot_proc 3000,5000
go
```

STEP 3 修改存储过程robot_proc，添加默认值让其能查询出单价在1 000~4 000元的所有信息，并执行该存储过程。

```
use RobotMgr
go

alter procedure robot_proc
@price1 smallmoney=1000,
@price2 smallmoney=4000
as
```

```
 select*
 from robert
 where r_price between @price1 and @price2
go

execute robot_proc
go

execute robot_proc 3000
go

execute robot_proc 4000,9000
go
```

STEP 4 修改存储过程robot_proc，设计输入参数输入不同的类别，设计输出参数能存储不同类别的支出总价，并执行该存储过程。

```
use RobotMgr
go

alter procedure robot_proc
@kind varchar(20),
@total smallmoney output
As
 set @total=(select sum(r_price)
             from robert
             where r_type=@kind)
go

Declare @zongji smallmoney
execute robot_proc'war',@zongji output
print'支出总价为: '+ str(@zongji)
go
```

STEP 5 查看RobotMgr数据库中所有的存储过程，并查看其中robot_proc的源代码。

```
use RobotMgr
go

sp_stored_procedures
GO

sp_helptext robot_proc
go

select*
from sysobjects
where type='P'and name='robot_proc'
go

select*
```

```
from sysobjects
where type='P'
go
```

STEP 6 为RobotMgr数据库中的存储过程robot_proc加密，并查看其源代码。

```
use RobotMgr
go

sp_helptext robot_proc
go

alter procedure robot_proc
@kind varchar(20),
@total smallmoney output
with encryption
As
 set @total=(select sum(r_price)
             from robert
             where r_type=@kind)
go

sp_helptext robot_proc
go
```

STEP 7 为RobotMgr数据库中的存储过程robot_proc解密，并查看其源代码。

```
use RobotMgr
go

sp_helptext robot_proc
go

alter procedure robot_proc
@kind varchar(20),
@total smallmoney output
As
 set @total=(select sum(r_price)
             from robert
             where r_type=@kind)
go

sp_helptext robot_proc
go
```

STEP 8 为robert表创建一个自定义存储过程robot_proc，能查询出战争机器人的所有信息，并执行该存储过程。要求能用三种不同的方法为其重编译。

```
use RobotMgr
go

select*from robert
```

```
go

create procedure robert_proc
with recompile
as
 select*
 from robert
 where r_type='war'
go

alter procedure robert_proc
as
 select*
 from robert
 where r_type='home'
go

execute robert_proc
go

execute robert_proc with recompile
go

sp_recompile robert_proc
go

insert into robert values('r00008','T4000','home','2009-09-24',70,2800.5)
go

execute robert_proc
go
```

STEP 9 将robert_proc存储过程设为在服务器启动的时候自动执行，启动过程必须位于master数据库中，并且不能包含INPUT或OUTPUT参数。启动时恢复了master数据库后，即开始执行存储过程。

```
use master
go

create procedure robert_proc
with recompile
as
 print'正在执行......'
 select*
 from sysobjects

go

sp_procoption @ProcName='robert_proc',@OptionName='startup',@OptionValue='on'
go
```

任务小结

1. 在创建存储过程的 AS 子句中使用 where 过滤机器人的类别。
2. 在修改存储过程的 AS 子句中使用 between ... and 来设置价格范围。
3. 在修改存储过程的 AS 子句之上声明默认值，格式为：@局部变量数据类型=默认值。
4. 在修改存储过程的 AS 子句中使用参数，格式为：set @输出参数=(select 子句 where 类别=输入参数)。
5. 在系统表中查看存储过程的方法：select * from sysobjects where type='P' and name='存储过程名'。
6. 加密存储过程使用 with encryption 子句。
7. 解密存储过程取消使用 with encryption 子句。
8. 在 CREATE PROCDDURE 和 EXECUTE 中使用 with recompile 子句可以重编译，也可使用 sp_recompile 重编译。
9. 在服务器启动的时候自动执行存储过程的语句格式为：sp_procoption @ProcName='存储过程名',@OptionName='startup',@OptionValue='on'。

相关知识与技能

1. sp_recompile

此条命令使存储过程和触发器在下次运行时重新编译。

语法：

```
sp_recompile[ @objname=]'object'
```

参数：

[@objname =]'object'：是当前数据库中的存储过程、触发器、表或视图的限定的或非限定的名称。object 是 nvarchar(776) 类型，无默认值。如果 object 是存储过程或触发器的名称，那么该存储过程或触发器将在下次运行时重新编译。如果 object 是表或视图的名称，那么所有引用该表或视图的存储过程都将在下次运行时重新编译。

返回代码值：0（成功）或非零数字（失败）。

2. sp_recompile 只在当前数据库中寻找对象

存储过程和触发器所用的查询只在编译时进行优化。对数据库进行了索引或其他会影响数据库统计的更改后，已编译的存储过程和触发器可能会失去效率。通过对作用于表上的存储过程和触发器进行重新编译，可以重新优化查询。

说明：SQL Server 会在便利时自动对存储过程和触发器进行重新编译。

3. 权限

执行权限默认授予 public 角色。不是 sysadmin 固定服务器角色成员或 db_owner 固定数据库角色成员的用户只能对自己的表进行操作。

4. 使用存储过程作为安全机制

存储过程通常用作执行复杂活动的接口，并且可按与视图几乎相同的方法自定义安全权限。例如，在存档方案中，存储过程可以将存在时间超过指定间隔的数据复制到存档表中，然后从主表中删除这些数据。可以使用权限防止用户直接从主表中删除行或者将行插入到存档表中，而不从主表中删除。可以创建过程以确保这两种活动一起进行，然后授权用户执行该过程。

5. 将存储过程重新编写为函数

如何确定是否将现有存储过程逻辑重新编写为用户定义函数。例如，如果希望直接从查询唤醒调用存储过程，可将代码重新打包为用户定义函数。一般来说，如果存储过程返回一个（单个）结果集，则定义表值函数。如果存储过程计算标量值，则定义标量函数。表值函数的条件：如果存储过程满足以下条件，则可作为重新编写为表值函数的很好的候选存储过程：可在单个 SELECT 语句中表现，但它是存储过程而不是视图，只是由于需要参数。可使用内嵌表值函数处理这种情况。存储过程不执行更新操作（除了对表变量外）。不需要动态 EXECUTE 语句。存储过程返回一个结果集。存储过程的主要目的是生成要装载到临时表的中间结果，SELECT 语句随后将查询临时表。可使用表值函数编写 INSERT...EXEC 语句。

任务拓展

1. 什么命令可使存储过程和触发器在下次运行时重新编译？
2. sp_recompile 在哪里寻找对象？
3. sp_recompile 的执行权限默认授予哪个角色？

◎ 项目综合实训　实现家庭管理系统的存储过程

一、项目描述

上海御恒信息科技公司接到一个订单，需要用存储过程来查询家庭管理系统中的相关表格。程序员小张根据以上要求进行相关存储过程的设计后，按照项目经理的要求开始做以下任务分析。

二、项目分析

1. 为 familyout 表创建一个自定义存储过程 fout_proc。
2. 修改存储过程 fout_proc。
3. 修改存储过程 fout_proc，添加默认值。
4. 修改存储过程 fout_proc，设计输入参数。
5. 查看 FamilyMgr 数据库中所有的存储过程，并查看其中 fout_proc 的源代码。
6. 为 FamilyMgr 数据库中的存储过程 fout_proc 加密，并查看其源代码。
7. 为 FamilyMgr 数据库中的存储过程 fout_proc 解密，并查看其源代码。
8. 用三种不同的方法为自定义存储过程 fin_proc 重编译。
9. 将 fin_proc 存储过程设为在服务器启动的时候自动执行。

三、项目实施

STEP 1 设计存储过程能查询出基本支出的所有信息，并执行该存储过程。

```
use FamilyMgr
go

select * from familyout
go

create procedure fout_proc
as
 select *
 from familyout
```

```
where o_kind='basic'
go

sp_helptext fout_proc
go

execute fout_proc
go
```

STEP 2 修改存储过程能用输入参数让其查询出支出金额在100~400元的所有信息,并执行该存储过程。

```
use FamilyMgr
go

alter procedure fout_proc
@price1 smallmoney,
@price2 smallmoney
as
 select*
 from familyout
 where o_money between @price1 and @price2
go

execute fout_proc @price1=100,@price2=400
go
execute fout_proc @price2=400,@price1=100
go
execute fout_proc 100,400
go
```

STEP 3 修改存储过程fout_proc,添加默认值让其能查询出支出金额在100~400元的所有信息,并执行该存储过程。

```
use FamilyMgr
go

alter procedure fout_proc
@price1 smallmoney=100,
@price2 smallmoney=400
as
 select *
 from familyout
 where o_money between @price1 and @price2
go

execute fout_proc
go

execute fout_proc 300
```

```
go

execute fout_proc 300,400
go
```

STEP 4 修改存储过程fout_proc，设计输入参数输入不同的支出类别，设计输出参数能存储不同支出类别的支出总金额，并执行该存储过程。

```
use FamilyMgr
go

alter procedure fout_proc
@kind varchar(20),
@total smallmoney output
As
 set @total=(select sum(o_money)
             from familyout
             where o_kind=@kind)
go

Declare @zongji smallmoney
execute fout_proc'extend',@zongji output
print'支出总金额为: '+ str(@zongji)
go
```

STEP 5 查看FamilyMgr数据库中所有的存储过程，并查看其中fout_proc的源代码。

```
use FamilyMgr
go

sp_stored_procedures
GO

sp_helptext fout_proc
go
```

STEP 6 为FamilyMgr数据库中的存储过程fout_proc加密，并查看其源代码。

```
use FamilyMgr
go

sp_helptext fout_proc
go

alter procedure fout_proc
@kind varchar(20),
@total smallmoney output
with encryption
As
 set @total=(select sum(o_money)
             from familyout
             where o_kind=@kind)
go
```

```
sp_helptext fout_proc
go
```

STEP 7 为FamilyMgr数据库中的存储过程fout_proc解密，并查看其源代码。

```
use FamilyMgr
go

sp_helptext fout_proc
go

alter procedure fout_proc
@kind varchar(20),
@total smallmoney output
As
 set @total=(select sum(o_money)
             from familyout
             where o_kind=@kind)
go

sp_helptext fout_proc
go
```

STEP 8 为familyin表创建一个自定义存储过程fin_proc，能查询出基本收入的所有信息，并执行该存储过程，要求能用三种不同的方法为其重编译。

```
use FamilyMgr
go

select*from familyin
go

create procedure fin_proc
with recompile
as
 select*
 from familyin
 where i_kind='basic'
go

alter procedure fin_proc
as
 select*
 from familyin
 where i_kind='advance'
go

execute fin_proc
go

execute fin_proc with recompile
go

sp_recompile fin_proc
go
```

```
execute fin_proc
go
```

STEP 9 将fin_proc存储过程设为在服务器启动的时候自动执行，启动过程必须位于master数据库中，并且不能包含INPUT或OUTPUT参数。启动时恢复了master数据库后，即开始执行存储过程。

```
use master
go

create procedure fin_proc
with recompile
as
 print'正在执行......'
 select*
 from sysobjects

go

sp_procoption @ProcName='fin_proc',@OptionName='startup',@OptionValue='on'
go
```

四、项目小结

1. 创建存储过程时在AS子句设置基本查询。
2. 修改存储过程时在AS子句增加查询功能，并可加密、解密。
3. 根据客户需要选择不同的重编译语句。
4. 用自动执行存储过程来提高程序运行效率。

◎ 项目评价表

能力	内容		评价		
	学习目标	评价项目	3	2	1
职业能力	实现存储过程	任务一 实现存储过程的基本操作			
		任务二 实现存储过程的进阶操作			
		任务三 实现存储过程的高级操作			
		任务四 实现存储过程的综合操作1			
		任务五 实现存储过程的综合操作2			
通用能力	动手能力				
	解决问题能力				
	综合评价				

项目九 实现存储过程

评价等级说明表	
等级	说明
3	能高质、高效地完成此学习目标的全部内容，并能解决遇到的特殊问题
2	能高质、高效地完成此学习目标的全部内容
1	能圆满完成此学习目标的全部内容，不需任何帮助和指导

以上表格根据国家职业技能标准相关内容设定。

项目十

实现触发器

 核心概念

Insert 触发器、Update 触发器、Delete 触发器、FOR AFTER 子句、INSTEAD OF 触发器。

 项目描述

SQL Server 触发器是一类特殊的存储过程,被定义为在对表或视图发出 UPDATE、INSERT 或 DELETE 语句时自动执行。触发器是功能强大的工具,使每个站点可以在有数据修改时自动强制执行其业务规则。

触发器可使公司的处理任务自动进行。在库存系统内,更新触发器可以检测什么时候库存下降到了需要再进货的量,并自动生成给供货商的订单。在记录工厂加工过程的数据库内,当某个加工过程超过所定义的安全限制时,触发器会给操作员发电子邮件。

视频

实现触发器

 技能目标

用提出、分析、解决问题的思路来培养学生进行触发器的基本、进阶及高级操作,同时考虑通过综合操作来熟练掌握触发器语法,并能区分 AFTER 触发器和 INSTEAD OF 触发器。

 工作任务

实现对表和视图的 INSERT、UPDATE、DELETE 触发操作。

任务一　实现触发器的基本操作

任务描述

上海御恒信息科技公司接到客户的一份订单,要求实现对 pubs 库中的表进行触发器的基本操作。公司刚招聘了一名数据库工程师小张,软件开发部经理要求他尽快为客户的数据库设计好触发器,小张按照经理的要求开始做以下任务分析。

任务分析

1. 先判断是否有同名的触发器,如有先删除再创建触发器。
2. 如想保护具体触发的命令,可用修改触发器命令并附带加密子句。
3. 如触发器不再使用,可删除。
4. 根据 inserted 表来书写 for insert 子句。
5. 根据 inserted 表来书写 for update 子句。
6. 根据 deleted 表来书写 for delete 子句。
7. 可以使用嵌套触发。
8. 使用递归触发器解决自引用关系。
9. 使用 INSTEAD OF 触发器实现之前触发。

任务实施

STEP 1 创建触发器。

```
use pubs
if exists(select name from sysobjects
    where name='reminder'and type='TR')
  drop trigger reminder
go

create trigger reminder
on titles
for insert,update
AS RAISERROR(21511,16,10)
GO

--update titles set price=300 where pub_id='1389'
```

STEP 2 修改触发器。

```
use pubs
go
create trigger royalty_reminder
on roysched
with encryption
for insert,update
AS RAISERROR(50009,16,10)

--Now,alter the trigger

use pubs
go
alter trigger royalty_reminder
on roysched
for insert
```

```
as raiserror(50009,16,10)

--sp_helptext'royalty_reminder'
```

STEP 3 删除触发器。

```
use pubs
go

if exists(select name from sysobjects
    where name='employee_insupd'and type='TR')
  DROP TRIGGER employee_insupd
GO
```

STEP 4 使用INSERT触发器。

```
create trigger checkroyalty
on roysched
for insert as
if(Select royalty from inserted)>30
begin
  print'RoyaltyTrigger:版权费不能超过30'
  print'请将版权费修改为小于30的值'
  rollback transaction
end

/*
insert into roysched values
('BU2075',5001,75000,32)

*/
```

STEP 5 使用UPDATE触发器。

```
create trigger NoUpdatePayterms
ON sales
for update As
If update(payterms)
BEGIN
 print'不能修改订单的付费条款'
 rollback transaction
end

/*update sales set payterms='Net 30'
    where stor_id='6380'and ord_num='6871'
*/

create trigger NoUPdateDiscount
ON discounts
for update As
if(select discount from inserted)>12
begin
```

```
    print'不能指定大于12%的折扣'
    rollback transaction
end

/*
update discounts set discount=13
   where discounttype='Volume Discount'
```

STEP 6 使用DELETE触发器。

```
use pubs
go

create trigger NoDelete9901
ON pub_info
FOR DELETE AS
if(select pub_id from deleted)=9901
begin
 print'不能删除出版商9901的详细信息'
 rollback transaction
end

--delete from pub_info where pub_id='9901'
--select*from pub_info where pub_id='9901'
```

STEP 7 使用嵌套触发器。

```
use pubs
go

create trigger savedel
   ON titleauthor
FOR DELETE
AS
   INSERT del_save
     SELECT*FROM deleted

--sp_configure'nested trigger',1
--sp_configure'nested trigger',0
```

STEP 8 使用递归触发器。

```
/*
示例：
使用递归触发器解决自引用关系。递归触发器的一种用法是用于带有自引用关系的表（又称传递闭包）。例如，
表emp_mgr定义了：
```
- 一个公司的雇员(emp)。
- 每个雇员的经理(mgr)。
- 组织树中向每个经理汇报的雇员总数(NoOfReports)。

递归UPDATE触发器在插入新雇员记录的情况下可以使NoOfReports列保持最新。INSERT触发器更新经理记录的NoOfReports列，而该操作递归更新管理层向上其他记录的NoOfReports列。
```
*/
```

```sql
USE pubs
GO
--Turn recursive triggers ON in the database.
ALTER DATABASE pubs
  SET RECURSIVE_TRIGGERS ON
GO
CREATE TABLE emp_mgr(
    emp char(30)PRIMARY KEY,
    mgr char(30)NULL FOREIGN KEY REFERENCES emp_mgr(emp),
    NoOfReports int DEFAULT 0
)
GO
CREATE TRIGGER emp_mgrins ON emp_mgr
FOR INSERT
AS
DECLARE @e char(30), @m char(30)
DECLARE c1 CURSOR FOR
   SELECT emp_mgr.emp
   FROM   emp_mgr, inserted
   WHERE emp_mgr.emp=inserted.mgr

OPEN c1
FETCH NEXT FROM c1 INTO @e
WHILE @@fetch_status=0
BEGIN
   UPDATE emp_mgr
   SET emp_mgr.NoOfReports=emp_mgr.NoOfReports+1--Add 1 for newly
   WHERE emp_mgr.emp=@e               --added employee

   FETCH NEXT FROM c1 INTO @e
END
CLOSE c1
DEALLOCATE c1
GO
--This recursive UPDATE trigger works assuming:
-- 1. Only singleton updates on emp_mgr.
-- 2. No inserts in the middle of the org tree.
CREATE TRIGGER emp_mgrupd ON emp_mgr FOR UPDATE
AS
IF UPDATE(mgr)
BEGIN
   UPDATE emp_mgr
   SET emp_mgr.NoOfReports=emp_mgr.NoOfReports+1--Increment mgr's
   FROM inserted                     --(no. of reports)by
   WHERE emp_mgr.emp=inserted.mgr    --1 for the new report

   UPDATE emp_mgr
```

```
        SET emp_mgr.NoOfReports=emp_mgr.NoOfReports-1--Decrement mgr's
    FROM deleted                               --(no. of reports)by 1
    WHERE emp_mgr.emp=deleted.mgr              --for the new report
END
GO
--Insert some test data rows.
INSERT emp_mgr(emp, mgr)VALUES('Harry', NULL)
INSERT emp_mgr(emp, mgr)VALUES('Alice','Harry')
INSERT emp_mgr(emp, mgr)VALUES('Paul','Alice')
INSERT emp_mgr(emp, mgr)VALUES('Joe','Alice')
INSERT emp_mgr(emp, mgr)VALUES('Dave','Joe')
GO
SELECT*FROM emp_mgr
GO
--Change Dave's manager from Joe to Harry
UPDATE emp_mgr SET mgr='Harry'
WHERE emp='Dave'
GO
SELECT*FROM emp_mgr
GO
```

以下是更新前的结果：

```
emp                 mgr             NoOfReports
-------------------------------------------------
Alice               Harry           2
Dave                Joe             0
Harry               NULL            1
Joe                 Alice           1
Paul                Alice           0
```

以下为更新后的结果：

```
emp                 mgr             NoOfReports
-------------------------------------------------
Alice               Harry           2
Dave                Harry           0
Harry               NULL            2
Joe                 Alice           0
Paul                Alice           0
```

STEP 9 使用INSTEAD OF触发器。

```
use pubs
go

create view Emp_pub
AS
SELECT emp_id,lname,job_id,pub_name
 FROM employee e,publishers p
  WHERE e.pub_id=p.pub_id
```

```
--DELETE emp_pub WHERE emp_id='POK93028M'

use pubs
go

create trigger del_emp
ON emp_pub
instead of delete
AS
 Delete employee WHERE emp_id IN
  (select emp_id from deleted)

--DELETE Emp_pub WHERE emp_id='POK93028M'
```

任务小结

1. 创建触发器的命令是CREATE TRIGGER。
2. 修改触发器的命令是ALTER TRIGGER。
3. 删除触发器的命令是DROP TRIGGER。
4. FOR INSERT实现插入操作触发。
5. FOR UPDATE实现更新操作触发。
6. FOR DELETE实现删除操作触发。
7. 默认为AFTER触发,可以设置为INSTEAD OF触发。
8. 查看表中的触发器用sp_helptrigger,查看触发器的源代码用sp_helptext。

相关知识与技能

1. 触发器

SQL Server触发器是一类特殊的存储过程,被定义为在对表或视图发出UPDATE、INSERT或DELETE语句时自动执行。触发器是功能强大的工具,使每个站点可以在有数据修改时自动强制执行其业务规则。触发器可以扩展SQL Server约束、默认值和规则的完整性检查逻辑,但只要约束和默认值提供了全部所需的功能,就应使用约束和默认值。

表可以有多个触发器。CREATE TRIGGER语句可以与FOR UPDATE、FOR INSERT或FOR DELETE子句一起使用,指定触发器专门用于特定类型的数据修改操作。当指定FOR UPDATE时,可以使用IF UPDATE(column_name)子句,指定触发器专门用于具体某列的更新。

触发器可使公司的处理任务自动进行。在库存系统内,更新触发器可以检测什么时候库存下降到了需要再进货的量,并自动生成给供货商的订单。在记录工厂加工过程的数据库内,当某个加工过程超过所定义的安全限制时,触发器会给操作员发电子邮件或寻呼。

无论何时只要有新的标题添加到pubs数据库中,下面的触发器就会生成电子邮件:

```
CREATE TRIGGER reminder
ON titles
FOR INSERT
AS
  EXEC master..xp_sendmail'MaryM',
  'New title, mention in the next report to distributors.'
```

触发器包含T-SQL语句，这与存储过程十分相似。与存储过程一样，触发器也返回由触发器内的SELECT语句生成的结果集。不建议在触发器中包含SELECT语句，但仅填充参数的语句除外。这是因为用户不期望看到由UPDATE、INSERT或DELETE语句返回的结果集。

2. 可使用FOR子句指定触发器的执行时间

1）AFTER

触发器在触发它们的语句完成后执行。如果该语句因错误（如违反约束或语法错误）而失败，触发器将不会执行。不能为视图指定AFTER触发器，只能为表指定该触发器。可以为每个触发操作（INSERT、UPDATE或DELETE）指定多个AFTER触发器。如果表有多个AFTER触发器，可使用sp_settriggerorder定义哪个AFTER触发器最先激发，哪个最后激发。除第一个和最后一个触发器外，所有其他AFTER触发器的激发顺序不确定，并且无法控制。

在SQL Server中AFTER是默认触发器。

2）INSTEAD OF

该触发器代替触发操作执行。可在表和视图上指定INSTEAD OF触发器。只能为每个触发操作（INSERT、UPDATE和DELETE）定义一个INSTEAD OF触发器。INSTEAD OF触发器可用于对INSERT和UPDATE语句中提供的数据值执行增强的完整性检查。INSTEAD OF触发器还允许指定某些操作，使一般不支持更新的视图可以被更新。

3. 存储过程和触发器

存储过程是一组T-SQL语句，在一次编译后可以执行多次。因为不必重新编译T-SQL语句，所以执行存储过程可以提高性能。

触发器是一种特殊类型的存储过程，不由用户直接调用。创建触发器时会对其进行定义，以便在对特定表或列作特定类型的数据修改时执行。

CREATE PROCEDURE或CREATE TRIGGER语句不能跨越批处理。即存储过程或触发器始终只能在一个批处理中创建并编译到一个执行计划中。

4. 用触发器强制执行业务规则

SQL Server提供了两种主要机制来强制业务规则和数据完整性：约束和触发器。触发器是一种特殊类型的存储过程，它在指定表中的数据发生变化时自动生效。唤醒调用触发器以响应INSERT、UPDATE或DELETE语句。触发器可以查询其他表，并可以包含复杂的T-SQL语句。将触发器和触发它的语句作为可在触发器内回滚的单个事务对待。如果检测到严重错误（例如，磁盘空间不足），则整个事务即自动回滚。

5. 触发器的优点

触发器可通过数据库中的相关表实现级联更改；不过，通过级联引用完整性约束可以更有效地执行这些更改。触发器可以强制比用CHECK约束定义的约束更为复杂的约束。与CHECK约束不同，触发器可以引用其他表中的列。例如，触发器可以使用另一个表中的SELECT比较插入或更新的数据，以及执行其他操作，如修改数据或显示用户定义错误信息。触发器也可以评估数据修改前后的表状态，并根据其差异采取对策。一个表中的多个同类触发器（INSERT、UPDATE或DELETE）允许采取多个不同的对策以响应同一个修改语句。

6. 比较触发器与约束

约束和触发器在特殊情况下各有优势。触发器的主要好处在于它们可以包含使用T-SQL代码的复杂处理逻辑。因此，触发器可以支持约束的所有功能；但它在所给出的功能上并不总是最好的方法。

实体完整性总应在最低级别上通过索引进行强制，这些索引或是PRIMARY KEY和UNIQUE约束的一部分，或是在约束之外独立创建的。假设功能可以满足应用程序的功能需求，域完整性应通过CHECK约束进行强制，而引用完整性（RI）则应通过FOREIGN KEY约束进行强制。

在约束所支持的功能无法满足应用程序的功能要求时，触发器就极为有用。

7. INSTEAD OF INSERT 触发器

可以在视图或表上定义 INSTEAD OF INSERT 触发器来代替 INSERT 语句的标准操作。通常，在视图上定义 INSTEAD OF INSERT 触发器以在一个或多个基表中插入数据。视图选择列表中的列可为空也可不为空。如果视图列不允许为空，则 INSERT 语句必须为该列提供值。

8. INSTEAD OF UPDATE 触发器

可在视图上定义 INSTEAD OF UPDATE 触发器以代替 UPDATE 语句的标准操作。通常，在视图上定义 INSTEAD OF UPDATE 触发器以便修改一个或多个基表中的数据。引用带有 INSTEAD OF UPDATE 触发器的视图的 UPDATE 语句必须为 SET 子句中引用的所有不可为空的视图列提供值。该操作包括在基表中引用列的视图列（该基表不能指定输入值）。

9. INSTEAD OF DELETE 触发器

可以在视图或表中定义 INSTEAD OF DELETE 触发器，以代替 DELETE 语句的标准操作。通常，在视图上定义 INSTEAD OF DELETE 触发器以便在一个或多个基表中修改数据。DELETE 语句不指定对现有数据类型的修改。DELETE 语句只指定要删除的行。传递给 DELETE 触发器的 inserted 表总是空的。发送给 DELETE 触发器的 deleted 表包含在发出 UPDATE 语句前就存在的行的映像。如果在视图或表上定义 INSTEAD OF DELETE 触发器，则 deleted 表的格式以为视图定义的选定列表的格式为基础。

10. 指定触发器何时激发

可指定以下两个选项之一来控制触发器何时激发：

AFTER 触发器在触发操作（INSERT、UPDATE 或 DELETE）后和处理完任何约束后激发。可通过指定 AFTER 或 FOR 关键字来请求 AFTER 触发器。因为 FOR 关键字与 AFTER 的效果相同，所以具有 FOR 关键字的触发器也归类为 AFTER 触发器。

INSTEAD OF 触发器代替触发动作进行激发，并在处理约束之前激发。

对于每个触发操作（UPDATE、DELETE 和 INSERT），每个表或视图只能有一个 INSTEAD OF 触发器。而一个表对于每个触发操作可以有多个 AFTER 触发器。

任务拓展

1．什么是触发器？
2．创建、修改、删除触发器的命令分别是什么？
3．AFTER 触发器与 INSTEAD OF 触发器有何区别？

任务二　操作 inserted 表与 deleted 表

任务描述

上海御恒信息科技公司接到客户的一份订单，要求实现对表格的插入触发、更新触发与删除触发。公司刚招聘了一名数据库工程师小张，软件开发部经理要求他尽快熟悉 inserted 表和 deleted 表的操作，小张按照经理的要求开始做以下任务分析。

任务分析

1．判断 inserted 表中是否有插入的信息，如有则要进行回滚。
2．判断 deleted 表中是否有两个以上的记录，如有则要进行回滚。

3. 判断inserted表中是否UnitsOnOrder小于10或者RecordLevel小于10，如是则要进行回滚。
4. 判断unitprice列是否被修改，如是则要进行回滚。
5. 触发器的内容如果想加密，可以通过修改触发器来设置加密子句。
6. 可以用菜单或命令来显示触发器的内容。
7. 可以通过之前触发来查询inserted与deleted中的相应内容。

任务实施

STEP 1 实现插入触发。

```
CREATE TRIGGER InsertTerritories
ON Territories
FOR INSERT
AS
 IF((SELECT TerritoryDescription FROM INSERTED)='')
  BEGIN
    PRINT'必须输入区域说明'
    ROLLBACK TRANSACTION
  END

--INSERT INTO Territories VALUES(1620,'',1)
```

STEP 2 实现删除触发。

```
CREATE TRIGGER DeleteEmployeeTerritories
ON EmployeeTerritories
FOR DELETE
AS
  IF(SELECT COUNT(*)FROM DELETED)>2
    BEGIN
PRINT'不能删除两个以上记录'
ROLLBACK TRANSACTION
    END

--DELETE FROM EmployeeTerritories WHERE EmployeeID=2
```

STEP 3 实现更新式触发1。

```
CREATE TRIGGER CheckProductUpdate
ON Products
FOR UPDATE AS
  IF((SELECT UnitsOnOrder FROM INSERTED)<10)OR((SELECT RecordLevel FROM INSERTED)<10)
    BEGIN
    PRINT'错误!'
    ROLLBACK TRANSACTION
END

--UPDATE Products SET UnitsOnOrder=5 WHERE ProductID=5
```

STEP 4 实现更新式触发2。

```
CREATE TRIGGER OrderDetailsUpdate
```

```sql
ON[Order Details]
FOR UPDATE
AS
 IF UPDATE(UnitPrice)
    BEGIN
        PRINT'不能更新UnitPrice字段'
        ROLLBACK TRANSACTION
    END

--UPDATE[Order Details]SET UnitPrice=15 WHERE OrderID=10248 AND ProductID=42
```

STEP 5 修改触发器。

```sql
ALTER TRIGGER InsertTerritories
ON Territories WITH ENCRYPTION
FOR INSERT
AS
 IF((SELECT TerritoryDescription FROM INSERTED)='')
    BEGIN
        PRINT'必须输入区域说明'
        ROLLBACK TRANSACTION
    END

--sp_helptext InsertTerritories
```

STEP 6 查看触发器。

```sql
sp_helptrigger Products
```
或右击表->所有任务->管理触发器->选择并显示文本。

STEP 7 创建 Instead of 触发器。

```sql
CREATE TRIGGER InsertEmpTerriInstead
ON EmployeeTerritories
INSTEAD OF INSERT
AS
 BEGIN
    SELECT EmployeeID,TerritoryID FROM INSERTED
    SELECT EmployeeID,TerritoryID FROM DELETED
    SELECT*FROM EmployeeTerritories
        WHERE EmployeeID=(SELECT EmployeeID FROM INSERTED)
END

--INSERT INTO EmployeeTerritories VALUES(1,40222)
```

任务小结

1. 插入式触发要对 inserted 表进行操作。
2. 删除式触发要对 deleted 表进行操作。
3. 更新式触发要对 inserted 表和 deleted 表进行操作。
4. 通过 IF 语句来判断何时满足条件时要进行回滚操作。

5. 回滚的命令是 ROLLBACK TRANSACTION。
6. sp_helptrigger 表名可以查看表中的触发器情况。
7. sp_helptext 触发器名称是查看触发器的源代码。
8. instead of 触发器可以和 inserted 表与 deleted 表结合起来使用。

相关知识与技能

1. 使用 inserted 和 deleted 表

触发器语句中使用了两种特殊的表：deleted 表和 inserted 表。SQL Server 自动创建和管理这些表。可以使用这两个临时的驻留内存的表测试某些数据修改的效果及设置触发器操作的条件；然而，不能直接对表中的数据进行更改。

2. inserted 和 deleted 表主要用于触发器中

- 扩展表间引用完整性。
- 在以视图为基础的基表中插入或更新数据。
- 检查错误并基于错误采取行动。
- 找到数据修改前后表状态的差异，并基于此差异采取行动。

deleted 表用于存储 DELETE 和 UPDATE 语句所影响的行的副本。在执行 DELETE 或 UPDATE 语句时，行从触发器表中删除，并传输到 deleted 表中。Deleted 表和触发器表通常没有相同的行。

Inserted 表用于存储 INSERT 和 UPDATE 语句所影响的行的副本。在一个插入或更新事务处理中，新建行被同时添加到 inserted 表和触发器表中。Inserted 表中的行是触发器表中新行的副本。

更新事务类似于在删除之后执行插入；首先旧行被复制到 deleted 表中，然后新行被复制到触发器表和 inserted 表中。

在设置触发器条件时，应当为激发触发器的操作恰当使用 inserted 和 deleted 表。虽然在测试 INSERT 时引用 deleted 表或在测试 DELETE 时用 inserted 表不会引起任何错误，但是在这种情形下这些触发器测试表中不会包含任何行。

3. 在 INSTEAD OF 触发器中使用 inserted 和 deleted 表

传递到在表上定义的 INSTEAD OF 触发器的 inserted 和 deleted 表遵从与传递到 AFTER 触发器的 inserted 和 deleted 表相同的规则。inserted 和 deleted 表的格式与在其上定义 INSTEAD OF 触发器的表的格式相同。inserted 和 deleted 表中的每一列都直接映射到基表中的列。有关引用带 INSTEAD OF 触发器的表的 INSERT 或 UPDATE 语句何时必须提供列值的规则与表没有 INSTEAD OF 触发器时相同：不能为计算列或具有 timestamp 数据类型的列指定值。不能为具有 IDENTITY 属性的列指定值，除非该列的 IDENTITY_INSERT 为 ON。当 IDENTITY_INSERT 为 ON 时，INSERT 语句必须提供一个值。INSERT 语句必须为所有无 DEFAULT 约束的 NOT NULL 列提供值。对于除计算列、标识列或 timestamp 列以外的任何列，任何允许空值的列或具有 DEFAULT 定义的 NOT NULL 列的值都是可选的。当 INSERT、UPDATE 或 DELETE 语句引用具有 INSTEAD OF 触发器的视图时，数据库引擎将调用该触发器，而不是对任何表采取任何直接操作。即使为视图生成的 inserted 和 deleted 表中的信息格式与基表中的数据格式不同，该触发器在生成执行基表中的请求操作所需的任何语句时，仍必须使用 inserted 和 deleted 表中的信息。

1. 触发器语句中使用了哪两种特殊的表？
2. DML 中的 DELETE 和 UPDATE 语句所影响行的副本存储在哪张表中？

3．DML 中的 INSERT 和 UPDATE 语句所影响行的副本存储在哪张表中？

任务三　实现触发器的进阶式操作

任务描述

上海御恒信息科技公司接到客户的一份订单，要求用 UPDATE、INSERT、DELETE 三种触发器实现对库中表的管理。公司刚招聘了一名数据库工程师小张，软件开发部经理要求他尽快熟悉触发器的基本操作，小张按照经理的要求开始做以下任务分析。

任务分析

1．通过 UPDATE 触发器来回滚可能出现的对版权费百分比字段的更新。
2．触发后对表中触发器的定义进行查看。
3．通过 INSERT 触发来确保区域说明中输入的不是空字符串。
4．在表中插入一条区域说明是空字符串的记录来验证插入触发器。
5．通过 DELETE 触发器来确保删除的记录不能超过两条。
6．尝试在表中删除两条记录来验证删除触发器。

任务实施

STEP 1　创建一个 Royalty_Per_Update 触发器，该触发器不允许对 titleauthor 表中的 royaltyper 列进行更新。

```
use pubs
go

create trigger Royalty_Per_Update
ON titleauthor
FOR UPDATE
AS
  IF UPDATE(royaltyper)
    Begin
      print'不能更新版权费百分比字段'
      ROLLBACK TRANSACTION
    End
```

STEP 2　查看在 titleauthor 表上定义的触发器。

```
use pubs
go

sp_helptrigger titleauthor
go
```

STEP 3　在 Northwind 数据库中的 Territories 表上创建一个 INSERT 触发器，该触发器将确保区域说明中的输入不是空字符串。

```
USE northwind
go
CREATE TRIGGER InsertTerritories
ON Territories
FOR INSERT
AS
IF((SELECT TerritoryDescription FROM INSERTED)='')
   BEGIN
     PRINT'必须输入区域说明'
     ROLLBACK TRANSACTION
   END
```

STEP 4 在Territories表中插入一个记录,其区域说明为空字符串,从而验证上面的INSERT触发器。

```
INSERT INTO Territories VALUES(1620,'',1)
```

STEP 5 创建一个DELETE触发器,使得每次从Northwind数据库的EmployeeTerritories表中删除的记录不能超过两条。

```
USE northwind
go
CREATE TRIGGER DeleteEmployeeTerritories
ON EmployeeTerritories
FOR DELETE
AS
   IF(SELECT COUNT(*)FROM DELETED)>2
     BEGIN
     PRINT'不能删除两个以上记录'
     ROLLBACK TRANSACTION
     END
```

STEP 6 尝试从EmployeeTerritories表中删除两条以上的记录,从而验证上面的删除触发器。

```
DELETE FROM EmployeeTerritories WHERE EmployeeID=2
```

任务小结

1. 用以下结构实现更新回滚操作。

```
IF UPDATE(列名)
    Begin
        print'提示信息'
        ROLLBACK   TRANSACTION
    End
```

2. sp_helptrigger后面是表名,不是触发器的名称。

3. 用以下结构实现插入回滚操作。

```
IF((SELECT列名FROM INSERTED)='内容')
    Begin
        print'提示信息'
        ROLLBACK   TRANSACTION
    End
```

4．用以下结构实现删除回滚操作。

```
IF((SELECT COUNT(*)FROM DELETED)>数值)
    Begin
        print'提示信息'
        ROLLBACK  TRANSACTION
    End
```

相关知识与技能

1．创建触发器前应考虑的问题
- CREATE TRIGGER语句必须是批处理中的第一个语句。将该批处理中随后的其他所有语句解释为CREATE TRIGGER语句定义的一部分。
- 创建触发器的权限默认分配给表的所有者，且不能将该权限转给其他用户。
- 触发器为数据库对象，其名称必须遵循标识符的命名规则。
- 虽然触发器可以引用当前数据库以外的对象，但只能在当前数据库中创建触发器。
- 虽然不能在临时表或系统表上创建触发器，但是触发器可以引用临时表。不应引用系统表，而应使用信息架构视图。
- 在含有用DELETE或UPDATE操作定义的外键的表中，不能定义INSTEAD OF和INSTEAD OF UPDATE触发器。
- 虽然TRUNCATE TABLE语句类似于没有WHERE子句（用于删除行）的DELETE语句，但它并不会引发DELETE触发器，因为TRUNCATE TABLE语句没有记录。
- WRITETEXT语句不会引发INSERT或UPDATE触发器。

2．创建触发器时需指定
- 名称。
- 在其上定义触发器的表。
- 触发器将何时激发。
- 激活触发器的数据修改语句。有效选项为INSERT、UPDATE或DELETE。多个数据修改语句可激活同一个触发器。例如，触发器可由INSERT或UPDATE语句激活。
- 执行触发操作的编程语句。

3．多个触发器
一个表中可有同类型的多个AFTER触发器，前提条件是它们的名称各不相同；每个触发器可以执行多个函数。但是，每个触发器只能应用于一个表，而单个触发器可应用于三个用户操作（UPDATE、INSERT和DELETE）的任何子集。

一个表只能有一个给定类型的INSTEAD OF触发器。

触发器权限和所有权：CREATE TRIGGER权限默认授予定义触发器的表所有者、sysadmin固定服务器角色成员以及db_owner和db_ddladmin固定数据库角色成员，并且不可转让。

如果在某个视图上创建INSTEAD OF触发器，则所有关系链将断开（如果视图所有者不同时拥有视图和触发器所引用的基表）。对于不属于视图所有者的基表，表所有者必须单独地将必要的权限授予正阅读或更新该视图的任何人。如果同一用户拥有视图和基础基表，则视图和基础基表必须授予其他用户视图的权限，而非个别基表的权限。

1. 能否在临时表或系统表上创建触发器？
2. TRUNCATE TABLE语句会不会引发DELETE触发器？
3. 一个表中可有同类型的多个AFTER触发器的前提条件是什么？

任务四　实现触发器的高级操作

上海御恒信息科技公司接到客户的一份订单，要求在触发器中使用局部变量提高工作效率。公司刚招聘了一名数据库工程师小张，软件开发部经理要求他尽快熟悉触发器的高级操作，小张按照经理的要求开始做以下任务分析。

1. 在触发器中可以运用局部变量提高运行效率。
2. 通过对表的具体删除操作和更新操作来触发回滚。
3. 修改触发器使其可实现插入操作的触发。
4. 将已完成的触发器删除。

任务实施

STEP 1　触发器中使用局部变量。

```
CREATE TRIGGER trgInsertRequisition
ON Requisition
FOR INSERT
AS
DECLARE @VacancyReported int
DECLARE @ActualVacancy int
SELECT @ActualVacancy=iBudgetedStrength-iCurrentStrength
FROM Position Join Inserted on
Position.cPositionCode=Inserted.cPositionCode
SELECT @VacancyReported=inserted.siNoOfVacancy
FROM inserted
IF(@VacancyReported>@Actualvacancy)
    BEGIN
    PRINT'The actual vacancies are less than the vacancies reported. Hence, cannot
    insert.' ROLLBACK TRANSACTION
    END
RETURN


--verify
sp_help trgInsertRequisition
```

```sql
INSERT Requisition
VALUES('000003','0001',getdate(), getdate()+7,'0001','North', 20)
```

STEP 2 删除触发与回滚。

```sql
CREATE TRIGGER trgDeleteContractRecruiter
ON ContractRecruiter
FOR delete
AS
    PRINT'Deletion of Contract Recruiters is not allowed'
    ROLLBACK TRANSACTION
RETURN


sp_help trgDeleteContractRecruiter

DELETE ContractRecruiter
WHERE cContractRecruiterCode='000001'
```

STEP 3 更新触发与回滚。

```sql
CREATE TRIGGER trgUpdateContractRecruiter
ON ContractRecruiter
FOR UPDATE
AS
DECLARE @AvgPercentageCharge int
SELECT @AvgPercentageCharge=avg(siPercentageCharge)
FROM ContractRecruiter
IF(@AvgPercentageCharge>11)
BEGIN
 PRINT'The average cannot be more than 11'
    ROLLBACK TRANSACTION
END
RETURN

--verify

sp_help trgUpdateContractRecruiter

UPDATE ContractRecruiter
SET siPercentageCharge=siPercentageCharge+10
WHERE cContractRecruiterCode='0002'
```

STEP 4 修改触发器为插入触发。

```sql
ALTER TRIGGER trgInsertRequisition
ON Requisition
FOR INSERT
AS
DECLARE @VacancyReported int
DECLARE @ActualVacancy int
SELECT @ActualVacancy=iBudgetedStrength-iCurrentStrength
FROM Position
Join inserted on Position.cPositionCode=inserted.cPositionCode
```

```
SELECT @VacancyReported=inserted.siNoOfVacancy
FROM inserted
IF(@VacancyReported>@ActualVacancy)
BEGIN
RAISERROR('Sorry, the available vacancy is less than the reported vacancy.
The transaction cannot be processed.',10, 1)
ROLLBACK TRANSACTION
END
RETURN


--verify

sp_helptext trgInsertRequisition
INSERT Requisition
VALUES('000002','0001',getdate(),getdate()+7,'0001','North',20)
```

STEP 5 删除触发器。

```
DROP TRIGGER trgDeleteContractRecruiter

--verify
sp_help trgDeleteContractRecruiter
```

任务小结

1. 在触发器AS子句中声明局部变量并在SQL语句中使用局部变量。
2. 修改触发器时要指明具体的触发（INSERT、DELETE还是UPDATE）。
3. 删除触发器后要用sp_help验证一下。

相关知识与技能

1. 触发操作与触发器

对于每个触发操作（UPDATE、DELETE和INSERT），每个表或视图只能有一个INSTEAD OF触发器。而一个表对于每个触发操作可以有多个AFTER触发器。

示例：

（1）用INSTEAD OF触发器代替标准触发动作。

```
CREATE TRIGGER TableAInsertTrig ON TableA
INSTEAD OF INSERT
AS ...
```

（2）用AFTER触发器增加标准触发动作。

```
CREATE TRIGGER TableBDeleteTrig ON TableB
AFTER DELETE
AS ...
```

（3）用FOR触发器增加标准触发动作。

```
--This statement uses the FOR keyword to generate an AFTER trigger.
CREATE TRIGGER TableCUpdateTrig ON TableC
FOR UPDATE
```

AS ...

2．指定第一个和最后一个触发器

可将与表相关联的AFTER触发器之一指定为每个INSERT、DELETE和UPDATE触发动作执行的第一个或最后一个AFTER触发器。在第一个和最后一个触发器之间激发的AFTER触发器将按未定义的顺序执行。

若要指定AFTER触发器的顺序，请使用sp_settriggerorder存储过程。可用的选项有：

- 第一个：指定该触发器是为触发操作激发的第一个AFTER触发器。
- 最后一个：指定该触发器是为触发操作激发的最后一个AFTER触发器。
- 无：指定触发器的激发没有特定的顺序。主要用于重新设置第一个或最后一个触发器。

以下是使用sp_settriggerorder的示例：

```
sp_settriggerorder @triggername='MyTrigger', @order='first', @stmttype='UPDATE'
```

第一个和最后一个触发器必须是两个不同的触发器。

可能同时在表上定义了INSERT、UPDATE和DELETE触发器。每种语句类型可能都有自己的第一个和最后一个触发器，但它们不能是相同的触发器。如果为某个表定义的第一个或最后一个触发器不包括触发操作，如FOR UPDATE、FOR DELETE或FOR INSERT，则缺少的操作将没有第一个或最后一个触发器。不能将INSTEAD OF触发器指定为第一个或最后一个触发器。在对基础表进行更新前激发INSTEAD OF触发器。然而，如果由INSTEAD OF触发器对基础表进行更新，则这些更新将发生于在表上定义触发器（包括第一个触发器）之后。例如，如果视图上的INSTEAD OF触发器更新基表并且该基表包含三个触发器，则该三个触发器在INSTEAD OF触发器插入数据之前激发。

1．触发器中如何使用局部变量？
2．sp_help与sp_helptext及sp_helptrigger有何区别？
3．如何使用sp_settriggerorder？

任务五　实现触发器的综合操作

任务描述

上海御恒信息科技公司接到客户的一份订单，要求用触发器来管理对表中的插入、更新及删除操作。公司刚招聘了一名数据库工程师小张，软件开发部经理要求他尽快熟悉这些操作，小张按照经理的要求开始做以下任务分析。

任务分析

1．通过插入触发器来回滚对表的插入操作。
2．通过更新触发器来禁止对表中列的修改。
3．通过删除触发器来禁止对表中行的删除。

任务实施

STEP 1　在robot表上创建一个触发器，用于禁止对robot表的插入操作，并验证此触发器的功能。

```
USE RobotMgr
GO

select*from robot
go

CREATE TRIGGER robot_trig1 ON robot
FOR INSERT
AS
 PRINT'不能插入'
 ROLLBACK TRAN
GO

sp_helptrigger robot
go

INSERT INTO robot(r_id,r_name,r_type,r_birth,r_speed,r_price)
            values('r00007','T3000','home','2008-12-15',230,2300.5)
go
```

STEP 2 在robot表上创建一个触发器，用于禁止对机器人编号列的修改，并验证此触发器的功能。

```
USE RobotMgr
go

select*
into robot_bak
from robot
go

CREATE TRIGGER robot_trig3 ON robot_bak
FOR UPDATE
AS
IF UPDATE(r_id)
  BEGIN
PRINT'不可修改机器人编号'
ROLLBACK TRAN
  END
GO

sp_helptrigger robot_bak
go

UPDATE robot_bak
SET r_id='r00010'
where r_id='r00001'
go
```

STEP 3 在robot表上创建一个触发器，用于禁止对机器人编号'r00001'的删除，并验证此触发器的功能。

```
USE RobotMgr
go

drop trigger robot_trig3
go

CREATE TRIGGER robot_trig3 ON robot_bak
FOR DELETE
AS
 IF(SELECT r_id FROM deleted)='r00001'
    BEGIN
        PRINT'不可删除机器人编号为r00001的记录'
        ROLLBACK TRAN
    END
GO

delete
from robot_bak
where r_id='r00001'
go
```

任务小结

1. 创建插入触发器的格式如下：

CREATE TRIGGER 触发器名称 ON 表名
FOR INSERT
AS 子句

2. 创建更新触发器的格式如下：

CREATE TRIGGER 触发器名称 ON 表名
FOR UPDATE
AS 子句

3. 创建删除触发器的格式如下：

CREATE TRIGGER 触发器名称 ON 表名
FOR DELETE
AS 子句

相关知识与技能

1. 使用嵌套触发器

如果一个触发器在执行操作时引发了另一个触发器，而这个触发器又接着引发下一个触发器……这些触发器就是嵌套触发器。触发器可嵌套至32层，并且可以控制是否可以通过"嵌套触发器"服务器配置选项进行触发器嵌套。

如果允许使用嵌套触发器，且链中的一个触发器开始一个无限循环，则超出嵌套级，而且触发器将终止。

可使用嵌套触发器执行一些有用的日常工作，如保存前一触发器所影响行的一个备份。例如，可以在titleauthor上创建一个触发器，以保存由delcascadetrig触发器所删除的titleauthor行的备份。在使用delcascadetrig时，从titles中删除title_id PS2091将删除titleauthor中相应的一行或多行。要保存数据，可在titleauthor上创建DELETE触发器，该触发器的作用是将被删除的数据保存到另一个单独创建的名为del_save表中。例如：

```
CREATE TRIGGER savedel
ON titleauthor
FOR DELETE
AS
INSERT del_save
SELECT*FROM deleted
```

不推荐按依赖于顺序的序列使用嵌套触发器。应使用单独的触发器层叠数据修改。

说明：由于触发器在事务中执行，如果在一系列嵌套触发器的任意层中发生错误，则整个事务都将取消，且所有的数据修改都将回滚。在触发器中包含PRINT语句，用以确定错误发生的位置。

触发器最多可以嵌套32层。如果一个触发器更改了包含另一个触发器的表，则第二个触发器将激活，然后该触发器可以再调用第三个触发器，依此类推。如果链中任意一个触发器引发了无限循环，则会超出嵌套级限制，从而导致取消触发器。若要禁用嵌套触发器，请用sp_configure将nested triggers选项设置为0（关闭）。默认配置允许嵌套触发器。如果嵌套触发器是关闭的，则也将禁用递归触发器，与sp_dboption的recursive triggers设置无关。

2．递归触发器

触发器不会以递归方式自行调用，除非设置了RECURSIVE_TRIGGERS数据库选项。有两种不同的递归方式：

1）直接递归

即触发器激发并执行一个操作，而该操作又使同一个触发器再次激发。例如，一个应用程序更新了表T3，从而激发触发器Trig3。Trig3再次更新表T3，使触发器Trig3再次被激发。

2）间接递归

即触发器激发并执行一个操作，而该操作又使另一个表中的某个触发器激发。第二个触发器使原始表得到更新，从而再次激发第一个触发器。例如，一个应用程序更新了表T1，并激发触发器Trig1。Trig1更新表T2，从而使触发器Trig2被激发。Trig2转而更新表T1，从而使Trig1再次被激发。

当将RECURSIVE_TRIGGERS数据库选项设置为OFF时，仅防止直接递归。若要禁用间接递归，可将nested triggers服务器选项设置为0。

任务拓展

1．插入、更新、删除这三种触发器的区别是什么？
2．嵌套触发器的特点是什么？
3．递归触发器的特点是什么？

◎ 项目综合实训　实现家庭管理系统中的触发器操作

一、项目描述

上海御恒信息科技公司接到一个订单，需要设计家庭管理系统中的触发器。数据库工程师小张先了解了客户的具体需求，然后按照项目经理的要求开始做以下项目分析。

二、项目分析

1. 设计插入触发器来禁止对表的插入行的操作。
2. 设计更新触发器来禁止对表的相关列的修改操作。
3. 设计删除触发器来禁止对表中满足条件行的删除操作。

三、项目实施

STEP 1 在Familyout表上创建一个触发器，用于禁止对Familyout表的插入操作，并验证此触发器的功能。

```
USE FamilyMgr
GO

select*from familyout
go

CREATE TRIGGER fout_trig ON familyout
FOR INSERT
AS
 PRINT'不能插入'
 ROLLBACK TRAN
GO

INSERT INTO familyout(o_id,o_date,o_name,o_money,o_kind)
            values('o00007','2008-12-15','买电脑',3800.5,'advance')
go
```

STEP 2 在familymember表上创建一个触发器，用于禁止对家庭成员编号列的修改，并验证此触发器的功能。

```
use familyMgr
go

CREATE TRIGGER member_trigger ON familymember
FOR UPDATE
AS
IF UPDATE(f_id)
  BEGIN
  PRINT'不可修改家庭成员编号'
  ROLLBACK TRAN
  END
GO
UPDATE familymember SET f_id='f00010'where f_id='f00001'
```

STEP 3 在familyout表上创建一个触发器，用于禁止对支出编号'o00001'的删除，并验证此触发器的功能。

```
use familyMgr
go

ALTER TRIGGER fout_triggers ON familyout
```

```
   FOR DELETE
   AS
   IF(SELECT o_id FROM deleted)='o00001'
      BEGIN
        PRINT'不可删除支出编号为o00001的记录'
        ROLLBACK TRAN
      END
GO
```

四、项目小结

1. FOR INSERT 子句对应 insert into 操作。
2. FOR UPDATE 子句对应 update 操作。
3. FOR DELETE 子句对应 delete 操作。

◎ 项目评价表

能力	内容		评价		
	学习目标	评价项目	3	2	1
		项目十 实现触发器			
职业能力	实现OOP中的文件读写操作	任务一 实现触发器的基本操作			
		任务二 操作 inserted 表与 deleted 表			
		任务三 实现触发器的进阶操作			
		任务四 实现触发器的高级操作			
		任务五 实现触发器的综合操作			
通用能力		动手能力			
		解决问题能力			
		综合评价			

评价等级说明表	
等级	说明
3	能高质、高效地完成此学习目标的全部内容，并能解决遇到的特殊问题
2	能高质、高效地完成此学习目标的全部内容
1	能圆满完成此学习目标的全部内容，不需任何帮助和指导

以上表格根据国家职业技能标准相关内容设定。